教材+教案+授课资源+考试系统+题库+教学辅助案例

一站式IT系列就业应用教程

Illustrator CS6
设计与应用任务教程

Illustrator CS6 SHEJI YU YINGYONG RENWU JIAOCHENG

黑马程序员　编著

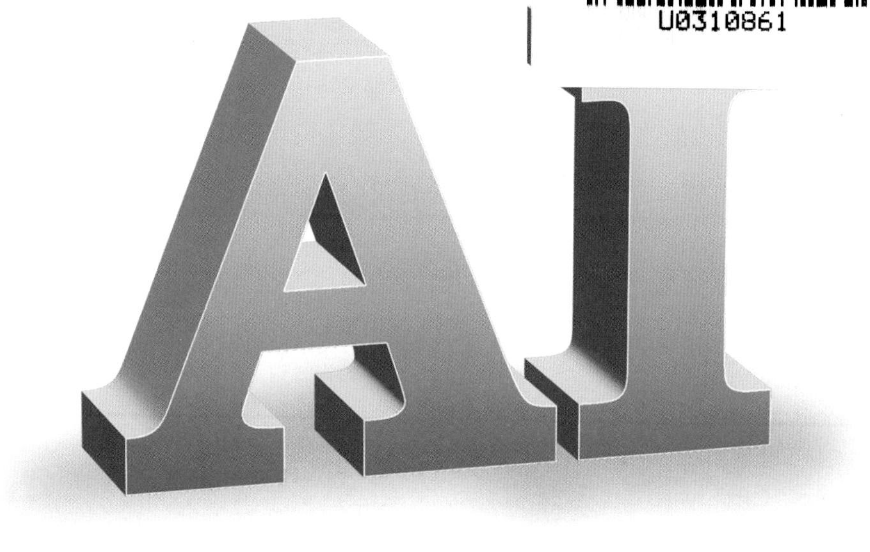

中国铁道出版社有限公司
CHINA RAILWAY PUBLISHING HOUSE CO., LTD.

内 容 简 介

本教材针对的是零基础或者只是了解 Illustrator 的人群，在内容编排上，以任务的内容为主线，结合“任务描述”和“任务分析”，让读者更好地体验设计思路、技巧和理念。在内容选择、结构安排上更加符合从业人员职业技能水平的提高，从而达到老师易教、学生易学的目的。书中的每个知识点，都有相关的任务来加深读者的理解。

全书共分为 8 个单元，主要内容包括 Illustrator CS6 快速入门、基本绘图工具使用技巧、路径绘制与编辑技巧、对象的变换与操作技巧、颜色填充高级技巧、文字创建与编辑技巧、图层和蒙版操作技巧及滤镜效果。

本书提供配套视频、素材、教学课件等资源，而且为了帮助初学者更好地学习本书讲解的内容，还提供了在线答疑，希望得到更多读者的关注。

本书适合作为高等院校相关专业的平面设计课程的教材，还可作为网页制作、美工设计、广告宣传、包装装帧、多媒体制作、视频合成、三维动画辅助制作等行业人员的参考书。

图书在版编目（CIP）数据

Illustrator CS6 设计与应用任务教程 / 黑马程序员编著. —北京：中国铁道出版社，2017.3（2022.12 重印）
国家信息技术紧缺人才培养工程指定教材
ISBN 978-7-113-22919-1

Ⅰ. ①I… Ⅱ. ①黑… Ⅲ. ①图形软件－高等学校－教材
Ⅳ. ① TP391.412

中国版本图书馆 CIP 数据核字（2017）第 050431 号

书　　名：Illustrator CS6 设计与应用任务教程
作　　者：黑马程序员

策　　划：翟玉峰　　**编辑部电话**：（010）83517321
责任编辑：翟玉峰　冯彩茹
封面设计：徐文海
封面制作：白　雪
责任校对：张玉华
责任印制：樊启鹏

出版发行：中国铁道出版社有限公司（100054，北京市西城区右安门西街 8 号）
网　　址：http://www.tdpress.com/51eds/
印　　刷：国铁印务有限公司
版　　次：2017 年 3 月第 1 版　2022 年 12 月第 7 次印刷
开　　本：787 mm×1 092 mm 1/16　**印张**：13.75　**字数**：328 千
印　　数：20 001 ～ 23 000 册
书　　号：ISBN 978-7-113-22919-1
定　　价：52.00 元

序

本书的创作公司——江苏传智播客教育科技股份有限公司（简称“传智教育”）作为第一个实现A股IPO上市的教育企业，是一家培养高精尖数字化专业人才的公司，公司主要培养人工智能、大数据、智能制造、软件、互联网、区块链、数据分析、网络营销、新媒体等领域的人才。公司成立以来紧随国家科技发展战略，在讲授内容方面始终保持前沿先进技术，已向社会高科技企业输送数十万名技术人员，为企业数字化转型、升级提供了强有力的人才支撑。

公司的教师团队由一批拥有10年以上开发经验，且来自互联网企业或研究机构的IT精英组成，他们负责研究、开发教学模式和课程内容。公司具有完善的课程研发体系，一直走在整个行业的前列，在行业内树立起了良好的口碑。公司在教育领域有两个子品牌：黑马程序员和院校邦。

一、黑马程序员—高端IT教育品牌

“黑马程序员”的学员多为大学毕业后想从事IT行业，但各方面条件还不成熟的年轻人。“黑马程序员”的学员筛选制度非常严格，包括了严格的技术测试、自学能力测试，还包括性格测试、压力测试、品德测试等。百里挑一的残酷筛选制度确保了学员质量，并降低了企业的用人风险。

自“黑马程序员”成立以来，教学研发团队一直致力于打造精品课程资源，不断在产、学、研三个层面创新自己的执教理念与教学方针，并集中“黑马程序员”的优势力量，有针对性地出版了计算机系列教材百余种，制作教学视频数百套，发表各类技术文章数千篇。

二、院校邦—院校服务品牌

院校邦以“协万千名校育人、助天下英才圆梦”为核心理念，立足于中国职业教育改革，为高校提供健全的校企合作解决方案。主要包括：原创教材、高校教辅平台、师资培训、院校公开课、实习实训、协同育人、专业共建、传智杯大赛等，形成了系统的高校合作模式。院校邦旨在帮助高校深化教学改革，实现高校人才培养与企业发展的合作共赢。

（一）为大学生提供的配套服务

（1）请同学们登录“高校学习平台”，免费获取海量学习资源。平台可以帮助高校学生解决各类学习问题。

（2）针对高校学生在学习过程中的压力等问题，院校邦面向大学生量身打造了IT学习小助手—“邦小苑”，可提供教材配套学习资源。同学们快来关注“邦小苑”微信公众号。

高校学习平台

“邦小苑”微信公众号

（二）为教师提供的配套服务

（1）院校邦为所有教材精心设计了“教案+授课资源+考试系统+题库+教学辅助案例”的系列教学资源。高校老师可登录“高校教辅平台”免费使用。

高校教辅平台

（2）针对高校教师在教学过程中存在的授课压力等问题，院校邦为教师打造了教学好帮手—“传智教育院校邦”，可搜索公众号“传智教育院校邦”，也可扫描“码大牛”老师微信（或QQ：2770814393），获取最新的教学辅助资源。

“码大牛”老师微信号

三、意见与反馈

为了让教师和同学们有更好的教材使用体验，如有任何关于教材的意见或建议请扫描下方二维码进行反馈，感谢对我们工作的支持。

“教材使用体验感反馈”二维码

黑马程序员

前言

Illustrator是由Adobe公司研发的一款优秀的矢量图形处理软件，被广泛应用于书籍排版、插画设计、图形处理和互联网页面的制作等领域。Illustrator CS6是CS系列最新的一个版本，和之前的版本相比，Illustrator CS6在界面和使用功能等方面都有了很大的提高，能够更高效、更精确地处理大型复杂文件。

本书从Illustrator CS6基础知识讲起，以循序渐进的方式详细讲解了该软件中的基本绘图工具、路径绘制与编辑、对象的变换与操作、颜色填充、文字创建和编辑、图层和蒙版的基本操作、滤镜等的使用技巧。帮助读者了解和学习平面设计与制作过程，并将前面学习的知识融会贯通、巩固提高。

为什么要学习这本书

Illustrator软件是计算机、设计、多媒体等专业学生必备的基本技能之一。为了帮助更多爱好Illustrator的从业人员，我们觉得有必要推出一本实践任务式Illustrator CS6版本的教材，让大家在学习专业技能的同时，深入体会Illustrator CS6的强大功能。

本书摒弃了传统讲菜单、讲工具的教学方式，采用“单元+任务”式的编写体例，通俗易懂兼顾趣味性。同时本书将Illustrator的基础知识点、工具的操作技巧融入到不同形式的任务中（如插画设计、海报设计、卡片设计等），有助于读者掌握多种设计技巧、提升学习的趣味性。

如何使用本书

本书针对的是零基础或者只是了解Illustrator的人群，以既定的编写体例（单元+任务式）规划理论知识点，通过实际的任务案例让学生掌握案例中的知识点。在内容编排上，以任务的内容为主线，结合任务描述和分析，让读者更好地体验设计思路、技巧和理念。在内容选择、结构安排上更加符合从业人员职业技能水平的提高，从而达到老师易教、学生易学的目的。

全书共分为8个单元，结合Illustrator CS6的基本工具和基础操作，提供了19个任务，并且每个单元完成后，均配备相应的巩固练习，以帮助读者全面、快速地吸收所学知识。各单元讲解内容介绍如下：

单元1：介绍了图像处理的基础知识，包括图形的分类、图像的色彩模式、Illustrator CS6的工作界面以及基本操作等。

单元2：介绍了基本绘图工具的使用技巧，主要包括形状工具组、线形

前言

工具组以及变形工具组。

单元3：介绍了路径绘制与编辑技巧，主要包括路径的基础知识、路径相关命令以及画笔、铅笔等工具。

单元4：介绍了对象的变换与操作技巧，主要包括对象的剪切、复制、粘贴、编组、锁定、隐藏等基本操作技巧以及再次变换、路径查找器等高级操作技巧。

单元5：介绍了颜色填充高级技巧，主要包括渐变填充、图案填充、渐变网格填充以及符号工具的使用技巧。

单元6：介绍了文字创建与编辑技巧，主要包括文字工具、路径文字工具、区域文字工具以及设置图文混排的操作技巧。

单元7：介绍了图层和蒙版的操作技巧，主要包括图层的基本操作、蒙版的创建方法以及混合效果和图层样式的操作技巧。

单元8：介绍了滤镜的相关知识，主要包括变形、扭曲和变换、风格化、像素化以及模糊等滤镜效果的操作技巧。

全书按照Illustrator的工具分布模块，以任务的形式引出知识点，涉及“插画”“LOGO”“海报”“卡片”“封面”等。读者需要多上机实践，以便掌握多种设计技巧。同时单元2～单元8中均包含2至3个任务，教师在使用本书时，可以结合教学设计，采用任务式的教学模式，通过不同类型的任务案例，提升学生软件操作的熟练程度和对知识点的掌握与理解。

致谢

本书的编写和整理工作由传智播客教育科技股份有限公司完成，主要参与人员有王哲、张鹏、李凤辉等，全体人员在近一年的编写过程中付出了心血和汗水，在此一并表示衷心的感谢。

意见反馈

尽管我们尽了最大的努力，但书中仍难免会有不妥之处，欢迎各界专家和读者朋友们来信来函提出宝贵意见，我们将不胜感激。您在阅读本书时，如发现任何问题或有不认同之处可以通过电子邮件与我们取得联系。

请发送电子邮件至：itcast_book@vip.sina.com。

黑马程序员

2017年1月于北京

目 录

目录

目录

目 录

单元 1

Illustrator CS6 快速入门

知识学习目标	☑了解图像处理基础知识，能够掌握图像处理的基本概念。 ☑认识Illustrator CS6工作界面，熟悉Illustrator CS6的基本操作。

Illustrator CS6是由Adobe公司开发的一款图形软件。一经推出，便以强大的功能和人性化的界面深受用户的欢迎，被广泛应用于出版、多媒体和在线图像等领域。使用Illustrator的用户可以轻松地制作出各种形状复杂、色彩丰富的图形和文字效果。本单元将带领读者了解图像处理基础知识，认识Illustrator CS6的工作界面，为软件的学习奠定基础。

1.1 图形图像基础知识

在使用Illustrator CS6进行图像绘制与处理之前，首先需要了解与图像处理相关的知识，以便快速、准确地处理图像。本节将针对位图与矢量图、图像的色彩模式、常用的图像格式等图像处理基础知识进行详细讲解。

1.1.1 位图与矢量图

计算机图形主要分为两类，一类是位图图像，另一类是矢量图形。Illustrator CS6是典型的矢量图形处理软件，但也可以处理置入的位图图像。

1. 位图

位图也称点阵图（Bitmap Images），它是由许多点组成的，这些点称为像素。当许多不同颜色的点组合在一起后，便构成了一幅完整的图像。

像素是组成图像的最小单位，而图像又是由以行和列的方式排列的像素组合而成的，像素越高，文件越大，图像的品质越好。位图可以记录每一个点的数据信息，从而精确地制作色彩和色调变化丰富的图像。但是，由于位图图像与分辨率有关，它所包含的图像像素数目是一定的，若将图像放大到一定程度，图像就会失真，边缘会出现锯齿，如图1-1所示。

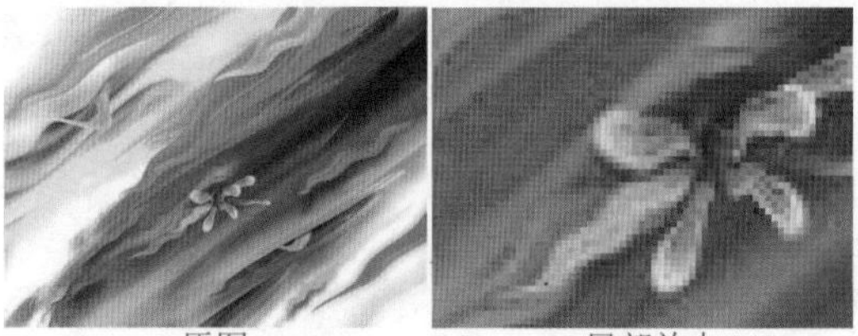

原图　　局部放大

图1-1　位图原图与放大图对比

2. 矢量图

矢量图也称向量式图形，它使用数学的矢量方式来记录图像内容，以线条和色块为主。矢量图像最大的优点是无论放大、缩小或旋转都不会失真，最大的缺点是难以表现色彩层次丰富且逼真的图像效果。图1-2所示为矢量图，将其放大至400%后，局部效果如图1-3所示，放大后的矢量图像依然光滑、清晰。

图1-2　矢量图原图

图1-3　矢量图局部放大

另外，矢量图占用的存储空间要比位图小很多，但它不能用于创建过于复杂的图形，也无法像位图那样表现丰富的颜色变化和细腻的色彩过渡。

1.1.2 图像色彩模式

在设计中，经常会根据图像的用途，为其设定不同的色彩模式。图像色彩模式是指计算机中颜色的不同组合方式。在Illustrator CS6中色彩模式主要有RGB模式、CMYK模式、HSB模式、Web安全RGB模式、灰度模式五种，具体介绍如下。

1. RGB模式

RGB颜色被称为真彩色，是通过对红(R)、绿(G)、蓝(B)三个颜色通道的变化以及它们相互叠加的方式来得到各式各样的颜色。在RGB模式中，每个通道均使用8位颜色信息，每种颜色的取值范围是0～255，这三个通道组合可以产生1670万余种不同的颜色，如图1-4所示。

目前的显示器大都是采用RGB颜色标准，因此RGB模式通常应用在网页设计、UI设计等通过显示器呈现的图形图像设计中。

2. CMYK模式

CMYK颜色是一种印刷模式的颜色，由分色印刷的四种颜色组成。CMYK的四个字母分别代表青色（Cyan）、洋红色（Magenta）、黄色（Yellow）和黑色（Black），每种颜色的取值范围是0%～100%。CMYK模式本质上与RGB模式没有什么区别，只是产生色彩的原理不同。如图1-5所示为CMYK的颜色面板。

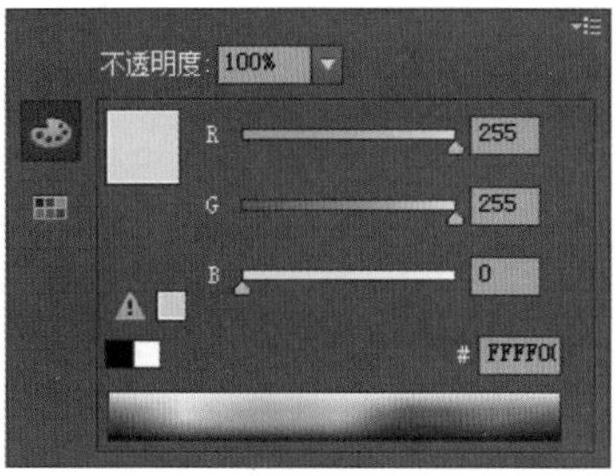

图1-4　RGB颜色面板

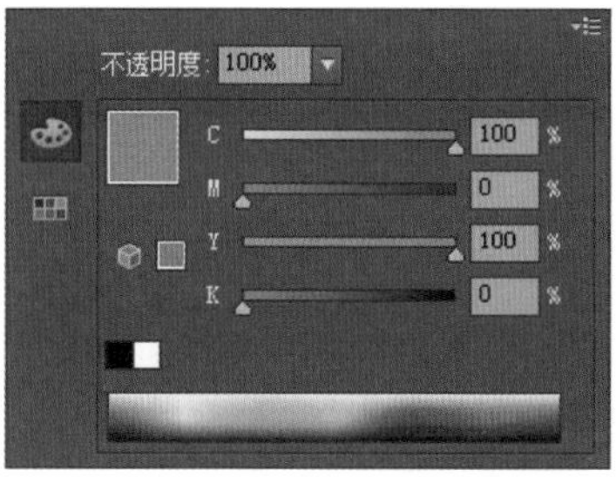

图1-5　CMYK颜色面板

在CMYK模式中，C、M、Y这三种颜色混合可以产生黑色。但是，由于印刷时含有杂质，因此不能产生真正的黑色与灰色，只有与K（黑色）油墨混合才能产生真正的黑色与灰色。CMYK模式是基于纸张上打印油墨的光吸收特性而产生的颜色，因此一般用于海报、招贴等一些平面印刷设计中。

3. HSB模式

HSB模式是基于人类对色彩的感觉，HSB模型描述颜色的三个特征，即色相、饱和度和亮度。其中色相H（Hue）：在0～360°的标准色轮上，色相是按位置度量的。通常在使用中，色相是由颜色名称标识的，例如红、绿或橙色；饱和度S（Saturation）：是指颜色的强度或纯度。饱和度表示色相中彩色成分所占的比例，用从0（灰色）～100%（完全饱和）的百分比来度量；亮度B（Brightness）：是颜色的相对明暗程度，通常是从0（黑）～100%（白）的百分比来度量的，如图1-6所示。

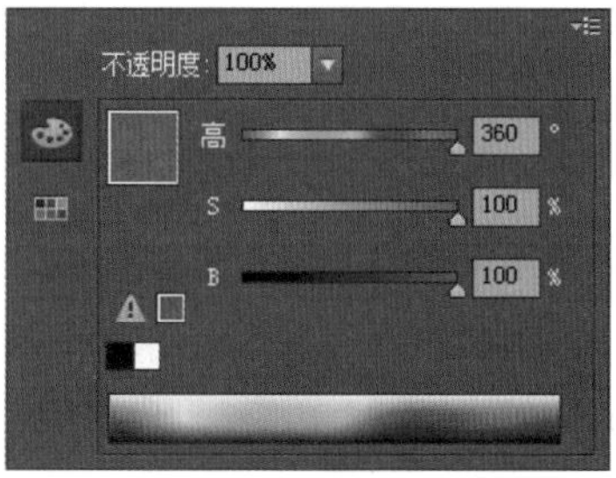

图1-6　HSB颜色面板

4. Web安全RGB模式

一张图片在不同的操作系统和浏览器中显示的效果可能

差别很大。运用Web安全RGB模式，可以保证图片能够安全显示216种RGB颜色。

5. 灰度模式

灰度模式可以表现出丰富的色调，但是也只能表现黑白图像。灰度模式图像中的像素是由8位的分辨率来记录的，能够表现出256种色调，从而使黑白图像表现得更完美。灰度模式的图像只有明暗值，没有色相和饱和度这两种颜色信息。其中，0%为黑色，100%为白色，K值是用来衡量黑色油墨用量的。使用黑白和灰度扫描仪产生的图像常以灰度模式显示。

1.1.3 常用文件格式

在Illustrator中，文件的保存格式有很多种，不同的图像格式有各自的优缺点。Illustrator CS6支持20多种图像格式，下面针对其中常用的几种图像格式进行具体讲解。

1. AI

AI格式是Adobe Illustrator软件所特有的矢量图形存储格式。在Illustrator中图像默认保存为AI格式，它的优点是占用硬盘空间小，打开速度快，方便格式转换。

2. EPS

EPS格式是在排版领域经常使用的格式，也是Adobe Illustrator软件常用的存储格式，它和AI格式的主要区别在于AI中的位图图像是用链接的方式存储，如果删掉链接图片，则无法正常显示。EPS格式则将位图图像包含于文件中，可以删掉链接图片。如果是用于发排（发送印厂印刷）的图稿，则最好存储为EPS格式，以防止链接图片丢失。

3. TIFF

TIFF格式是一种无损压缩格式，这种压缩是文件本身的压缩，即把文件中某些重复的信息采用一种特殊的方式记录，文件可完全还原，能保持原有图的颜色和层次，优点是图像质量好，兼容性高，但占用空间大。因此，TIFF格式通常用于较专业的用途，如书籍出版、海报印刷等。

4. JPEG

JPEG格式是一种有损压缩的网页格式，不支持Alpha通道，也不支持透明。最大的特点是文件比较小，可以进行高倍率的压缩，因而在注重文件大小的领域应用广泛。例如，网页制作过程中的图像如横幅广告（Banner）、商品图片、较大的插图等都可以保存为JPEG格式。

5. PNG

PNG格式的图片是最适合网络的图片。其优点是清晰、无损压缩、压缩比率高、可渐变透明，但是不如JPEG格式的图片颜色丰富，同样的图片体积也比JPEG略大。PNG格式的图片在网站设计上被广泛应用，是公认的最适合网页使用的图片格式。

1.2 认识Illustrator CS6

Illustrator是一款标准的矢量图绘制软件，其强大的性能系统提供了多种形状、颜色、复杂效果和丰富的排版，方便设计师尝试各种创意并传达创作理念。同时它的兼容性很强，可以和Photoshop搭配使用，是设计师的必备软件。

1.2.1 Illustrator和Photoshop介绍

在设计创作时，Illustrator和Photoshop两个软件搭配使用，可以起到事半功倍的效果。

1. Illustrator

Illustrator是矢量绘图软件，主要用于图形的制作，如印刷品的输出（书籍、包装、彩页等）、企业VI手册设计（企业形象识别系统）、企业LOGO设计、矢量插画等。图1-7所示的插画就是使用Illustrator绘制的。

图1-7 矢量插画

虽然Illustrator是绘制矢量图的利器，但是它在图像处理的功能上（如抠图、色彩融合）略逊于Photoshop。

2. Photoshop

Photoshop是位图绘制软件，主要用于图像的修饰和处理。在设计时，利用其强大的功能，可以制作一些色彩丰富、过渡效果更自然的图像，如拟物图标、转手绘等。图1-8所示的转手绘就是运用Photoshop制作的。

图1-8 转手绘

Photoshop虽然强大，但它在文字造型、矢量图标绘制等方面还存在欠缺，而这些不足可以通过Illustrator来弥补。

Illustrator和Photoshop同是Adobe公司的产品，它们有着类似的操作界面和快捷键，并能共享一些功能和插件，两者之间有很好的兼容性。

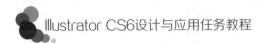

1.2.2 Illustrator CS6的工作界面

启动Illustrator CS6后，即可看到基本工作界面，如图1-9所示。Illustrator CS6的基本工作界面主要包括菜单栏、工具箱、绘图工作区和面板组四个部分。

图1-9 Illustrator CS6的工作界面

下面详细介绍Illustrator CS6各部分工作界面的功能。

1. 菜单栏

菜单栏主要包括“文件”“编辑”“对象”“文字”等九个菜单，具体介绍如下：

（1）“文件”菜单：包含文档、模板等对象的相关命令，如“新建”“保存”等。

（2）“编辑”菜单：包含文档处理中使用较多的编辑类操作命令，如“复制”“粘贴”等。

（3）“对象”菜单：包含对象元素的常用操作命令，如“变换”“排列”等。

（4）“文字”菜单：包含与文字相关的命令，如“字体”“字形”等。

（5）“选择”菜单：包含各种选择对象的命令。

（6）“效果”菜单：包含Illustrator效果和Photoshop效果两部分，用于制作特殊的图形图像效果。

（7）“视图”菜单：包含当前文档显示内容的相关命令，如“预览”“显示边缘”等。

（8）“窗口”菜单：包含显示或隐藏面板以及相关面板排列的命令。

（9）“帮助”菜单：包含各类帮助内容和软件信息。

需要注意的是，虽然这些菜单中命令数量众多，但实际常用的命令并不多，并且大部分都可以在面板中或配合快捷键使用。用户在使用时，应根据实际情况灵活运用。

2. 工具箱

在Illustrator中，所有的工具都集中在工具箱中，熟练掌握它们的用法，能加快操作速度、提高工作效率。

1）移动工具箱

默认情况下，工具箱停放在窗口左侧。将鼠标指针放在工具箱顶部，单击并向右拖动，可以将工具箱拖出，放在窗口中的任意位置。

2）显示工具快捷键

要了解每个工具的具体名称，可以将鼠标指针放置在相应工具的上方，此时会出现一个浅黄色的图标，上面会显示该工具的具体名称，如图1-10所示。工具名称后面括号中的字母，代表选择此工具的快捷键，只要在键盘上按下该字母，即可快速切换到相应的工具上。

3）显示并选择隐藏的工具

在Illustrator中，同类的工具会被编为一组置于工具箱中，其典型的特征就是在该工具图标的右下方有一个白色小三角图标，如图1-11所示。

图1-10 显示的工具名称

图1-11 工具组

当选择其中某个工具时，该组的其他工具就被暂时隐藏起来。在该工具图标上按住鼠标左键约2秒，就会显示出该工具组中的所有图标，如图1-12所示

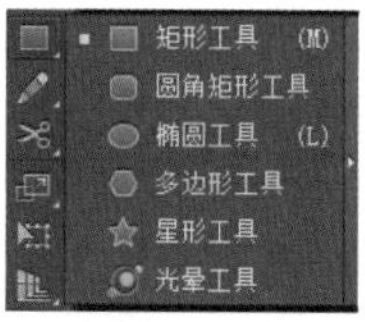

图1-12 显示工具组中的工具

将鼠标指针移至需要选择的工具上，单击即可选中该工具。

3. 绘图工作区域

该区域用于“新建”文档时放置新建的画布。当画布建好后，可以在此区域内自由编辑绘制图像。

4. 面板组

面板可以设置数值和调节功能，在Illustrator中使用频率非常高。面板默认状态下是折叠的，可根据实际需要对其展开、分离或组合。

（1）展开面板：单击面板组顶部的“展开”按钮◀◀，即可展开面板组。

（2）分离面板组：将鼠标指针放在面板的工具图标上，单击并向右拖动，即可将该面板拖出，放在窗口中的任意位置。

多学一招 重置Illustrator CS6的工作界面

初学者在使用Illustrator CS6时，往往容易误删或关掉某个面板，此时执行“窗口→工作区→重置基本功能”命令，如图1-13所示，可以恢复初始的工作界面。

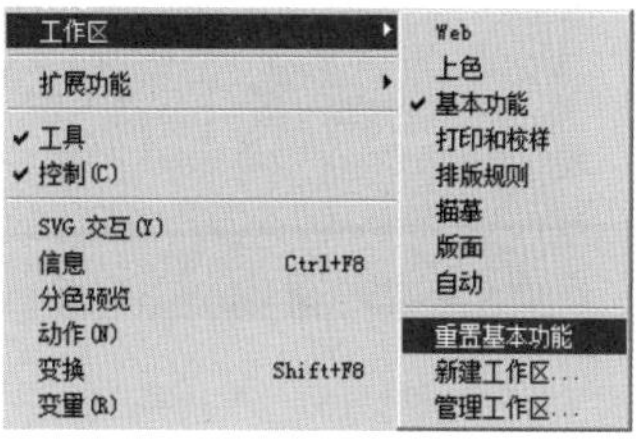

图1-13 重置基本功能

1.3 Illustrator CS6的基础操作

在学习Illustrator CS6的各种功能之前，首先要对一些基础操作有所了解，它虽然不是设计工作的核心功能，却也是必不可少的。本节将针对Illustrator CS6文档的基本操作、图形的预览以及相关辅助工具的使用进行详细讲解。

1.3.1 文档的基本操作

在运用Illustrator CS6进行设计制作前，需要掌握一些基础的文档操作方法。文档的基本操作包括新建文档、保存文档、打开素材等，下面将对它们进行具体介绍。

1. 新建文档

启动Illustrator CS6，执行“文件→新建”命令（或按【Ctrl+N】组合键），弹出“新建文档”对话框，如图1-14所示。

在图1-14所示的“新建文档”对话框中，涉及一些参数和选项，具体解释如下：

（1）名称：在此可输入新建文档的名称。

（2）配置文件：用于设置当前文档的最终用途，默认状态下是“打印”。

（3）画板数量：可以确定画板的数量和排列方式，每个文档可设置1～100个画板，默认状态下为“1”个画板。

（4）间距：当画板数量大于1时，该选项被激活，可以设置两个画板之间的水平距离。

（5）大小：用于设置新建文档的尺寸，单击右边的下拉按钮，会弹出图1-15所示的下拉列表，可以选择系统设置的尺寸，也可以自定义尺寸。

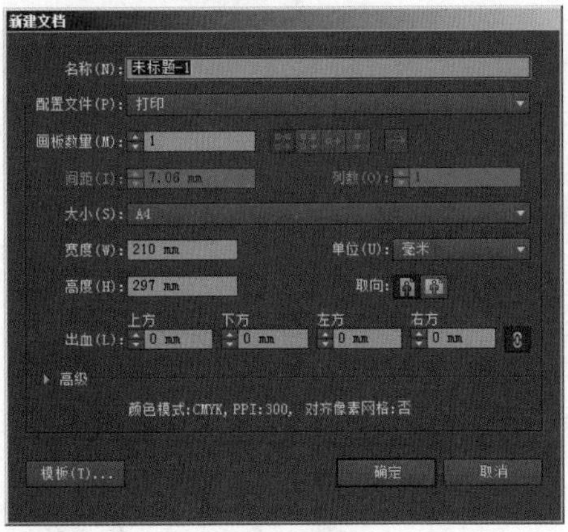

图1-14 “新建文档”对话框

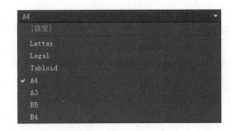

图1-15 “大小”下拉列表

（6）单位：单击右边的下拉按钮，弹出图1-16所示的下拉列表。其中计算机应用图片的单位为“像素”，印刷的单位为“毫米”或“厘米”。

（7）取向：用于设置文档的横向和纵向。

（8）出血：指图片会被裁切掉的部分，一般用于印刷设计中，通常设置值为3 mm。

（9）高级：单击左边的右三角按钮，会展开包含颜色模式、栅格效果、预览模式的面板，如图1-17所示。

① 颜色模式：用于设置新建文件的颜色模式。

② 栅格效果：用于设置最终转化图像的分辨率。

③ 预览模式：包括“默认值”“像素”“叠印”，这里选择“默认值”即可。

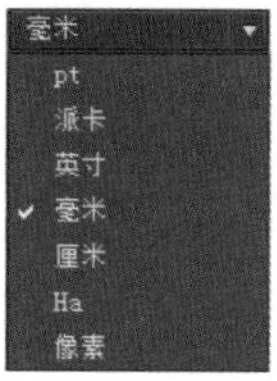

图1-16 “单位”下拉列表

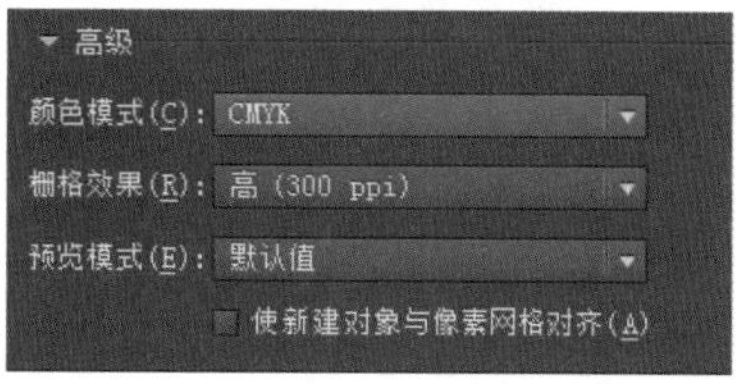

图1-17 展开的“高级”面板

Note

取消勾选“使新建对象与像素网格对齐”复选框，否则在后期移动对象时会出现不能对齐的现象。

2. 打开文档

在Illustrator中，执行“文件→打开”命令（或按【Ctrl+O】组合键），弹出“打开”对话框，如图1-18所示。

图1-18 “打开”对话框

选中需要打开的文件，单击“打开”按钮，即可打开选择的文件。

3. 保存文档

保存文档是一项十分重要的操作，使用者设计的图形文件，都需要使用此功能存储到计算机中。当用户第一次保存文档时，执行“文件→存储”命令（或按【Ctrl+S】组合键），弹出“存储为”对话框，如图1-19所示。

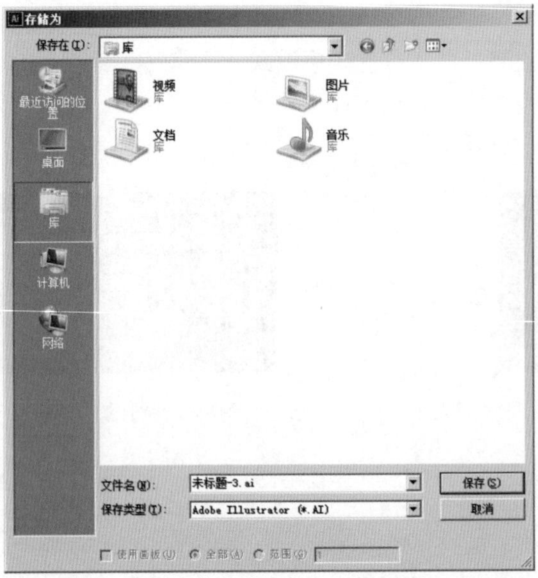

图1-19 “存储为”对话框

在“存储为”对话框中，主要包括“保存在”“文件名”和“保存类型”三个选项，具体解释如下：

（1）保存在：用于设置文档的存储路径。单击▾按钮，在弹出的下拉列表中选择相应的位置，即完成路径的设置。

（2）文件名：在该文本框中，输入要保存的文件名。

（3）保存类型：单击▾按钮，在弹出的下拉列表中可选择文档的保存格式。默认为AI格式。

设置完成后，单击“保存”按钮，会弹出“Illustrator选项”对话框，如图1-20所示。保持该对话框默认设置，直接单击“确定”按钮，完成文档的存储。

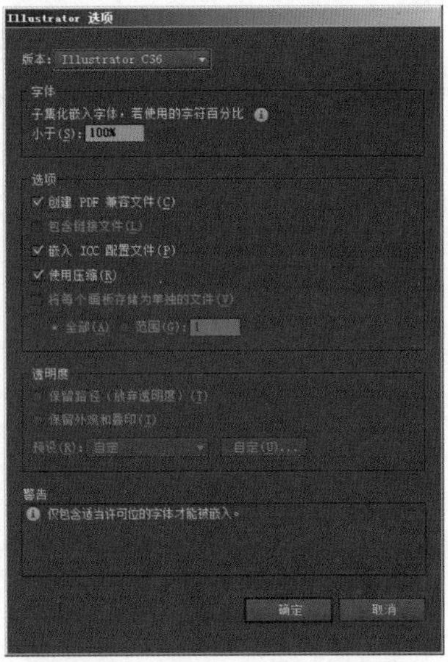

图1-20 “Illustrator选项”对话框

当用户完成第一次保存文档再次执行“存储”命令时，将不会弹出“存储为”对话框，计算机会直接保存结果，并覆盖源文件。如果用户既想保存修改的文件，又不想覆盖源文件，则可以使用“存储为”命令。执行“文件→存储为”命令（或按【Ctrl+Shift+S】组合键），会再次弹出“存储为”对话框。设置保存路径、文件名和保存类型，单击“确定”按钮，即可将该文件另存为一个新的文件。

Note

执行“存储为”命令时，文件名称不能和之前的文件名相同。如果名称相同，只能选择覆盖原来的文件。

4. 关闭文档

在Illustrator中，执行“文件→关闭”命令（或按【Ctrl+W】组合键），可以关闭当前文档窗口。也可单击文档窗口上的×按钮关闭文件。按【Ctrl+Alt+W】组合键可以一次关闭全部文档窗口。如果当前的文档是新建文档或被修改过，那么在关闭文档时会弹出图1-21所示的提示框。

图1-21 提示框

在图1-21所示的提示框中，单击“是”按钮即可先保存再关闭文档；单击“否”按钮，直接关闭文档；单击“取消”按钮，会取消关闭操作。

5. 置入文件

在使用Illustrator进行设计制作时，“置入”命令可以将不同格式的图形、图像素材拼合到同一文档中。执行“文件→置入”命令，弹出“置入”对话框，如图1-22所示。

图1-22 “置入”对话框

置入文件有两种形式，分别为链入和嵌入。当勾选红框标示的选项时为链入文件，反之则为嵌入文件，下面将重点介绍两者的差异。

（1）链入文件：链入文件会与Illustrator文档保持独立。其优点是最终形成的文件不会太大，可迅速被打开。但是当链入的源文件丢失时，文档中的链入文件也会丢失。

（2）嵌入文件：嵌入文件被保存在Illustrator文档中，这样可以有效地防止文件丢失，但是文档会变大。当嵌入图片过多时，容易出现错误。

如图1-23所示，即为嵌入文件和链入文件在Illustrator中显示的差异。

嵌入文件　　　　　　　　链入文件

图1-23　嵌入文件和链入文件

虽然嵌入文件和链入文件各有利弊，但是在一般的设计任务中，大多会采用嵌入文件的方式。

6. 导出文档

在Illustrator中，“导出”命令可以将当前的文档格式转换成其他文档格式，以便在不同软件中进行编辑和处理。执行“文件→导出”命令，弹出“导出”对话框，如图1-24所示。

图1-24　“导出”对话框

设置好文件路径、文件名称和导出的文件类型，单击“保存”按钮，此时会弹出一个类型选项对话框，设置所需的选项后，单击“确定”按钮，完成文档的导出。

Note

选择的导出文件类型不同，弹出的类型选项对话框也不同，使用者可根据需求，自行定义选项参数。

1.3.2　图形的预览

在使用Illustrator CS6绘制图形图像时，用户可以根据需要随时调整软件的预览模式、屏幕显示模式以及视图大小，以便对绘制的图像进行观察和操作。

1. 视图模式

使用Illustrator CS6时，可以选择不同的视图模式，以方便使用者编辑绘制图形。Illustrator CS6的视图模式分为四种：预览、轮廓模式、叠印预览模式、像素预览模式。具体介绍如下：

（1）预览：预览模式是系统的默认模式，图像显示效果如图1-25所示。

图1-25 默认预览

（2）轮廓模式：会隐藏图形的颜色信息，只用线条轮廓来表现图像，这样就极大地节省了文件的运算速度，提高了工作效率。执行“视图→轮廓”命令（或按【Ctrl+Y】组合键），视图将切换到轮廓模式，如图1-26所示。再次按【Ctrl+Y】组合键，即可返回默认“预览”模式。

（3）叠印预览模式：可以显示出接近油墨混合的效果。执行“视图→叠印预览”命令（或按【Ctrl+Shift+Alt+Y】组合键），视图将切换到叠印预览模式，如图1-27所示。再次按【Ctrl+Shift+Alt+Y】组合键，即可返回默认“预览”模式。

（4）像素预览模式：可以将矢量图转化为位图显示，以便有效地控制图像的精度和尺寸。执行“视图→像素预览”命令（或按【Ctrl+Alt+Y】组合键），视图将切换到像素预览模式。在像素预览模式下，图像放大会失真，如图1-28所示。再次按【Ctrl+Alt+Y】组合键，即可返回默认的预览模式。

图1-26 轮廓模式

图1-27 叠印预览

图1-28 像素预览

2. 屏幕显示模式

切换屏幕显示模式，能够让使用者更好地观察图像的完整效果。在Illustrator CS6中有三种屏幕显示模式，分别为标准屏幕模式（默认）、菜单栏全屏模式、全屏预览模式。单击工具箱中的“更改屏幕模式”按钮（或按【F】键），即可在上述三种屏幕显示模式之间循环切换。

3. 缩放视图

缩放视图是指对内容面板进行适合窗口大小、实际大小、放大或缩小的操作。在使用Illustrator CS6进行图形设计时，缩放视图可以让使用者更好地处理图形细节部分。

（1）适合窗口大小：执行“视图→画板适合窗口大小”命令（或按【Ctrl+0】组合键），图像会最大限度地显示在工作界面，并保证视图的完整性。

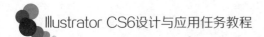

（2）实际大小：执行“视图→实际大小”命令（或按【Ctrl+1】组合键），可将图像按照100%的比例显示。

（3）放大：按【Ctrl+“+”】组合键，可以放大显示图像。

（4）缩小：按【Ctrl+“−”】组合键，可以缩小显示图像。

多学一招 运用“缩放工具”放大或缩小显示图像

在Illustrator CS6中，运用工具箱中的“缩放工具”，同样可以实现放大或缩小显示图像的效果。选择“缩放工具”，将鼠标指针移至画布中，此时鼠标指针变为，单击即会放大图像。按住【Alt】键不放，此时鼠标指针变为，单击即会缩小图像。

1.3.3 辅助工具的使用

在Illustrator CS6中，提供了标尺、参考线、网格等辅助工具，这些工具可以帮助用户对绘制和编辑的图像进行精准定位。

1. 标尺

标尺可以对图形进行精准定位，还可以测量图形的准确尺寸。执行“视图→标尺→显示标尺”命令（或按【Ctrl+R】组合键），会在文档的上方和左侧出现带有刻度的标尺，如图1-29所示。再次按【Ctrl+R】组合键会隐藏标尺。

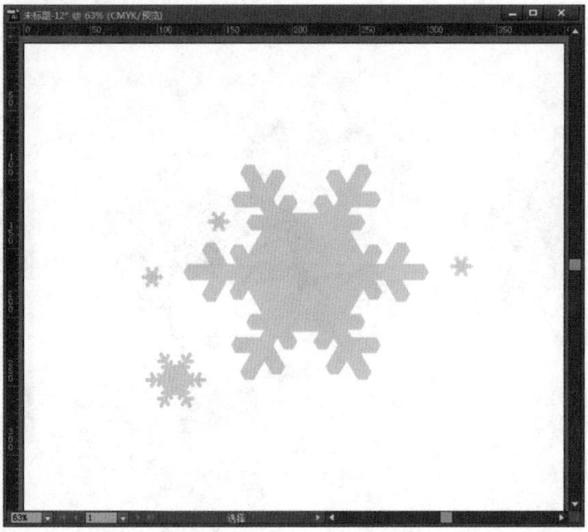

图1-29 显示标尺

2. 参考线

在Illustrator CS6中，参考线用于确定图形的相对位置，绘制一些较为精准的图形。参考线分为普通参考线和智能参考线两种，具体介绍如下。

1）普通参考线

普通参考线是指用于在图中精确对齐图形图像的辅助线。将鼠标指针置于水平标尺（或垂直标尺）上，按住鼠标左键不放，向页面中拖动即可创建一条水平（或垂直）参考线，如图1-30所示。

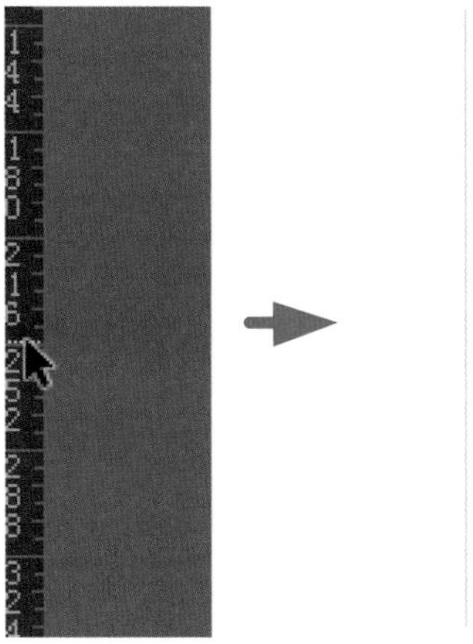

图1-30　创建参考线

值得一提的是，在Illustrator CS6中还可以将图形或路径转化为参考线。选中要转换的图形，如图1-31所示，执行“视图→参考线→建立参考线”命令（或按【Ctrl+5】组合键），即可将选中的图形转换为参考线，如图1-32所示。

图1-31　选中图形

图1-32　将图形转换为参考线

在Illustrator CS6中，为了方便绘制图形，还可以对参考线进行锁定、隐藏、清除等操作，具体介绍如下：

（1）锁定参考线：执行“视图→参考线→锁定参考线”命令（或按【Ctrl+Alt+；】组合键），即可将参考线固定。再次按【Ctrl+Alt+；】组合键，即可解除锁定。

（2）隐藏参考线：执行“视图→参考线→隐藏参考线”命令（或按【Ctrl+；】组合键），即可隐藏参考线。再次按【Ctrl+；】组合键，取消隐藏。

（3）清除参考线：执行“视图→参考线→清除参考线”命令，即可删除全部参考线。

2）智能参考线

在Illustrator CS6中，当图像移动或旋转到一定角度时，智能参考线就会高亮显示并给出提示信息，如图1-33所示。智能参考线的设置十分简单，执行“视图→智能参考线”命令即可添加智能参考线功能。

3. 网格和透明度网格

当绘制一些精准的图形时（如LOGO、字体设计等），常常需要借助网格来保证图形的精确度，如图1-34所示。网格显示在图稿的背后，其功能和参考线类似，但精确度更高。透明度网格可以帮助使用者迅速查看文件中的透明区域和透明程度，如图1-35所示。

在Illustrator CS6中，执行“视图→显示网格”命令（或按【Ctrl+”】组合键），会在绘图工作区中显示网格。再次按【Ctrl+”】组合键，即可隐藏网格。执行“视图→显示透明度网格”命令（或按【Shift+Ctrl+D】组合键），会在绘图工作区中显示透明度网格。再次按【Shift+Ctrl+D】组合键，即可隐藏透明度网格。

图1-33　智能参考线

图1-34　网格

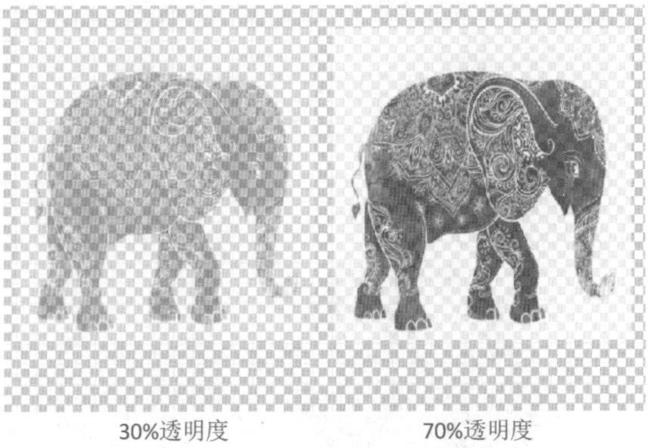

图1-35　透明度网格

多学一招　设置网格属性参数

在Illustrator CS6中，默认的网格属性往往难以满足多元化的设计需求，这时就需要对网格的颜色、样式、间隔等相关属性进行调整。执行“编辑→首选项→参考线和网格”命令，弹出“首选项”对话框，如图1-36所示。

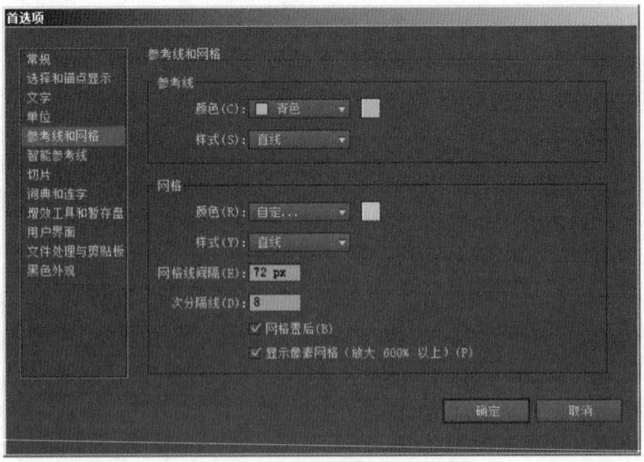

图1-36　“首选项”对话框

图1-36所示的弹框界面分为两部分，其中上面用于设置参考线的颜色和样式，下面用于设置网格的相关属性，这里重点说一下设置网格的属性。

（1）网格线间隔：设置网格线的间距，也就是较明显的粗线之间的距离。

（2）次分隔线：用于细分网格线的多少，也就是较细一点的线。

（3）网格置后：设置网格线显示在图形的前面还是后面。

（4）显示像素网格：该选项适用于在“像素预览”模式下，当图像放大到600%时，查看网格。

巩固与练习

一、判断题

1. 位图也称向量式图形，最大的优点是无论放大、缩小都不会失真。（　　）
2. CMYK颜色是一种印刷模式的颜色，由分色印刷的4种颜色组成。（　　）
3. Illustrator CS6支持20多种图像格式，PSD格式是其默认的存储格式。（　　）
4. Jpeg格式是一种无损的网页格式，支持Alpha通道，不支持透明。（　　）
5. Illustrator和Photoshop同是Adobe公司的产品，两者之间有很好的兼容性。（　　）

二、选择题

1. 下列选项中，属于位图特点的选项是（　　）。

   A. 难以表现色彩层次　　B. 放大后清晰、光滑

   C. 由许多像素点组成　　D. 占用储存空间特别小

2. 下面的选项中，属于PNG格式特点的选项是（　　）。

   A. 一种无损压缩的网页格式　　B. 体积较大

   C. 支持透明和动画　　D. 适用于所有浏览器

3. 下面的选项中，（　　）属于Illustrator CS6的视图模式。

   A. 预览　　B. 轮廓模式

   C. 叠印预览模式　　D. 像素预览模式

4. 下面的选项中，用于更改Illustrator CS6的屏幕显示模式的快捷键是（　　）。

   A. 【F】　　B. 【W】　　C. 【Q】　　D. 【Alt】

5. 在Illustrator CS6中，用于显示或隐藏标尺的快捷键是（　　）。

   A. 【Ctrl+R】　　B. 【Ctrl+V】

   C. 【Ctrl+B】　　D. 【Ctrl+Alt】

单元 2

基本绘图工具使用技巧

知识学习目标	☑ 掌握“选择工具”的操作技巧，能够快速选取、移动、调整对象。 ☑ 掌握形状工具组的操作技巧，能够绘制正方形、圆形等基本图形。 ☑ 掌握线形工具组的操作技巧，能够绘制弧线、螺旋线等基本图形。 ☑ 理解液化变形工具组的应用原理，能够调整对象形状。
技能实践目标	☑ 运用“选择工具”和“形状工具”制作“迷你Pad”。 ☑ 运用“线形工具”制作“低碳生活公益海报”。 ☑ 运用“液化变形工具”制作“时尚插画”。

作为一款功能强大的图形制作软件，绘图一直是Illustrator的核心功能之一。在Illustrator中大部分的绘图操作都可以通过相应的绘图工具完成。绘图工具有哪些？该如何运用这些绘图工具？本单元将通过“迷你Pad”“低碳生活公益海报”和“时尚插画”三个案例对基础绘图工具及其使用技巧进行详细讲解。

任务1　制作迷你Pad

任务描述

时尚生活中，娱乐设备的小型化、功能化越来越受到消费者的重视。为了获取更多的市场资源，各大数码设备厂商竞相加大产品的开发与宣传力度。某平板电脑公司准备开发一款主打音乐功能的“迷你Pad”平板电脑，为了做好前期的市场推广，公司准备先做一个产品平面模型图，通过各类媒介进行宣传预热。图2-1所示为最终制作平面模型效果图，通过本任务的学习，读者可以掌握选择工具和形状工具的操作技巧。

图2-1　迷你Pad

任务分析

在进行设计任务时，相应的任务分析可以帮助设计者快速定位设计风格和产品特点，极大地提高工作效率。设计“迷你Pad”平面模型图，可以从以下几方面着手分析。

外形设计：设计“迷你Pad”外形时，可以运用“点线面构图”原理将复杂的实物结构用几何图形代替，具体包括以下几个部分。

（1）外壳部分：用“圆角矩形工具”绘制外壳。

（2）液晶屏幕：用“矩形工具”绘制屏幕。

（3）home键：用“椭圆工具”绘制home键。

音乐播放界面设计：“迷你Pad”是一款主打音乐功能的平板电脑，因此可以设计一个音乐播放界面做展示，具体包括以下几个设计部分。

（1）设计构思：设计音乐播放界面时，可以联想生活中最能代表音乐的实物，如图2-2和图2-3所示。然后将这些实物用几何图形抽象化，作为界面的主题元素。

图2-2　唱片机

图2-3　CD

（2）界面元素：主要包括唱片、唱针、播放和控制按钮、播放进度条等。

① 唱片：用“椭圆工具”绘制。

② 唱针：用“圆角矩形工具”绘制。

③ 播放和控制等功能按钮：用“圆角矩形工具”和“多边形工具”绘制。

④ 进度条：用“圆角矩形工具”绘制。

知识储备

1. 选择工具

在Illustrator中，如果要编辑一个对象，首先要选中这个对象。Illustrator提供了多个图形选择工具，其中最常用的是“选择工具”（快捷键【V】）。运用“选择工具”可以选择Illustrator当前文档中包含的各个图形对象，下面介绍“选择工具”的基本操作。

（1）选择单个对象：在工具箱中选择“选择工具”，将鼠标指针移到被选择对象上，单击即可将其选中。选中后的对象会显示一个定界框，如图2-4所示。

（2）选择多个对象：在选择对象时，按住【Shift】键的同时单击要选择的对象，可以同时选中多个对象，如图2-5所示。

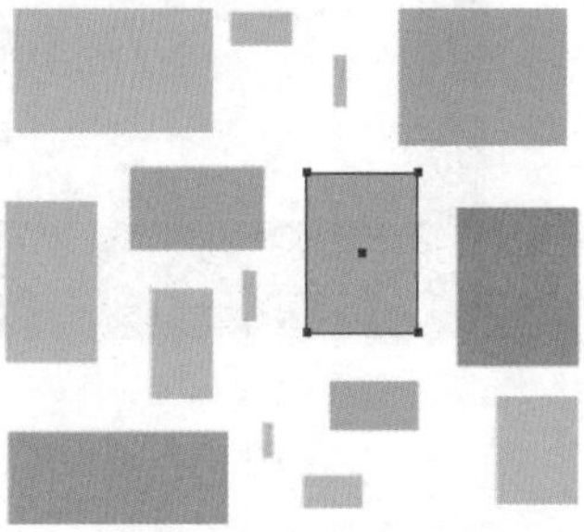

图2-4　选择单个对象

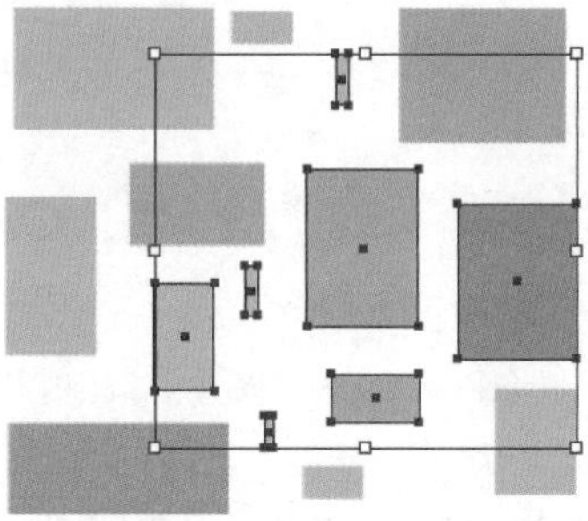

图2-5　选择多个对象

（3）框选对象：在选择对象时，按住鼠标左键不放，可以在画布中拖出一个矩形标示框，如图2-6所示，所有矩形标示框覆盖的对象（包括半覆盖部分）都将被选中，如图2-7所示。

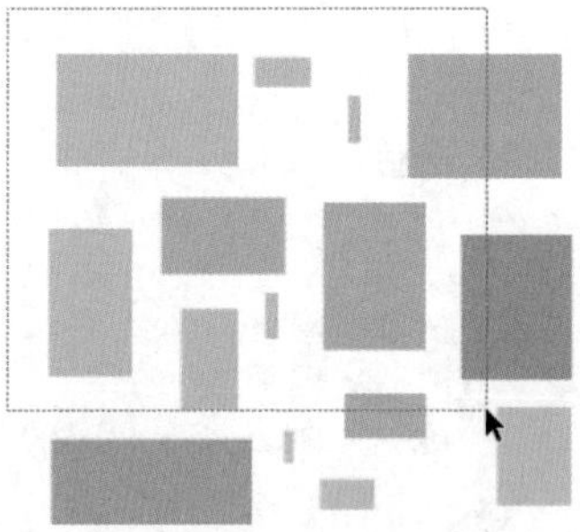

图2-6　拖拽标示框

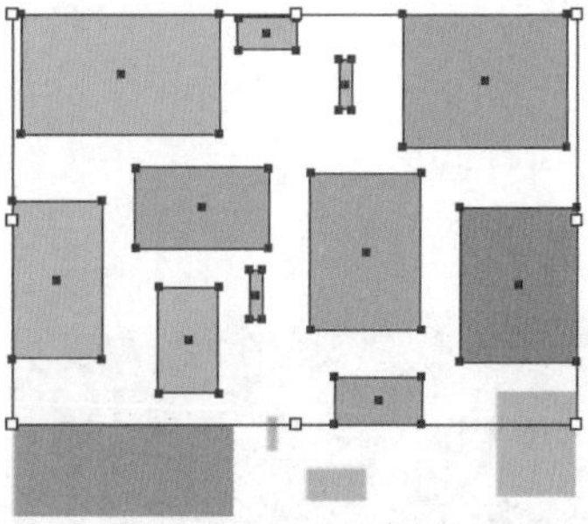

图2-7　框选对象

2. 魔棒工具

在Illustrator中，“魔棒工具”可以用来选取具有相近或相同属性的矢量图形。选择工具箱中的“魔棒工具”（或按快捷键【Y】），单击画布中任意一个浅绿色矩形，则所有与其颜色相似的矩形都可以被选中，如图2-8所示。

使用魔棒时，相似程度由每种属性的容差决定。容差值越小，选取对象相似度越高，反之则越低。双击工具箱中的“魔棒工具”，会弹出“魔棒”面板，可以设置魔棒的选取方式和容差数值，如图2-9所示。

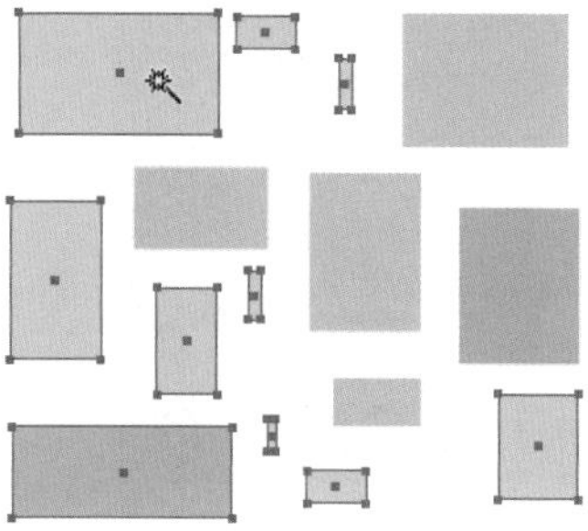

图2-8　选取相似对象

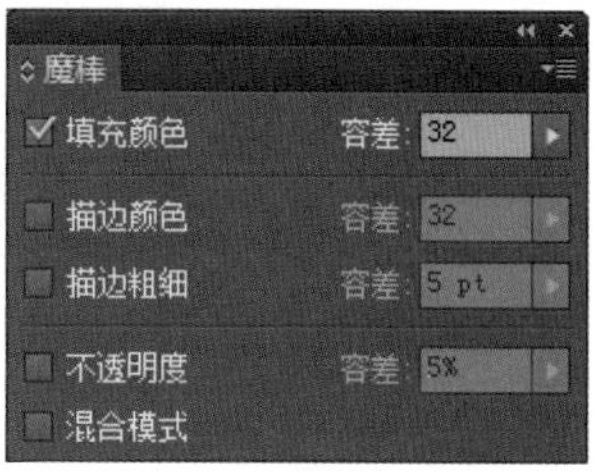

图2-9　“魔棒”面板

3. 套索工具

“套索工具”用来选择部分路径和结点。选择“套索工具”（或按快捷键【Q】），将光标移至对象的外围，按住鼠标左键不放，拖动绘制一个区域，如图2-10所示。鼠标经过的区域将被同时选中，如图2-11所示。

图2-10　拖动绘制区域

图2-11　选中区域

4. 填色和描边工具

在Illustrator中，应用工具箱中的“填色”和“描边”工具可以为对象指定填充颜色和描边颜色。要为对象填充颜色，首先要选中对象，如图2-12所示，然后单击工具箱中的“填色”和“描边”工具，可以将对象设置为默认的颜色（白色填充和黑色描边），如图2-13所示。

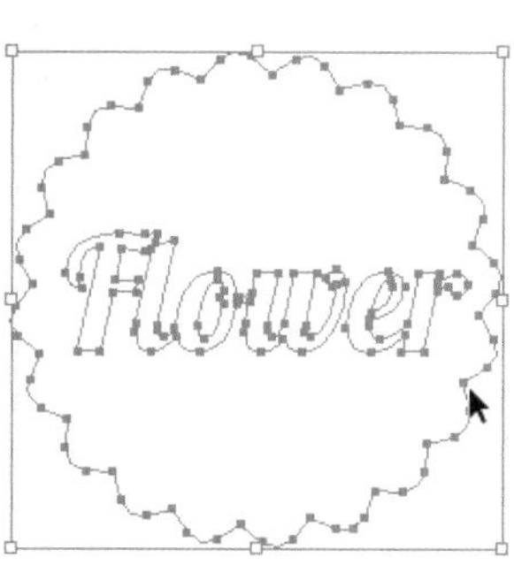

图2-12　选中对象

图2-13　填充和描边

运用“填色”和“描边”工具，用户还可以自定义想要填充或描边的颜色。选中要填充的对象后，双击“填色”工具，会弹出“拾色器”对话框，如图2-14所示。

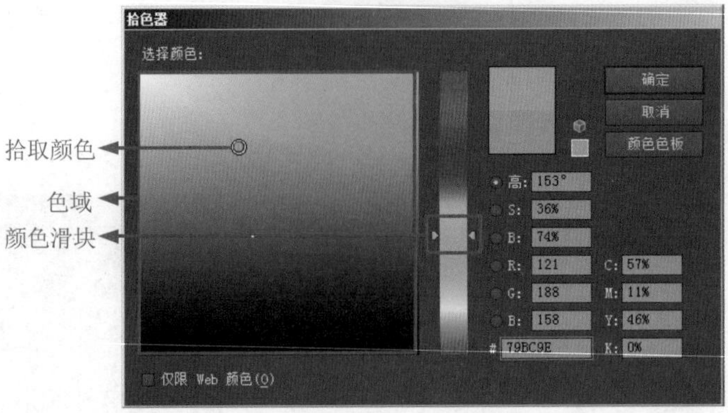

图2-14 “拾色器”对话框

在“色域”中拖动鼠标可以改变当前拾取的颜色，而“颜色滑块”可以调整颜色的范围。选择颜色后，单击“确定”按钮，即可为选中的对象填色，填充效果如图2-15所示。

图2-15 填充自定义颜色

设置描边颜色的方法和设置填充颜色类似，读者可自行尝试，这里不再重复演示。值得一提的是，在设置填充和描边时，会用到一些快捷的操作技巧，具体如下。

（1）互换填色和描边：单击工具箱中的按钮（或按【Shift+X】组合键）可以切换填充和描边的颜色。

（2）恢复默认填充和描边：单击工具箱中的按钮（或按快捷键【D】），可以恢复默认填充和描边颜色。

（3）切换填充和描边的前后顺序：按【X】键，可切换填充和描边的前后顺序，如图2-16所示。

（4）取消填充或描边：单击工具箱中的按钮，可以取消位于前面的填充（或描边）。

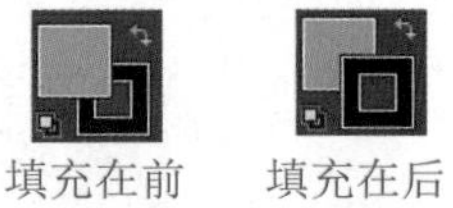

图2-16 切换顺序

动手体验 编辑绘制虚线描边

在Illustrator中，通过“描边”面板可以设置描边属性，制作多种描边效果。执行“窗口→描边”命令（或按【Ctrl+10】组合键）即可调出“描边”面板，如图2-17所示。

单击“描边”面板中的按钮，选择“显示选项”命令，则展开图2-18所示的描边选项。

勾选“虚线”复选框，其后方和下方的参数将被激活，如图2-19所示。

在其下方的“虚线”和“间隙”文本框中输入数值，即可设置虚线的组成。其中“虚线”表示线段的长短，“间隙”表示两段线段之间的距离。

图2-17　“描边”面板

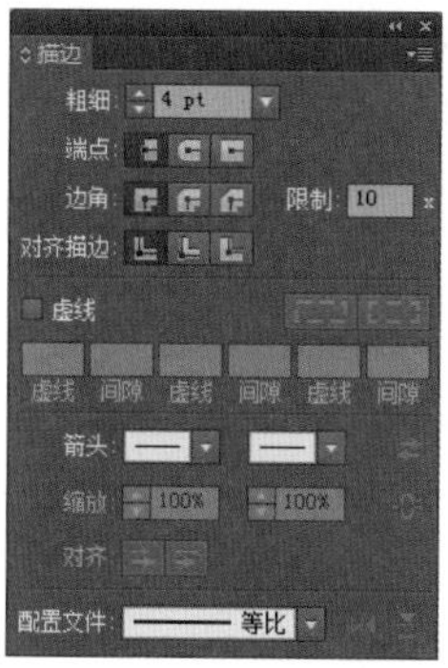

图2-18　展开的描边选项

图2-19　“虚线”选项

5. 矩形工具

在Illustrator中，“矩形工具”是最常用的几何图形绘制工具之一。使用“矩形工具”可以很方便地绘制矩形或正方形。选择工具箱中的“矩形工具”（或按快捷键【M】），按住鼠标左键在画布中拖动，即可创建一个矩形，如图2-20所示。

图2-20　绘制矩形

在绘制矩形时，有一些实用的小技巧，具体如下：

（1）按住【Shift】键的同时拖动鼠标，可创建一个正方形。

（2）按住【Alt】键的同时拖动鼠标，可创建一个以单击点为中心的矩形。

（3）按住【Alt+Shift】组合键的同时拖动鼠标，可以创建一个以单击点为中心的正方形，如图2-21所示。

（4）按住【～】键的同时拖动鼠标，可以绘制出多个不同大小的矩形，如图2-22所示（将填充设置为“无”，看起来效果更明显）。

（5）选择工具箱中的“矩形工具”，在绘图工作区的任意位置单击，弹出“矩形”对话框，如图 2-23所示。

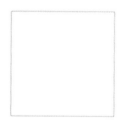

图2-21　绘制正方形

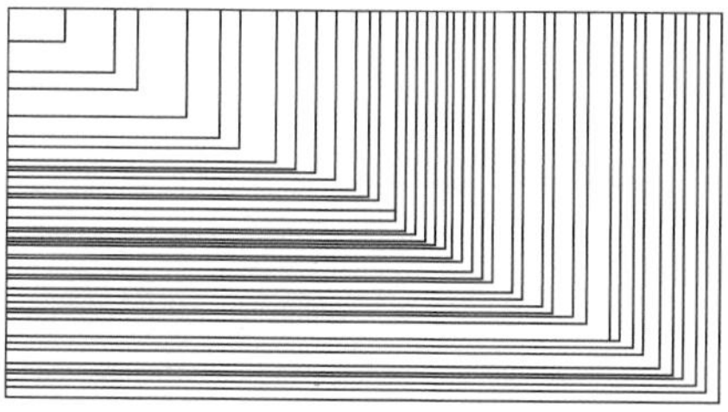

图2-22　绘制多个矩形

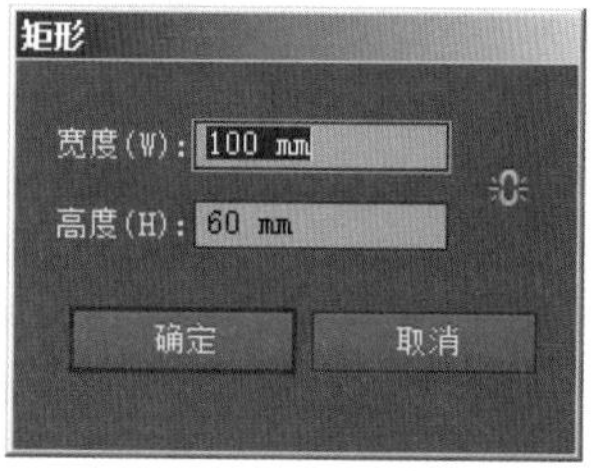

图2-23　“矩形”对话框

“矩形”对话框用于精确绘制矩形。输入需要的宽度和高度值，单击“确定”按钮，就会根据用户所设置的参数值，显示相应大小的矩形。需要注意的是，在“矩形”对话框中，可以单击约束宽度和高度比例按钮，单击此按钮时，将变为状态，此时修改任意一个宽度或高度数值，另外一个也随之变化。

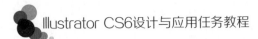

6．圆角矩形工具

“圆角矩形工具”和“矩形工具”位于同一工具组，运用该工具可以绘制“圆角矩形”，其使用方法与“矩形工具”基本相似。将鼠标悬浮于“矩形工具”图标上，按住左键不放，在弹出的工具组列表中选择“圆角矩形工具”，如图2-24所示。

按住鼠标左键在画布中拖动，即可创建一个圆角矩形，如图2-25所示。选择“圆角矩形工具”后在绘图区域中单击，会弹出图2-26所示的“圆角矩形”对话框。

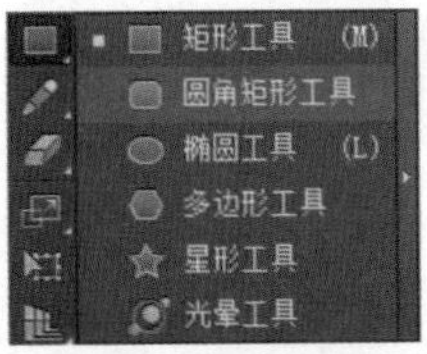

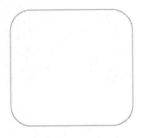

图2-24　圆角矩形工具

图2-25　圆角矩形

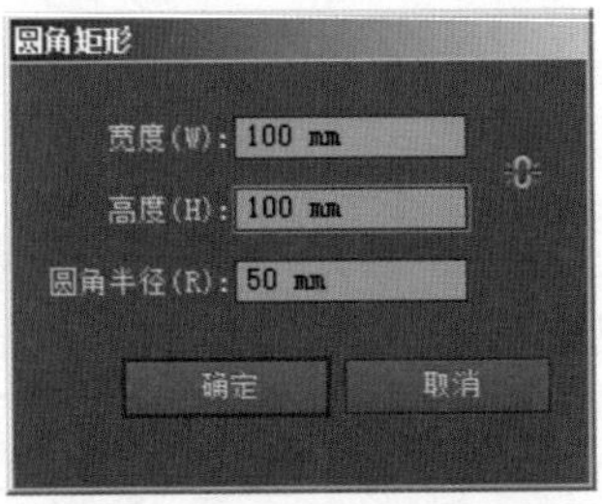

图2-26　“圆角矩形”对话框

在“宽度”“高度”和“圆角半径”处输入数值，即可按照定义的大小和圆角半径绘制圆角矩形。值得一提的是，在绘制圆角矩形的过程中（不要放开鼠标），可以通过【↑】键和【↓】键调整圆角大小，通过【←】键可使圆角变成最小半径，通过【→】键可使圆角变成最大半径。

7．椭圆工具

在Illustrator中，“椭圆工具”同样是最常用的几何图形绘制工具之一。选择“椭圆工具”后，按住鼠标左键在画布中拖动，即可创建一个椭圆形。也可以在绘图区域中单击，弹出“椭圆”对话框，如图2-27所示。在“宽度”“高度”文本框中输入数值，按照定义的大小精确绘制椭圆。

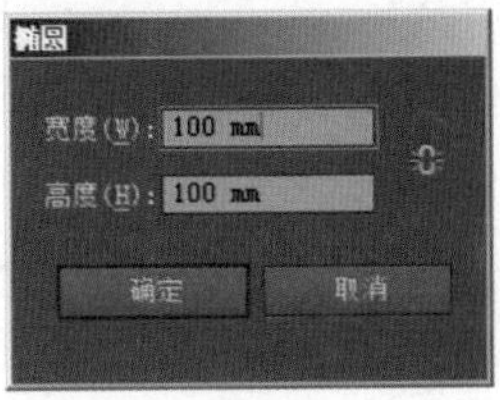

图2-27　“椭圆”对话框

在绘制椭圆时，有一些实用的小技巧，具体如下。

（1）按住【Shift】键的同时拖动鼠标，可创建一个正圆形。

（2）按住【Alt+Shift】组合键的同时拖动鼠标，可以创建一个以单击点为中心的正圆形。

8．多边形工具

“多边形工具”用来绘制三边及三边以上的正多边形，如图2-28所示的正三角形、正六边形等都可以使用“多边形工具”绘制。

图2-28　正三角形和正六边形

选择“多边形工具”后，按住鼠标左键在画布中拖动，即可创建一个正六边形（默认边数为6边），如图2-29所示。

在绘制多边形的过程中（不要放开鼠标），按【↑】键或【↓】键可以增加或减少多边形的边数。此外，选择“多边形工具”后，在绘图区域中单击，可弹出“多边形”对话框（见图2-30），自行定义多边形边数。

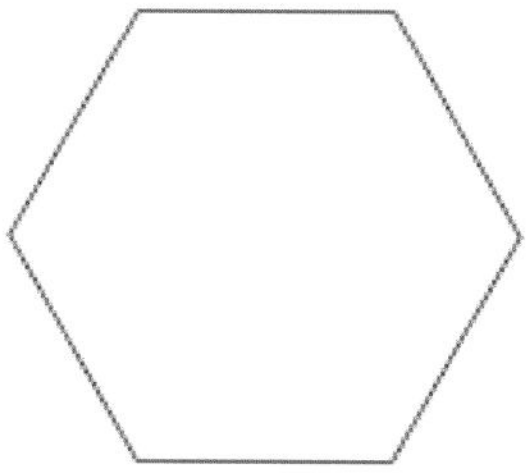

图2-29　创建正六边形

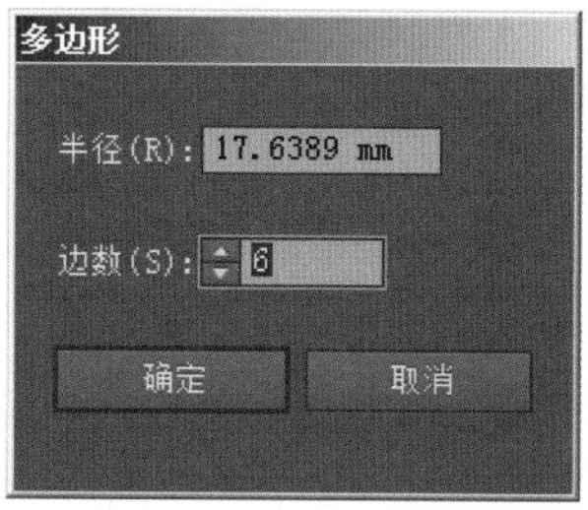

图2-30　“多边形”对话框

在绘制正多边形时，有一些基本的绘制技巧，具体介绍如下。

（1）移动光标可以旋转正多边形，如图2-31所示。

（2）按【～】键的同时拖动鼠标，可以绘制多个正多边形。

（3）按【Shift】键，可以锁定多边形角度，如图2-32所示。

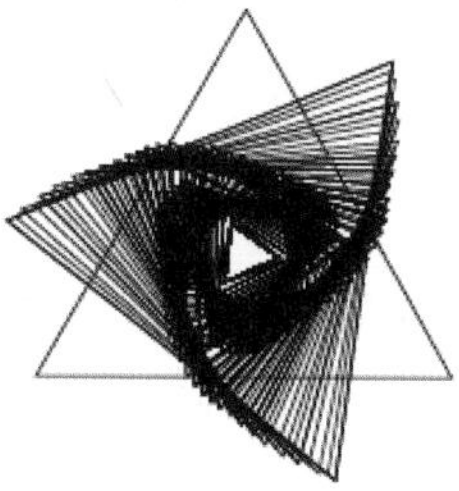

图2-31　旋转正多边形

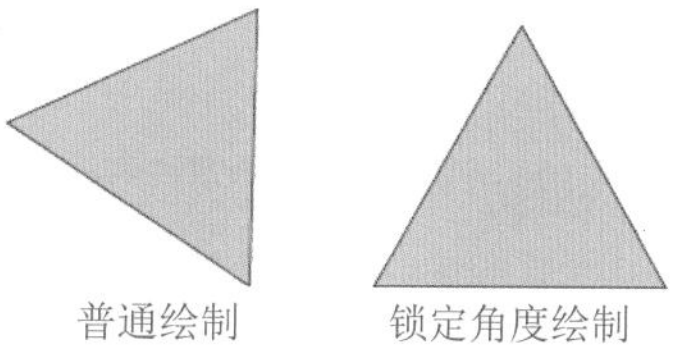

图2-32　锁定正多边形角度

9. 星形工具

选择“星形工具”，按住鼠标左键在画布中拖动，即可创建一个星形，如图2-33所示。

选择“星形工具”，在绘图区域中单击，弹出“星形”对话框，如图2-34所示。在“星形”对话框中包含“半径1”“半径2”“角点数”三个选项，具体介绍如下。

图2-33　绘制普通星形

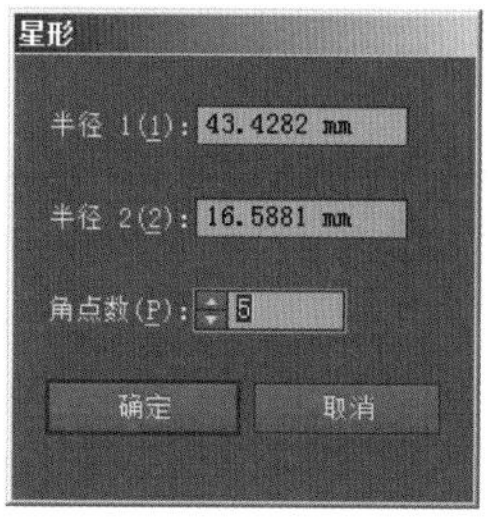

图2-34　“星形”对话框

（1）半径1：从星形中心到星形远点的距离。

（2）半径2：从星形中心到星形近点的距离。

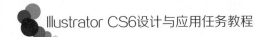

（3）角点数：星形具有的点数。

设置完数值，单击“确定”按钮，即可按照设置的参数精确绘制星形。

此外，在星形绘制过程中（不要放开鼠标），还可以进行以下操作。

（1）移动光标可以旋转星形。

（2）按【～】键的同时拖动鼠标，可以绘制多个星形。

（3）按【Shift】键，可以锁定多边形角度。

（4）按【Alt】键，可以调整星形拐角的角度，如图2-35所示。

（5）按【Ctrl】键，拖动光标，可以改变星形“半径1”的距离，如图2-36所示。

（6）按【↑】键或【↓】键可以增加或减少星形的角点数。

图2-35　按住【Alt】键绘制的星形

图2-36　按住【Ctrl】键绘制的星形

10. 光晕工具

“光晕工具” 可以绘制出类似于自然光晕的效果，增加照片的美感，如图2-37和图2-38所示。

图2-37　原图

图2-38　光晕效果

选择“光晕工具”，在需要放置的位置按住鼠标左键拖动，如图2-39所示。拖动到合适大小后释放鼠标，如图2-40所示。在其他位置再次单击，即可绘制一个光晕形状，如图2-41所示。

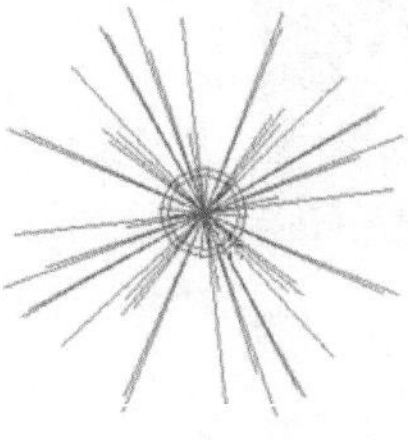

图2-39　拖动鼠标的绘制效果

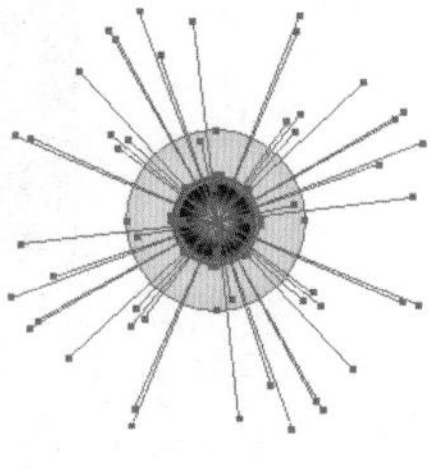

图2-40　释放鼠标后的效果

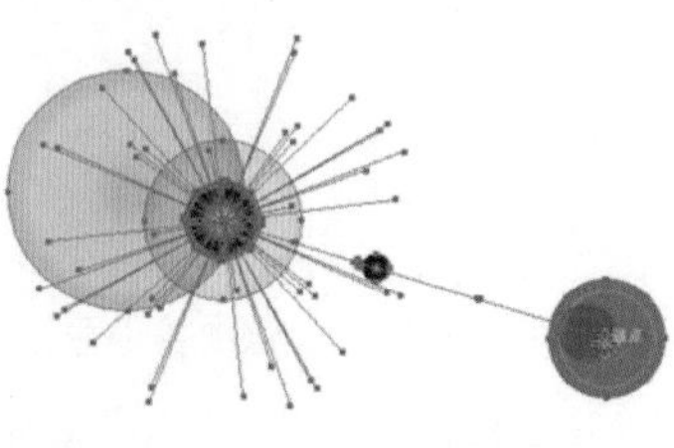

图2-41　在其他位置单击后的效果

双击“光晕工具”或选择“光晕工具”后在绘图区域单击时，均会弹出“光晕工具选项”对话框，如图2-42所示。

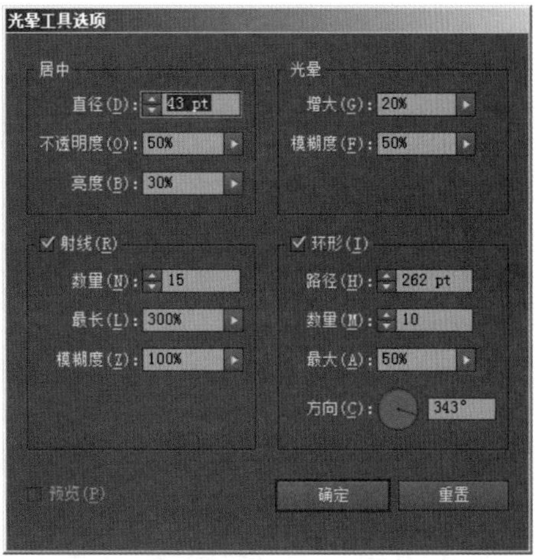

图2-42　“光晕工具选项”对话框

在“光晕工具选项”对话框中，可以设置“居中”“光晕”“射线”及“环形”4个选项，具体介绍如下。

（1）居中

① 直径：设置的数值在0pt～1000pt之间，数值越大，光晕图形明亮部分越大。

② 不透明度：设置中心控制点的不透明度，设置数值在0%～100%。

③ 亮度：设置中心控制点的亮度，值越大控制点越亮，设置数值在0%～100%。

（2）光晕

① 增大：设置光晕围绕中心控制点的放射程度，参数越大，光晕越大。

② 模糊度：设置光晕在图形中的模糊程度，值越大光晕越模糊。

（3）射线

① 数量：用于设置射线的数量。

② 最长：用于控制射线的长度与所有射线长度的百分比。

③ 模糊度：用于控制射线的模糊程度。

（4）环形

① 路径：是指光晕初始圆环和末端圆环之间的距离。

② 数量：光环的数目。

③ 最大：最大光环的大小与所有光环平均大小的百分比。

④ 方向：光环的角度，从0°～360°。

11. 快速调整图形

使用“选择工具”选中对象时，对象周围会出现一个定界框，如图2-43所示。定界框四周会出现8个控制点，拖动它们就可以对图形进行旋转、缩放等操作。

（1）缩放

将鼠标指针停留于某一控制点，待指针变成↗，如图2-44所示，按住鼠标左键不放并拖动，即可对图形的大小进行调整。在放大或缩小图形时，按住【Shift】键，可按照等比例缩放图像。

图2-43　定界框

图2-44　指针变形缩放

（2）旋转

将鼠标指针停留在某一控制点外围，待光标变成↷，如图2-45所示，按住鼠标左键不放并拖动，即可旋转图形对象。在旋转图形时，按住【Shift】键，可将图形按照45°角进行旋转，如图2-46所示。

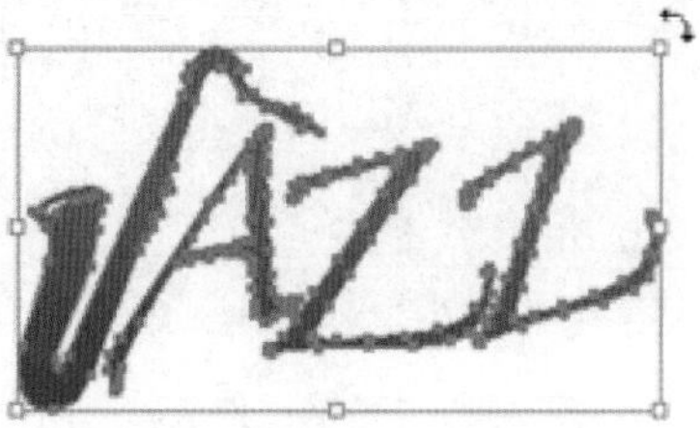

图2-45　指针变形旋转

图2-46　按照45°角旋转

（3）复制

选择图形对象后，按住【Alt】键的同时拖动图形，即可复制一个图形对象，如图2-47所示。

图2-47　复制图形对象

（4）删除

选择图形对象后，按【Delete】键，即可删除该图形对象。

任务实现

1. 外形设计

Step 01 打开Illustrator CS6软件，执行“文件→新建”命令（或按【Ctrl+N】组合键），在弹出的“新建文档”对话框中设置名称为“迷你Pad”，大小选择“A4”，其他选项默认即可，如果2-48所示。单击“确定”按钮，完成文档的创建。

Step 02 将鼠标指针停留在“矩形工具”▢图标上，按住鼠标左键不放，在弹出的工具组列表中选择“圆角矩形工具”▢。

Step 03 在绘图区域中单击，在弹出的“圆角矩形”对话框中设置宽度为“150mm”、高度

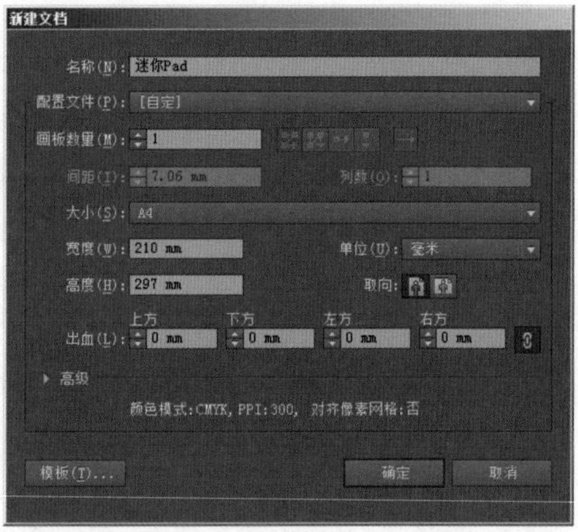

图2-48　“新建文档”对话框

为“200mm”、圆角半径为“10mm”，如图2-49所示。

Step 04 设置圆角矩形的填充颜色为浅灰色（CMYK：20、15、15、0），描边粗细为2pt，颜色为深灰色（CMYK：45、40、35、0），如图2-50所示。

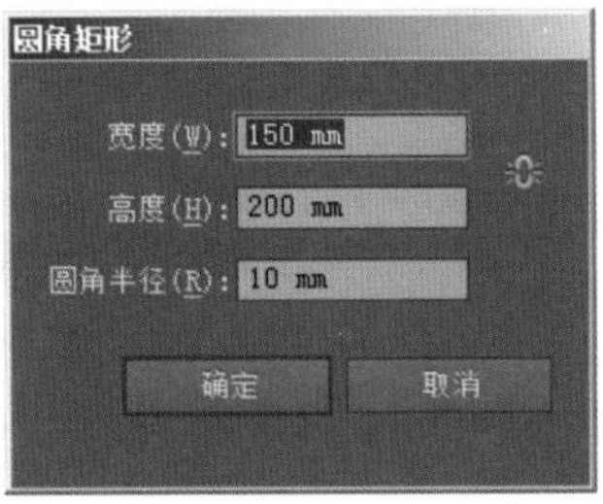

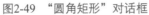

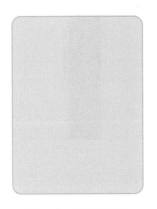

图2-49　“圆角矩形”对话框

图2-50　填色和描边

Step 05 重复运用Step03和Step04的方法再次绘制一个宽度为“148mm”、高度为“198mm”、圆角半径为“10mm”，黑色填充（CMYK：0、0、0、100）、1pt粗细灰色描边（CMYK：50、40、40、0）的圆角矩形。

Step 06 运用“选择工具”选中黑色填充的圆角矩形，移动至图2-51所示位置。

Step 07 选择“矩形工具”，在文档中绘制一个如图2-52所示大小的浅灰色填充（CMYK：10、5、5、0），无描边的矩形。

Step 08 选择“椭圆工具”，按住【Shift】键的同时拖动鼠标，绘制一个正圆形。设置填充为无，描边为浅灰色（CMYK：25、20、20、0）、描边粗细为0.75pt，大小和位置如图2-53所示。

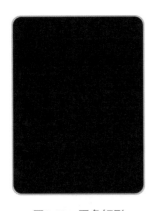

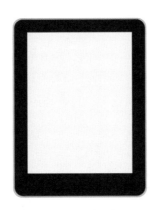

图2-51　圆角矩形

图2-52　矩形

图2-53　正圆形

Step 09 选择“矩形工具”，绘制四个如图2-54所示的黑色填充的小矩形，作为Pad的按钮。

2. 音乐播放界面设计

Step 01 选择“椭圆工具”，绘制一个无填充、描边为灰色（CMYK：35、25、25、0）、描边粗细为1pt的正圆，大小和位置如图2-55所示。

Step 02 运用“椭圆工具”再绘制一个深灰色填充（CMYK：85、80、80、60）稍小一点的正圆，嵌套在描边的正圆中，如图2-56所示。

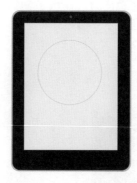

图2-54　绘制按钮

图2-55　正圆1

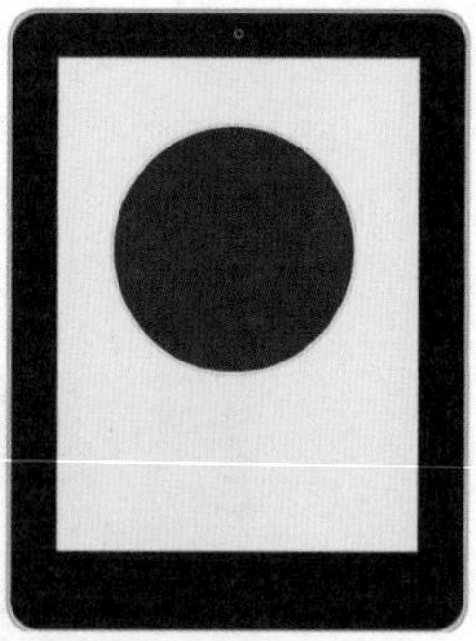

图2-56　正圆2

Step 03 打开“文字素材1.ai”，如图2-57所示。运用“选择工具”选中文字素材部分，拖动到“迷你Pad”文档中，如图2-58所示。

图2-57　文字素材1

图2-58　放置文字素材

Step 04 运用“椭圆工具”，绘制一个白色描边、粗细为21pt、深灰色填充（CMYK：85、80、80、60）的正圆，放置在图2-59所示的位置，完成光盘和封面的制作。

Step 05 选择“圆角矩形工具”后在绘图区域中单击，在弹出的“圆角矩形”对话框中设置宽度为“14mm”、高度为“7mm”、圆角半径为“10mm”。

Step 06 设置圆角矩形的填充颜色为白色，描边粗细为1pt，颜色为浅灰色（CMYK：30、25、20、0），如图2-60所示。

图2-59　正圆形

图2-60　圆角矩形

Step 07 选择“椭圆工具”，按照Step06的填色和描边绘制一个正圆形，大小和位置如图2-61所示。

Step 08 运用“矩形工具”，在图2-62所示的位置绘制两个灰色（CMYK：35、25、25、0）填充的矩形。

图2-61　正圆形

图2-62　矩形

Step 09 运用“选择工具”选中较短的矩形，如图2-63所示。按住【Alt】键拖动，复制一个矩形，如图2-64所示。

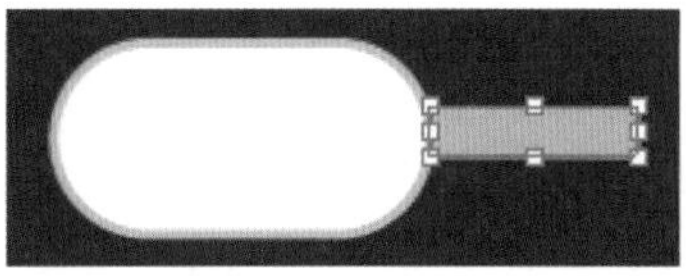

图2-63　选择工具

图2-64　复制矩形

Step 10 将鼠标指针停留在于某一控制点外围，待光标变成↰，按住鼠标左键不放并拖动，旋转刚刚复制的小矩形至图2-65所示的位置。

Step 11 选择“椭圆工具”，绘制一个白色无描边的小圆，放置在图2-66所示的位置。

图2-65　旋转矩形

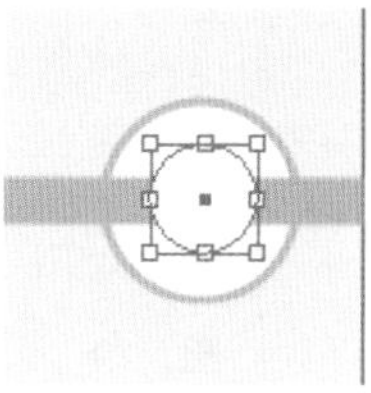

图2-66　正圆形

Step 12 选择“圆角矩形工具”，绘制一个宽度为“81mm”、高度为“2mm”、圆角半径为“10mm”的圆角矩形，并填充浅灰色（CMYK：20、15、15、0）。

Step 13 再次运用“圆角矩形工具”，绘制一个宽度为“34mm”、高度为“2mm”、圆角半径为“10mm”的圆角矩形，并填充绿色（CMYK：75、10、70、0）。叠加到浅灰色圆角矩形上，如图2-67所示。

Step 14 运用“圆角矩形工具”绘制一个白色填充的小圆角矩形，放置在图2-68所示的位置。

图2-67　选择工具

图2-68　复制矩形

Step 15　运用“椭圆工具”，绘制三个正圆形，设置填充为白色，描边为灰色（CMYK：75、10、70、0），描边粗细为1pt，大小和位置如图2-69所示。

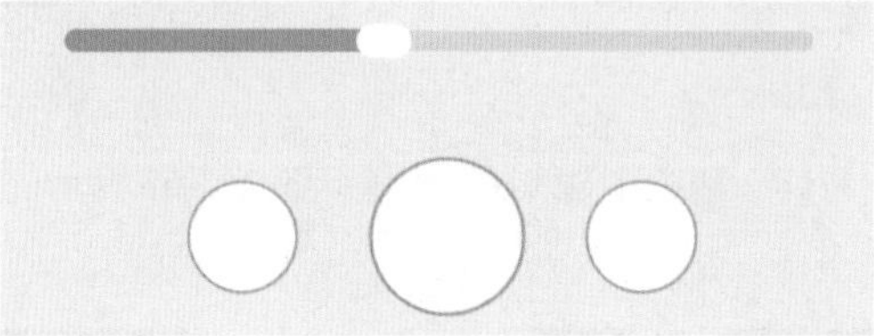

图2-69　正圆形

Step 16　在控制面板的“不透明度” 不透明度: 100% 选项栏中，将三个正圆形的不透明度设置为40%，显示效果如图2-70所示（关于不透明度的相关知识将会在后面的章节详细讲解，这里了解即可）。

Step 17　选择“多边形工具”，在绘图区域中单击，在弹出的“多边形”对话框中设置半径为“3mm”、边数为“3”，如图2-71所示。单击“确定”按钮，绘制一个三角形。

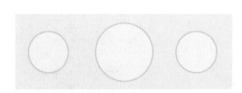

图2-70　设置不透明度

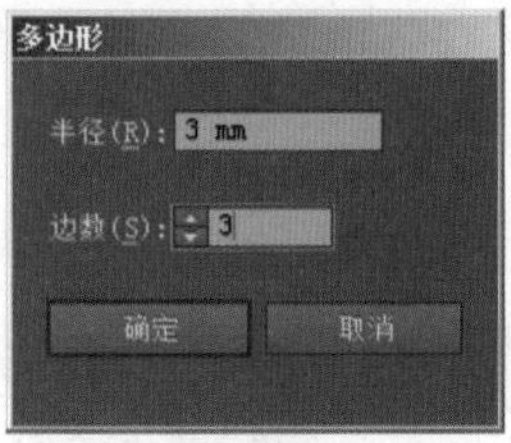

图2-71　正圆形

Step 18　设置三角形的填充颜色为浅灰色（CMYK：25、15、15、0），描边为无。

Step 19　运用“选择工具”，选中三角形，旋转至图2-72所示的位置。

Step 20　运用Step17至Step19的方法，绘制多个三角形，排列成图2-73所示的样式。

图2-72　旋转三角形

图2-73　绘制多个三角形

Step 21 运用“矩形工具”，绘制黑色填充的矩形，设置不透明度为70%，大小和位置如图2-74所示。

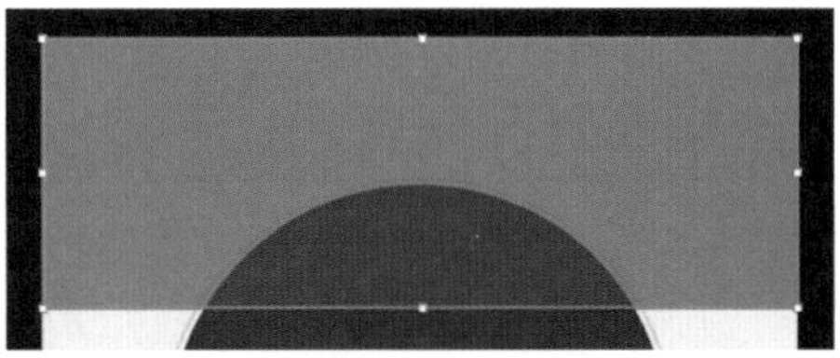

图2-74 绘制矩形

Step 22 打开“文字素材2.ai”，如图2-75所示。

Step 23 运用“选择工具”选中文字素材部分，拖动到“迷你Pad”文档中，如图2-76所示。

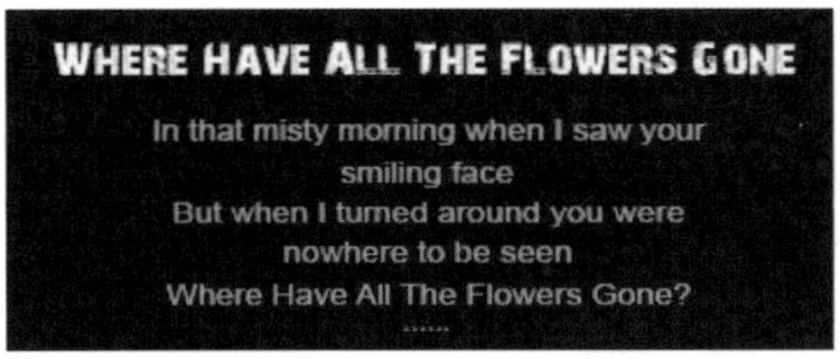

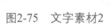

图2-75 文字素材2

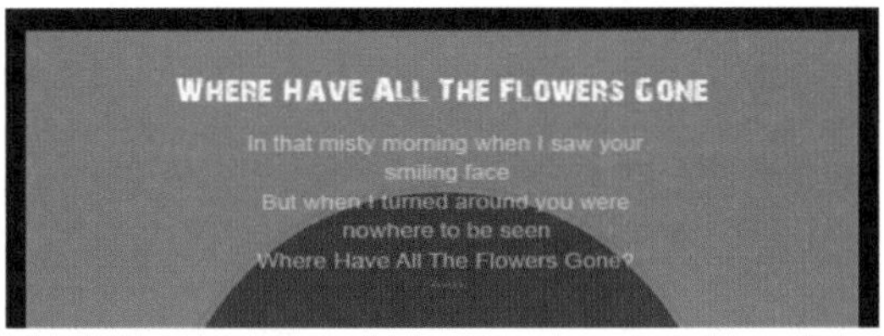

图2-76 放置文字素材

Step 24 选择“光晕工具”，在图2-77所示的位置按住鼠标左键拖动至合适大小。在图2-78红框标示的位置再次单击，绘制一个光晕形状。

图2-77 绘制光晕1

图2-78 绘制光晕2

Step 25 至此“迷你Pad”绘制完成，执行“文件→存储”命令（或按【Ctrl+S】组合键）将文件保存在指定文件夹。

任务2 制作低碳生活公益海报

任务描述

作为空气污染的主要来源之一，汽车尾气中含有大量的有害物质，包括一氧化碳、氮氧化物、碳氢化合物和固体悬浮颗粒等，已经成为很多城市大气污染的罪魁祸首之一。本任务是为某环保组织设计一款以“绿色出行、低碳生活”为主题的公益海报，呼吁人们节能减排，绿色出行。海报的最终设计效果如图2-79所示，通过本任务的学习，读者可掌握线形工具组的操作技巧。

图2-79 公益海报

任务分析

关于"低碳生活"公益海报的设计，可以从以下几个方面着手进行分析。

主色调：该公益海报的主题以"绿色环保"为主，因此可以运用和大自然、植物紧密相关，象征着自然、生态、环保的绿色作为海报的主色调。

背景元素：当前城市污染日益严重，可以选择简单线条的城市建筑物作为海报的背景。运用"矩形网格工具"和"矩形工具"可绘制简单的建筑物。

主题元素：主题元素可通过引入与环保相关的文字元素和图形元素来进行绘制，具体如下：

（1）文字元素：可以运用相关素材，放在画面中醒目的位置，用于突出海报主题。

（2）图形元素：可以运用一个简单几何图形组成的汽车，作为图形主题元素。主要包括车顶部、车身和轮胎三部分。

① 车顶部：用"弧形工具"绘制。

② 车身：用"圆角矩形工具"绘制。

③ 轮胎：用"极坐标网格工具"绘制。

印刷注意事项：由于海报设计最终会通过印刷方式输出为印刷成品，因此在进行海报设计时需要了解关于印刷品的注意事项。

① 设出血线：设计稿印刷出来时是需要裁切的，这时设计者应在页面的上下左右各留出3 mm的出血，以防止设计的图片或者文字被裁切掉。

② 颜色模式：制作需要印刷的设计稿时，应设置颜色模式为CMYK格式。而黑色文字或色块的CMYK色值一定是C：0、M：0、Y：0、K：100（即单色黑）。这是因为彩色印刷时如果使用四色形成黑色，一是容易产生偏色，二是容易造成重影。尤其在印刷文字或者精细内容时特别明显。

知识储备

1. 直线段工具

使用“直线段工具”可以在绘图区域中绘制直线。选择工具箱中的“直线段工具”（或按快捷键【\】），在绘图区域中按住鼠标拖动，到需要的位置释放鼠标，即可绘制一条直线，如图2-80所示。

在绘制直线时（不放开鼠标），还可以对其进行一些基本操作，具体以介绍如下。

（1）按住【Shift】键，可绘制水平、垂直、45°角及其倍数的直线。

（2）按住【～】键，可绘制多条直线，如图2-81所示。

图2-80　绘制直线

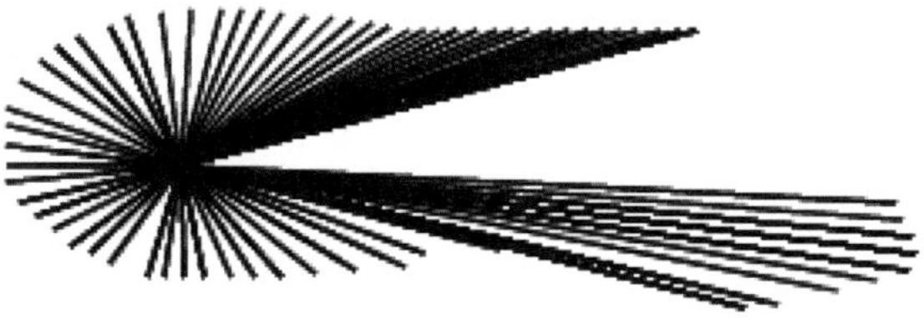

图2-81　同时绘制多条直线

2. 弧形工具

“弧形工具”和“直线段工具”在同一工具组中，默认为隐藏状态。将鼠标指针停留在直线段工具图标上，按住鼠标左键不放，在弹出的下拉菜单中即可选择“弧形工具”，如图2-82所示。

选择“弧形工具”后，在绘图区域拖动鼠标即可绘制弧线，如图2-83所示。此外，选择“弧形工具”后，在绘图区域单击，会弹出图2-84所示的“弧线段工具选项”对话框，通过设置对话框中的各项参数，可以精确绘制弧线。

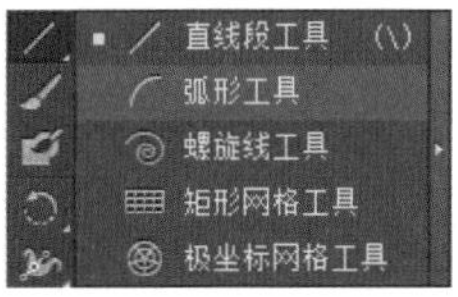

图2-82　选择“弧形工具”

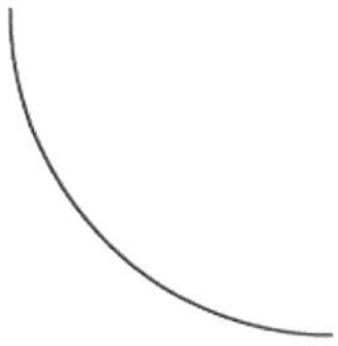

图2-83　弧线

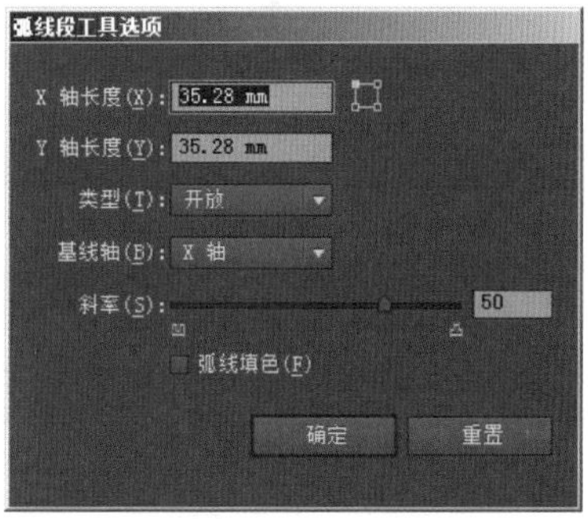

图2-84　“弧形工具选项”对话框

关于“弧形工具选项”对话框的各项参数介绍如下。

（1）X轴长度：用于确定弧线在水平方向的长度。

（2）Y轴长度：用于确定弧线在垂直方向的长度。

（3）类型：可以选择是开放型弧线还是闭合型弧线。

（4）基线轴：用来选择使用的坐标轴。

（5）斜率：用来控制斜线的凸起和凹陷程度。

在绘制弧线的过程中（不要放开鼠标），按【↑】键或【↓】键可以改变弧线的凹凸程度。

3. 螺旋线工具

选择“螺旋线工具” 后，在绘图区域拖动鼠标，可以绘制螺旋形，如图2-85所示。选择该工具，在绘图区域单击，弹出图2-86所示的“螺旋线”对话框，通过设置各项参数，可以精确绘制螺旋线。

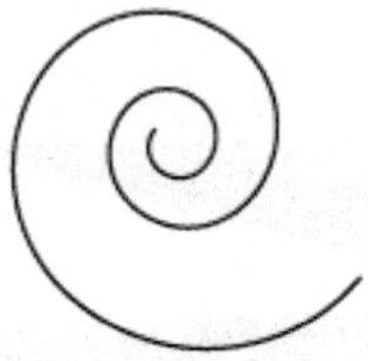

图2-85　螺旋形

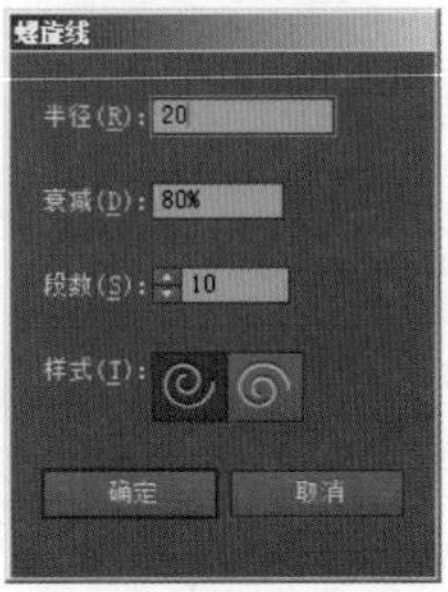

图2-86　“螺旋线”对话框

关于“螺旋线工具选项”对话框的各项参数介绍如下。

（1）半径：是指从螺旋线中心点到结束点之间的直线距离。

（2）衰减：设置螺旋线旋转圈相对于前面旋转圈的减少量。

（3）段数：用于设置螺旋线圈由多少段组成。

（4）样式：用于定义螺旋线的旋转方向是逆时针还是顺时针。

在绘制螺旋线的过程中（不要放开鼠标），按【↑】键或【↓】键可以改变螺旋线的段数，按住【Ctrl】键可以改变螺旋线的衰减程度。

4. 矩形网格工具

运用“矩形网格工具” 可以创建矩形网格。选择该工具，在绘图区域拖动鼠标，即可绘制矩形网格。在绘图区域单击，弹出图2-87所示的“矩形网格工具选项”对话框，通过设置各项参数，可以精确绘制网格图形。

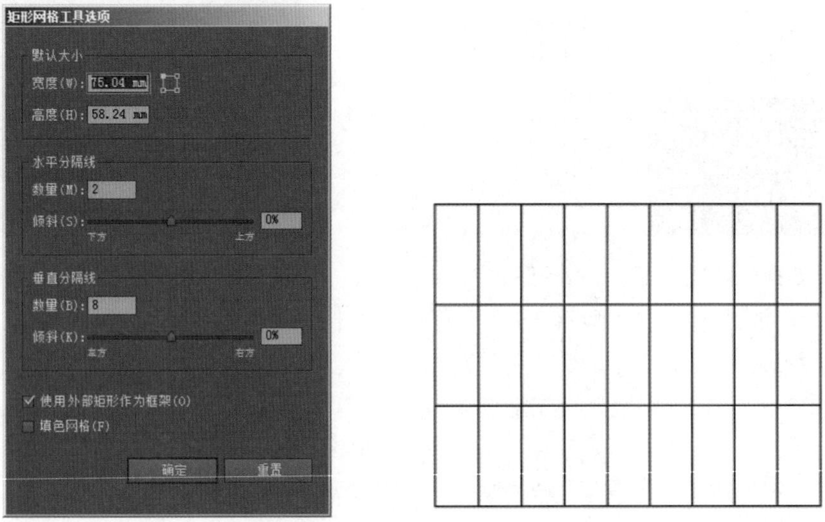

图2-87　“矩形网格工具选项”对话框

在图2-87所示的选项中，“水平分隔线”和“垂直分隔线”用于控制网格的分隔数量。绘制过程中（不要放开鼠标），按【↑】键或【↓】键可以调整“水平分隔线”的数量，按【←】键或【→】键可以调整“垂直分隔线”的数量。

5. 极坐标网格工具

运用“极坐标网格工具”可以绘制类似同心圆的放射线效果，如图2-88所示。选择“极坐标网格工具”后，在绘图区域单击，弹出图2-89所示的“极坐标网格工具选项”对话框，通过设置各项参数，可以精确绘制极坐标网格图形。

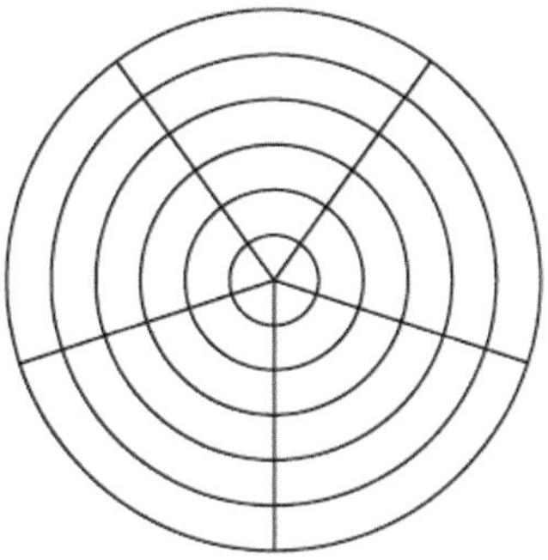

图2-88 极坐标网格

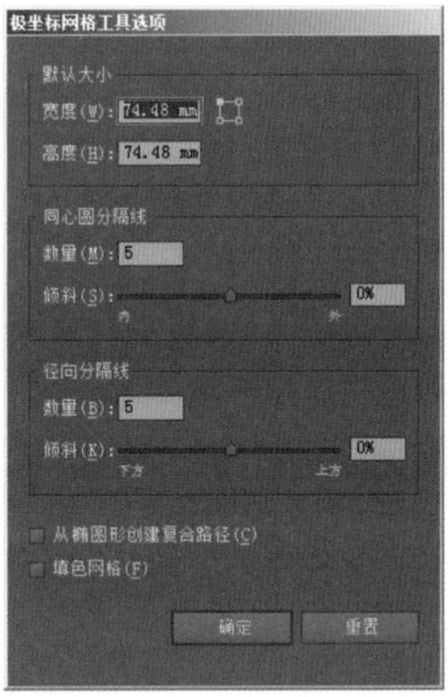

图2-89 “极坐标网格工具选项”对话框

在绘制极坐标网格过程中（不放开鼠标）按【Shift】键可绘制正圆形极坐标网格，按【↑】、【↓】、【←】、【→】键可以改变同心圆或径向直线的数量，按【F】、【V】、【C】、【X】键可以改变网格的衰减度，具体如图2-90所示。

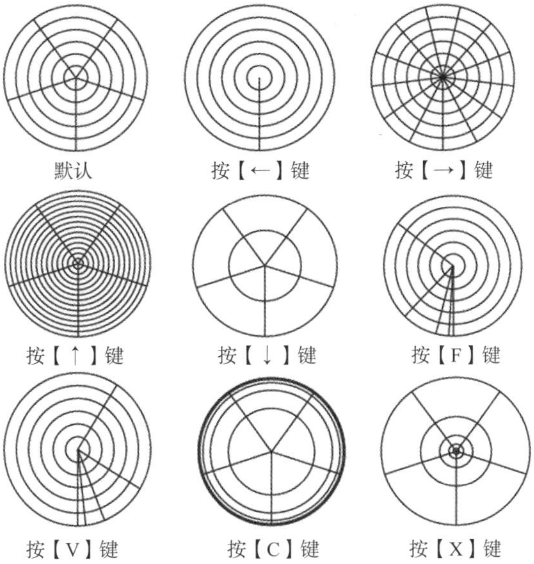

图2-90 绘制的正方形极坐标网格

6. 还原、重做和恢复

在编辑图形的过程中，如果某一步的操作出现了失误或对设计的图形效果不满意，可以对文档进行还原、重做和恢复等操作。

（1）还原与重做

在Illustrator中，执行“编辑→还原”命令（或按【Ctrl+Z】组合键）可以撤销操作的动作。多次执行该命令，可以撤销多个操作。如果要恢复还原操作，可以执行“编辑→重做”命令（或按【Ctrl+Shift+Z】组合键）。

注意

有些视图操作命令如调整显示比例、显示和隐藏参考线等，由于在操作时不会被记录，因此无法还原或重做。

（2）恢复

在编辑打开的文件时，如果执行了无法撤销的操作，可以执行“文件→恢复”命令，将文件恢复到上一次保存时的状态。

任务实现

1. 制作背景元素

Step 01 打开Illustrator CS6软件，执行“文件→新建”命令（或按【Ctrl+N】组合键），在弹出的“新建文档”对话框中设置名称为“低碳生活公益海报”，手动输入宽度值为“420mm”，高度为“570mm”，出血为“3mm”，如图2-91所示。单击“确定”按钮，完成文档的创建。

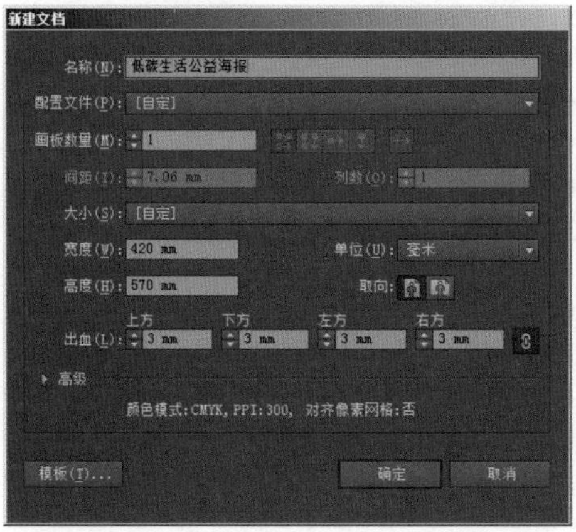

图2-91 “新建文档”对话框

Step 02 选择“矩形工具”，在文档中绘制一个宽度为“420mm”、高度为“570mm”的矩形，并添加浅灰色填充（CMYK：5、5、0、0）。

Step 03 运用“圆角矩形工具”，绘制一个宽度为“87mm”、高度为“28mm”、圆角半径为“50mm”的圆角矩形，并添加绿色（CMYK：75、30、100、0）填充，如图2-92所示。

Step 04 选择“椭圆工具”，在文档中绘制几个大小不一的正圆，填充绿色（CMYK：75、30、100、0），和上一步绘制的圆角矩形拼合出云彩的形状，如图2-93所示。

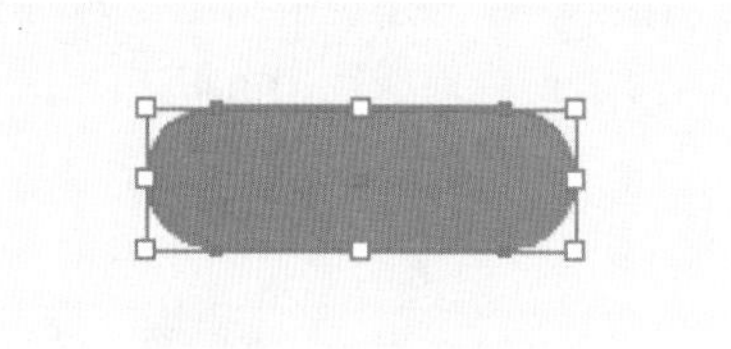

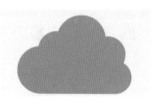

图2-92　圆角矩形

图2-93　正圆形

Step 05 将鼠标指针停留在“直线段工具”图标上，按住鼠标左键不放，在弹出的下拉菜单中选择“螺旋线工具”，如图2-94所示。

Step 06 在绘图区域拖动鼠标，绘制螺旋形。设置螺旋形的填充为无，描边为白色，描边粗细为4pt，大小和位置如图2-95所示。

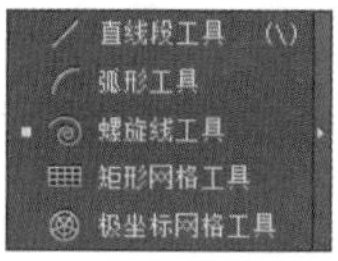

图2-94　螺旋线工具

图2-95　螺旋线工具

Step 07 运用“选择工具”，选中云彩图形中的所有对象，按住【Alt】键拖动鼠标进行复制，调整大小和位置如图2-96所示。

Step 08 选择“矩形网格工具”，在绘图区域单击，弹出“矩形网格工具选项”对话框。在对话框中设置宽度为“100mm”、高度为“280mm”，水平分隔线和垂直分隔线的数量均为20，如图2-97所示，单击“确定”按钮，创建一个矩形网格。

图2-96　复制图形

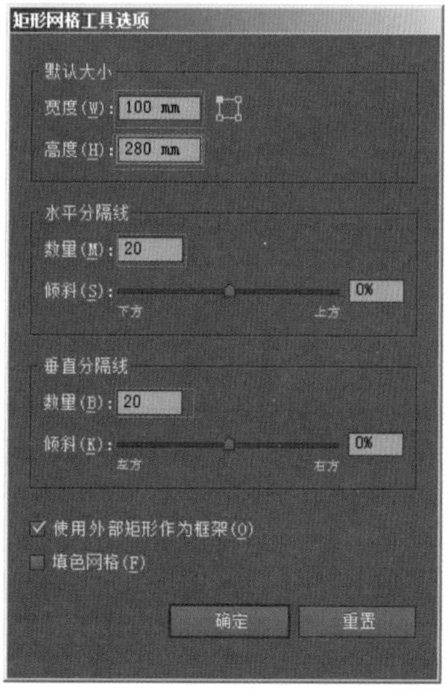

图2-97　“矩形网格工具选项”对话框

Step 09 为上一步创建的矩形网格添加绿色（CMYK：75、30、100、0）描边，调整大小至图2-98所示。

Step 10 复制几个矩形网格，调整大小，运用“矩形工具”绘制出图2-99所示的效果。

Step 11 运用“选择工具”选中所有矩形网格和矩形，如图2-100所示。将它们的不透明度设置为“40%”，效果如图2-101所示。

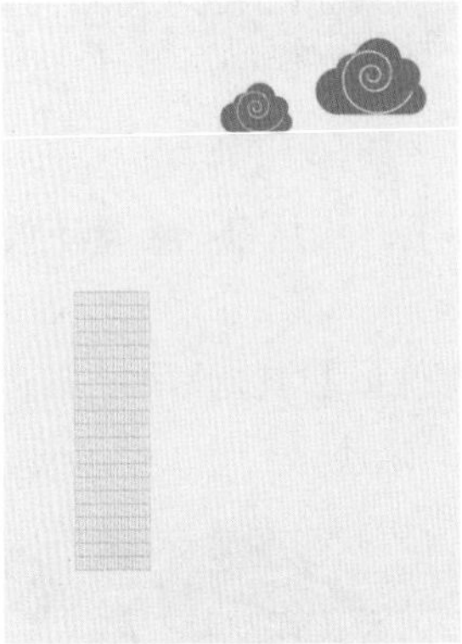

图2-98 调整矩形网格

图2-99 “矩形网格工具选项”对话框

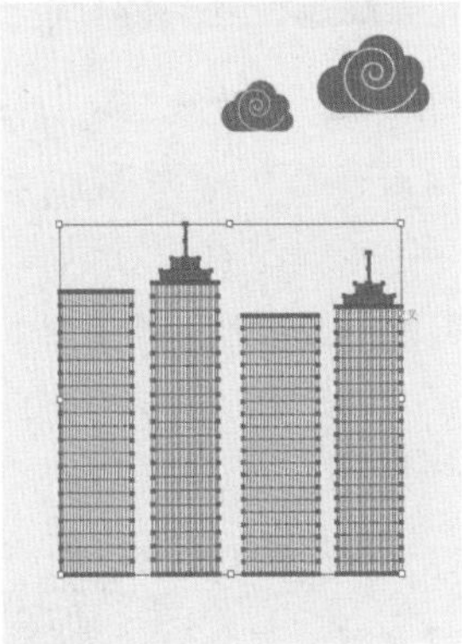

图2-100 调整矩形网格

图2-101 “矩形网格工具选项”对话框

2. 制作主题元素

Step 01 选择“圆角矩形工具”，在文档中绘制两个圆角矩形，设置填充为绿色（CMYK：75、30、100、0），描边为无，如图2-102所示。

Step 02 运用“选择工具”，将上一步绘制的两个圆角矩形拼合成图2-103所示的形状。

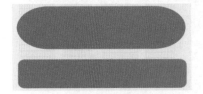

图2-102 圆角矩形工具

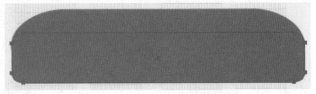

图2-103 移动圆角矩形

Step 03 选择“极坐标网格工具”，在绘图区域单击，弹出“极坐标网格工具选项”对话框。按照图2-104所示的参数进行设置后，单击“确定”按钮，创建图2-105所示的图形。

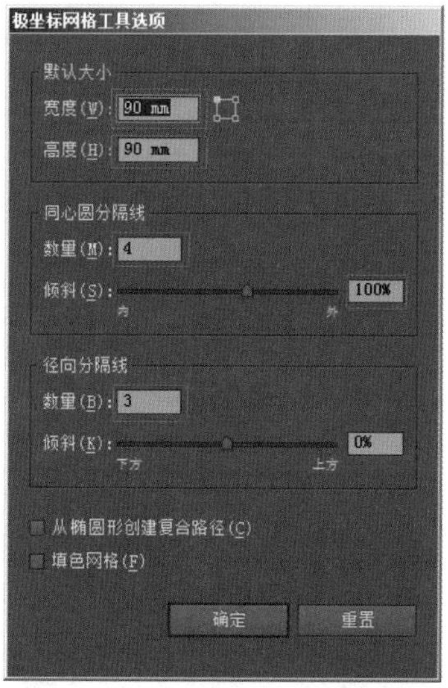

图2-104 “极坐标网格工具选项”对话框

图2-105 绘制图形

Step 04 复制上一步绘制的极坐标网格图形，移动至图2-106所示的位置。

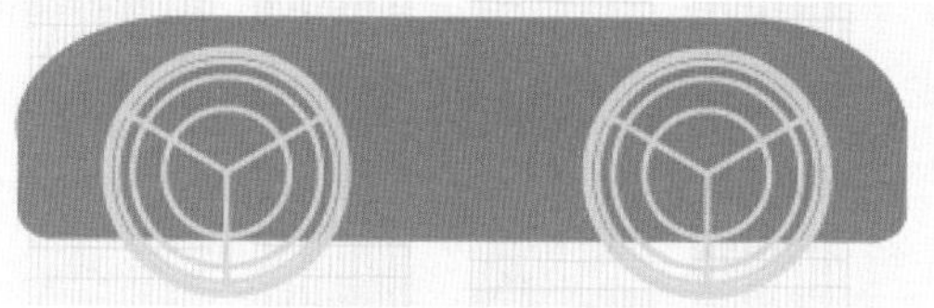

图2-106 复制图形

Step 05 打开“插头素材.ai”，如图2-107所示。运用“选择工具”将素材拖动至“低碳生活公益海报”文档中，制作一个汽车图形，如图2-108所示。

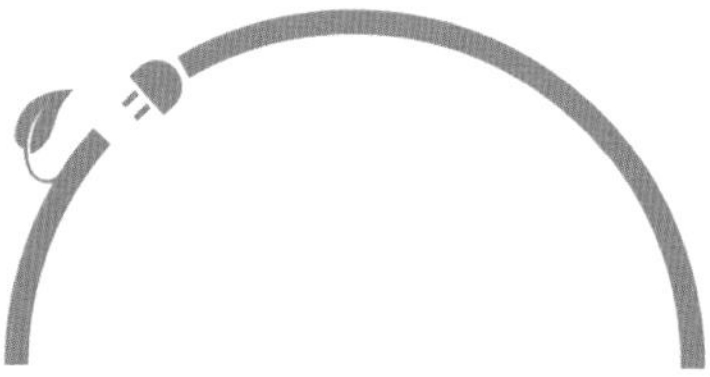

图2-107 插头素材

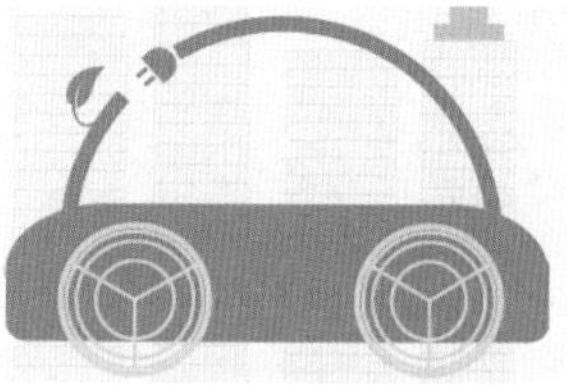

图2-108 移动素材

Step 06 运用线形工具组的相关工具绘制图2-109所示的图形形状，并移至汽车图形上，如图2-110所示。

图2-109 绘制图形

图2-110 排列图形

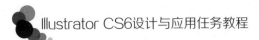

Step 07 打开素材“主题文字.ai”，如图2-111所示，拖动到“低碳生活公益海报”文档中，大小和位置如图2-112所示。

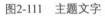

图2-111　主题文字

图2-112　嵌入素材

Step 08 至此，“低碳生活公益海报”绘制完成，按【Ctrl+S】组合键将文件保存在指定文件夹。

任务3　制作时尚插画

任务描述

在现代消费型社会里，时尚杂志在人们的生活中占据着一席之地。时尚杂志中的插图也呈现出多种视觉艺术表现形式，它不但引导消费和传播时尚，同时也是品牌发展的主要媒介。本次任务是为某时尚杂志设计一款引领潮流的主题插画。图2-113所示为最终的设计效果图，通过本任务的学习，读者可掌握变形工具组的操作技巧。

图2-113　时尚插画

任务分析

主色调：时尚群体目前主要为女性，因此可以运用粉色、嫣红色等艳丽的颜色，作为插画的主色调。

背景元素：可以运用抽象的图形搭配简单的线条，明快锐利，突出时尚感。

（1）抽象花朵：运用“缩拢工具”和“旋转扭曲工具”实现。

（2）线条建筑物：运用“矩形网格工具”绘制。

主题元素：包包是女性时尚穿搭的必需品，也是彰显时尚的主流元素。因此可以选择一些彰显格调的包包素材搭配柔美的线条作为插画的主题元素。

知识储备

1. 宽度工具

“宽度工具”可以对图形的描边效果进行调整。打开素材图片“小鸟.ai”，如图2-114所示。选择“宽度工具”（或按【Shift+W】组合键），将光标指向眼睛的描边（见图2-115），拖动鼠标，即可调整眼睛处的描边，效果如图2-116所示。

图2-114 小鸟

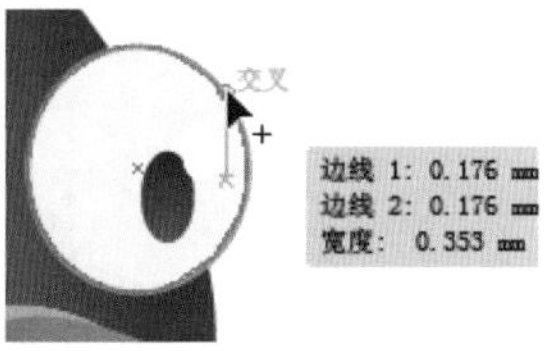

图2-115 光标位置

图2-116 效果

2. 变形工具

“变形工具”可以用来调整图形的形状，它和“宽度工具”在同一工具组中，默认隐藏状态。将鼠标指针停留在“宽度工具”图标上，按住鼠标左键不放，在弹出的下拉菜单中即可选择“变形工具”，如图2-117所示。

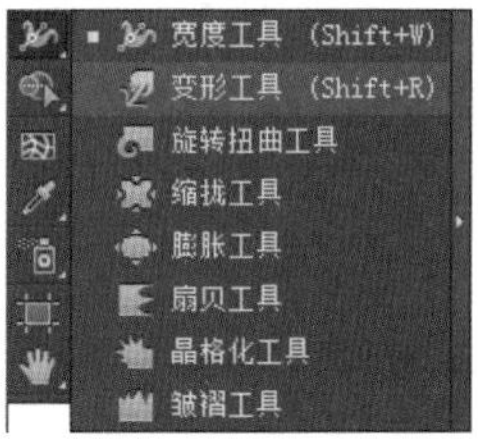

图2-117 选择“变形工具”

选择“变形工具”（或按【Shift+R】组合键），将鼠标指针置于需要变形的位置，按住鼠标左键拖动，即可将图形变形。如图2-118所示，对小鸟的嘴巴进行拉伸。

双击“变形工具”，弹出“变形工具选项”对话框，如图2-119所示。

对“变形工具选项”对话框的常用选项介绍如下。

（1）宽度/高度：用于设置变形笔触的大小。

（2）强度：用于设置扭曲的改变速度。

（3）重置：可以将对话框的参数恢复为默认状态。

图2-118　变形工具

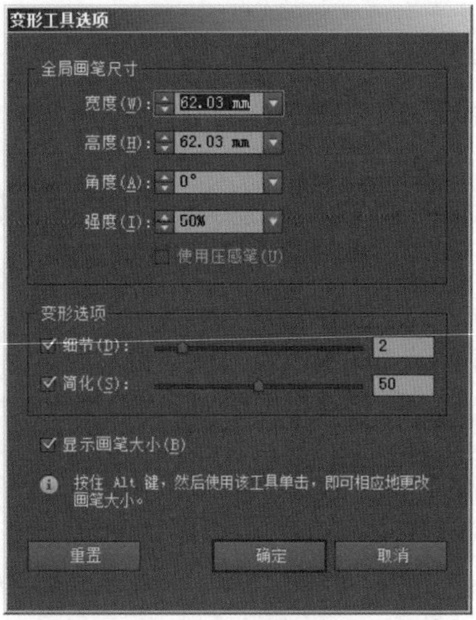

图2-119　“变形工具选项”对话框

3. 其他图形变换工具

除了“宽度工具”和“变形工具”外，Illustrator CS6还提供了其他图形变换工具（如缩拢工具、膨胀工具等），以应对多样化的设计需求。这些工具的使用和操作方法与上述两个工具相同，具体介绍如下。

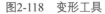

（1）旋转扭曲工具：使用“旋转扭曲工具”可以对图形进行旋转扭曲处理，如图2-120所示，对小鸟头上的羽毛进行旋转扭曲。

（2）缩拢工具：使用“缩拢工具”可以使图形产生内收缩的效果。如图2-121所示，让小鸟头上的羽毛产生内收缩的效果。

图2-120　旋转扭曲工具

图2-121　缩拢工具

（3）膨胀工具：使用“膨胀工具”可以使图形产生膨胀效果，该工具和“缩拢工具”功能相反。如图2-122所示，让小鸟头上的羽毛产生膨胀效果。

（4）扇贝工具：使用“扇贝工具”可以使图形的轮廓随机产生类似贝壳表面纹理的效果。如图2-123所示，对小鸟的眼睛应用“扇贝工具”。

（5）晶格化工具：“晶格化工具”与“扇贝工具”产生的效果相反。或产生像外突起毛刺的效果。如图2-124所示，对小鸟的眼睛应用“晶格化工具”。

（6）褶皱工具：使用“褶皱工具”可以使图形产生褶皱的效果。如图2-125所示，对小鸟的身体应用“褶皱工具”，使其产生类似融化的效果。

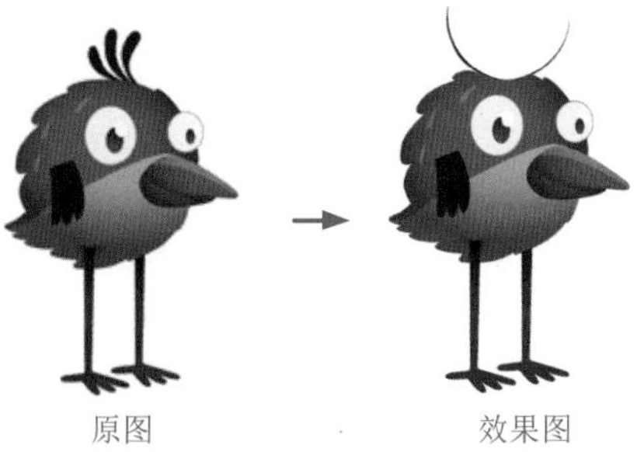

图2-122　膨胀工具

图2-123　扇贝工具

图2-124　晶格化工具

图2-125　褶皱工具

任务实现

1. 制作背景元素

Step 01 打开Illustrator CS6软件，执行“文件→新建”命令（或按【Ctrl+N】组合键），在弹出的“新建文档”对话框中设置名称为“时尚插画”，宽度为“180mm”，高度为“70mm”，出血为“3mm”。单击“确定”按钮，完成文档的创建。

Step 02 打开素材“绚丽背景.ai”，如图2-126所示，将其拖动到“时尚插画”文档中。

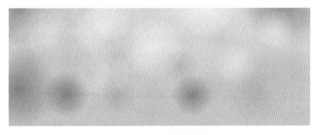

图2-126　绚丽背景

Step 03 选择工具箱中的“矩形工具”，绘制一个宽度为“180mm”、高度为“24mm”的矩形，设置填充为白色，描边为无，如图2-127所示。

Step 04 将鼠标指针停留在“宽度工具”图标上，按住鼠标左键不放，在弹出的下拉菜单中选择“褶皱工具”，如图2-128所示。将上一步绘制的矩形褶皱化处理至图2-129所示的效果。

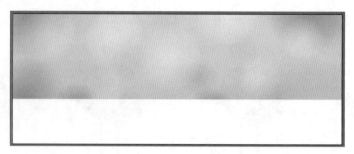

图2-127　绘制矩形

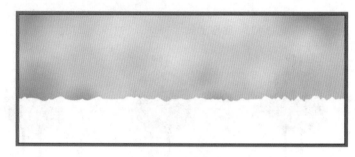

图2-128　选择“褶皱工具”

图2-129　褶皱效果

Step 05 选择“椭圆工具”，在文档中绘制一个正圆，设置填充为白色，描边为无，如图2-130所示。

Step 06 双击“变形工具”，弹出“变形工具选项”对话框，设置宽度为“2mm”、高度为“2mm”，其他参数保持默认设置，如图2-131所示。

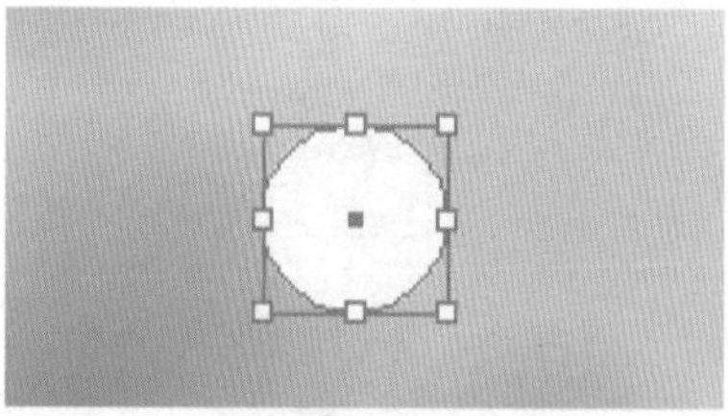

图2-130　绘制正圆形

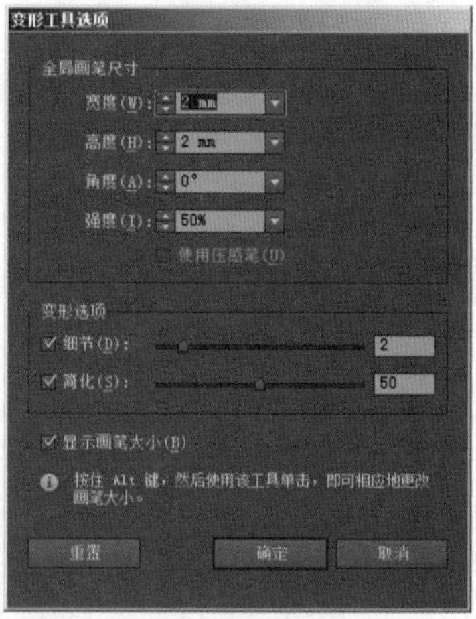

图2-131　“变形工具选项”对话框

Step 07 将鼠标指针置于需要变形的位置，按住鼠标左键反复拖动，将图形变形至图2-132所示的效果。

Step 08 选择“弧形工具”，在文档中绘制一段弧线。设置填充为无，描边为白色，描边粗细为2pt，如图2-133所示。

Step 09 运用“选择工具”将上一步绘制的弧形移动至图2-134所示的位置。

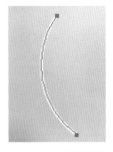

图2-132　图形变形

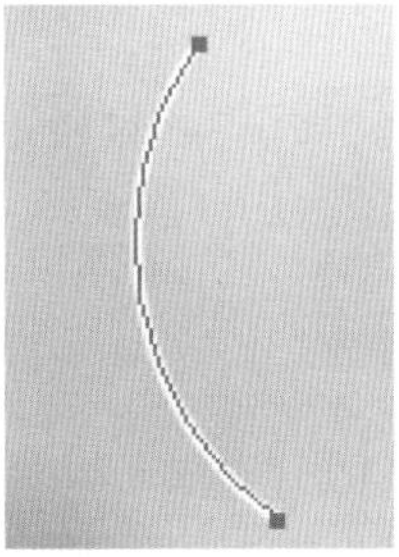

图2-133　绘制弧形

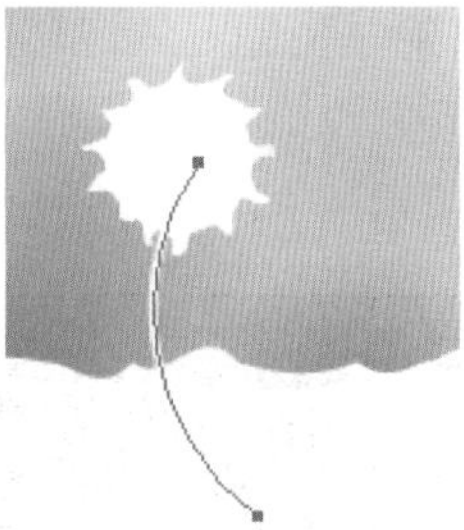

图2-134　移动弧形

Step 10 选择“椭圆工具”，在文档中绘制一个椭圆形，设置填充为浅灰色（CMYK：15、15、0、0），描边为无，如图2-135所示。

Step 11 双击“旋转扭曲工具”，弹出“旋转扭曲工具选项”对话框，设置宽度为“40mm”、高度为“40mm”，其他参数保持默认设置。将上一步绘制的椭圆形变形至图2-136所示的样式。调整大小后移至图2-137所示的位置。

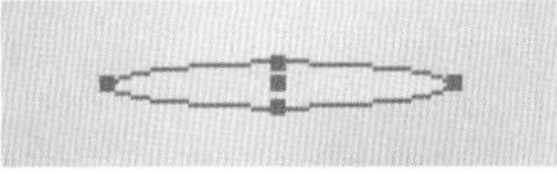

图2-135　椭圆形

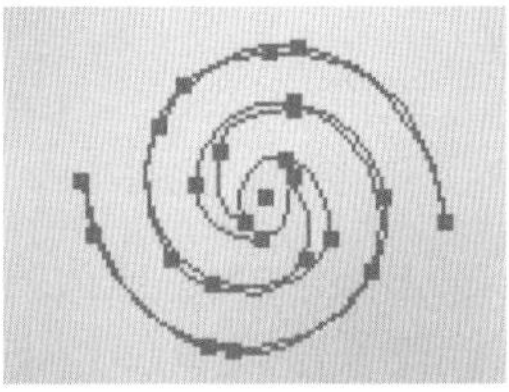

图2-136　绘制扭曲图形

图2-137　调整图形

Step 12 复制Step05至Step11绘制的图形，调整大小和位置，使其均匀地分布在文档中，如图2-138所示。

Step 13 选择“矩形网格工具”，在文档中绘制几个矩形网格，排列成图2-139所示的效果。

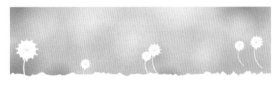

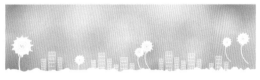

图2-138　复制图形

图2-139　绘制矩形网格

Step 14 选择“椭圆工具”，设置填充为白色，描边为无，在文档中绘制一些大小不同的正圆形，如图2-140所示。

图2-140　绘制正圆形

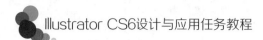

2. 制作主题元素

Step 01 打开素材“浪漫文字.ai”，如图2-141所示。拖动到“时尚插画”文档中，如图2-142所示。

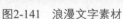

图2-141 浪漫文字素材

图2-142 移动素材到图形中

Step 02 打开素材“心形和手提包.ai”，如图2-143所示。拖动到“时尚插画”文档中，位置如图2-144所示。

图2-143 心形和手提包素材

图2-144 移动素材到图形中

Step 03 选择“弧形工具”，设置填充为无，描边为绯红色（CMYK：10、100、15、0），描边粗细为2pt，在文档编辑区域绘制一小段弧形（不要和其他图形重叠），如图2-145所示。

Step 04 双击“旋转扭曲工具”，弹出“旋转扭曲工具选项”对话框，设置宽度为“20mm”、高度为“20mm”，其他参数保持默认设置。将上一步绘制的弧形变形至图2-146所示的样式。

Step 05 选择“宽度工具”（或按【Shift+W】组合键），将光标指向弧形的描边，拖动鼠标，调整至图2-147所示的效果。

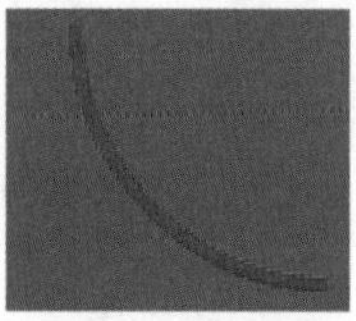

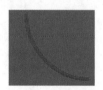

图2-145 绘制弧形

图2-146 旋转扭曲工具

图2-147 宽度工具

Step 06 将Step03至Step05绘制的图形，调整大小并移动至绿色钱包上，如图2-148所示。

Step 07 复制上一步移动的图形，调整大小，效果如图2-149所示。

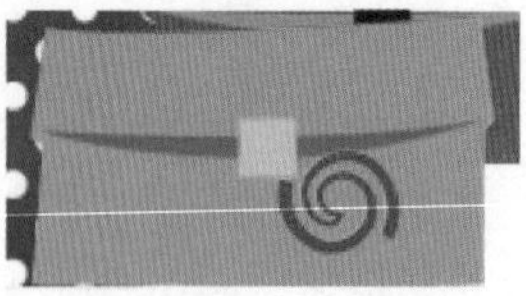

图2-148 调整图形

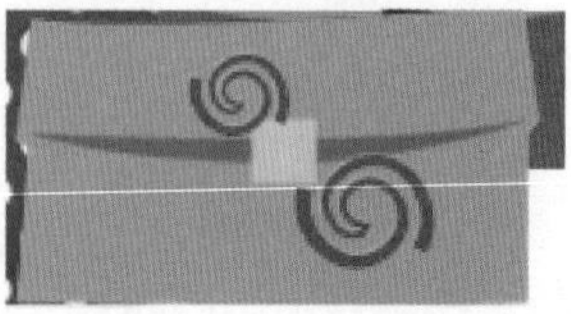

图2-149 复制图形

Step 08 至此，“时尚插画”绘制完成，执行“文件→存储”命令（或按【Ctrl+S】组合键）将文件保存在指定文件夹。

巩固与练习

一、判断题

1. 在选择对象时，按住【Shift】键的同时单击要选择的对象，可以同时选中多个对象。（　　）

2. 在绘制椭圆时，按住【Shift】键的同时拖动鼠标，可以创建一个以单击点为中心的正圆形。（　　）

3. 在Illustrator中，只可执行一次“编辑→还原”命令（或按【Ctrl+Z】组合键）撤销操作的动作。（　　）

4. 在Illustrator中，“多边形工具”用来绘制三边及三边以上的正多边形。（　　）

5. 在绘制圆角矩形的过程中（不要放开鼠标），通过【→】键可使圆角变成最小半径，【←】键可使圆角变成最大半径。（　　）

二、选择题

1. 在使用绘图工具的过程中，若按住鼠标左键拖动，并按住（　　），可以持续绘制出多个方形。

A. 【Alt】键　　B. 【Ctrl】键

C. 【～】键　　D. 【Alt+Shift】组合键

2. 在绘制多边形的过程中，下列说法正确的是（　　）。

A. 按【↑】键可以增加边数　　B. 按【↑】键可减少边数

C. 按【↓】键可减少边数　　D. 按【↓】键可增加边数

3. 在使用“星形工具”“矩形工具”及“椭圆工具”等进行绘图时，按住（　　）则可在绘制的过程中进行移动。

A. 【Shift】键　　B. 【Ctrl】键

C. 【空格】键　　D. 【Tab】键

4. 在使用“星形工具”时，假设当前已经设置其角点数为5，要绘制正五角星，应按住（　　）。

A. 【Alt+Shift】组合键　　B. 【Ctrl】键

C. 【Alt】键　　D. 【Tab+Shift】组合键

5. 关于圆角矩形的绘制，下列说法正确的是（　　）。

A. 可以通过【↑】键和【↓】键调整圆角大小

B. 通过【←】键可使圆角变成最小半径

C. 通过【→】键可使圆角变成最大半径

D. 通过设置圆角半径参数，可以确定圆角大小

单元 3

路径绘制与编辑技巧

知识学习目标	☑ 了解路径的类型和组成。 ☑ 掌握“直接选择工具”的使用，能够运用“直接选择工具”调整路径。 ☑ 掌握“钢笔工具”的使用，能够熟练运用“钢笔工具”绘制路径。 ☑ 掌握“画笔工具”的操作技巧，能够运用不同类型的画笔绘制图形。
技能实践目标	☑ 运用“钢笔工具”和“路径编辑工具”制作“篮球赛LOGO”。 ☑ 运用“路径编辑”命令制作“扁平化手机图形”。 ☑ 运用“画笔工具”制作“圣诞节主题插画”。

在Illustrator中，路径是构成图形的基础，任何复杂的图形都是由路径绘制而成的。然而什么是路径？该如何绘制和编辑路径？本单元将通过“篮球赛LOGO”“扁平化手机图形”和“圣诞节插画”三个案例对路径的绘制与编辑技巧进行详细讲解。

任务4 篮球赛LOGO

任务描述

在数字化时代，人们对电子设备的依赖越来越大，各种电磁辐射也接踵而至，亚健康人群数量日渐增多。某互联网公司为了丰富员工的业余生活，增强员工的身体素质，决定组织一次篮球比赛，现委托设计部门制作一个篮球赛LOGO。图3-1所示为最终效果图，通过本任务的学习，读者可以掌握“钢笔工具”和路径编辑工具的操作技巧。

图3-1 篮球赛LOGO

任务分析

在实际应用中，一个LOGO的设计往往会有很多的灵感和方案，但本书只做一种方案供读者学习参考。

发散思维：在设计LOGO之前，可以通过头脑风暴发散思维，灵感和创意相结合，将具体的实物抽象化。例如本次任务“篮球赛LOGO”可以选择篮球（简单易识别）和火焰（象征活力和爆发力）这两种最能表现篮球运动特点的事物，作为LOGO的主体元素，如图3-2和3-3所示。

图3-2 篮球

图3-3 火焰

设计制作：确定了LOGO的主体元素后就可将具体的事物抽象化。“篮球赛LOGO”主要包括“篮球”和“火焰”两部分。

（1）篮球：可以运用“椭圆工具”绘制。

（2）篮球分隔线：可以运用“钢笔工具”绘制路径代替。

（3）火焰：可以运用“钢笔工具”绘制的图形代替。

颜色选择：可以选择与篮球颜色接近，象征阳光、活力的橙红色，作为LOGO的颜色，彰显运动的年轻和活力。

LOGO制作规范：LOGO设计不仅是实物的设计，也是一种图形艺术的设计。它与其他图形艺术表现手段既有相同之处，又有自己的艺术规律，因此在设计时需要遵循一定的设计规范。

（1）使用矢量图，以适应不同的设计尺寸。

（2）不要使用过多的颜色和字体，颜色最好在三种以下，字体在两种或两种以下。

（3）摒弃完全没有必要的元素，保持LOGO较高的可识别性。

（4）LOGO大多会制作成印刷成品，因此在设计时建议使用CMYK的颜色模式。

知识储备

1. 认识路径

路径是由一个或多个直线或曲线组成的线条，线条的起始点和结束点由锚点标记。所谓锚点，是指路径上用于标记关键位置的转换点，通过编辑路径的锚点，可以改变路径的形状。图3-4显示了路径的组成要素。

路径可分为三种：开放路径、闭合路径和复合路径。

（1）开放路径：起点和终点不重合的路径。例如，直线、弧线等都属于开放路径，如图3-5所示。

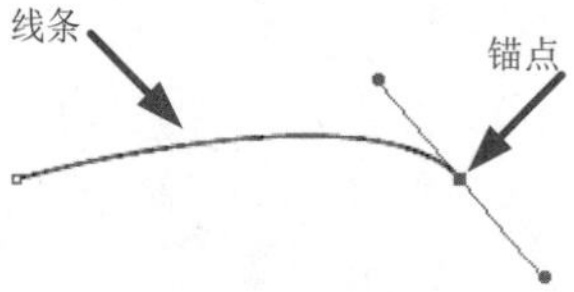

图3-4 路径的组成

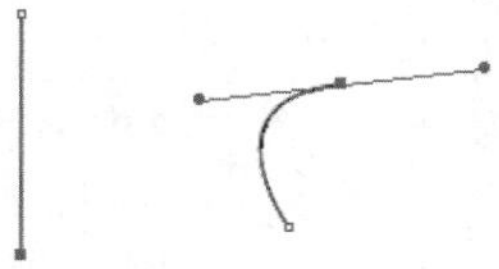

图3-5 开放路径

（2）闭合路径：起点和终点重合在一起的路径。例如，矩形、椭圆形、多边形等都属于闭合路径，如图3-6所示。

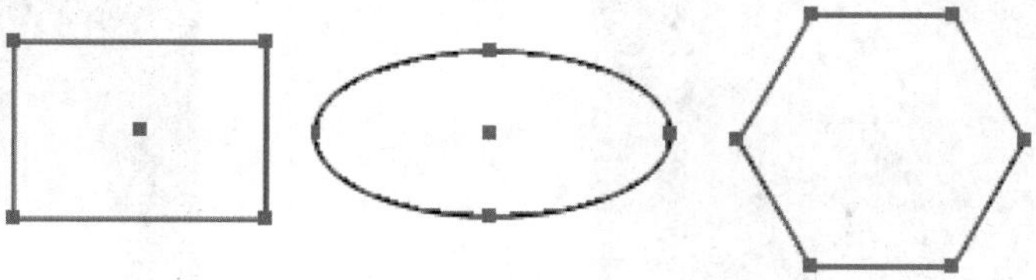

图3-6 闭合路径

（3）复合路径：由两个或两个以上的开放或闭合的路径，通过一定的运算方式组合而成的路径，如图3-7所示。

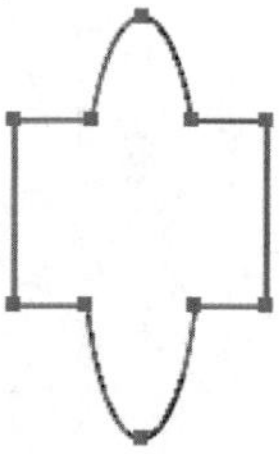

图3-7 复合路径

2. 直接选择工具

“直接选择工具”是用来选择和编辑路径上的锚点的。使用“直接选择工具”（或按【A】键）将光标置于路径上，单击先将路径选中，然后在锚点上单击即可选中锚点，被选中的锚点会变成实心的矩形，未选中的锚点呈空心小正方形，如图3-8所示。选中多个锚点的方法和选中多个对象的方法相同。

除了选择功能外，使用“直接选择工具”还可以编辑锚点，例如在选中一个或多个锚点后，可以拖动改变其位置，也可以拖动锚点两侧的控制手柄，改变其曲线状态，如图3-9所示。

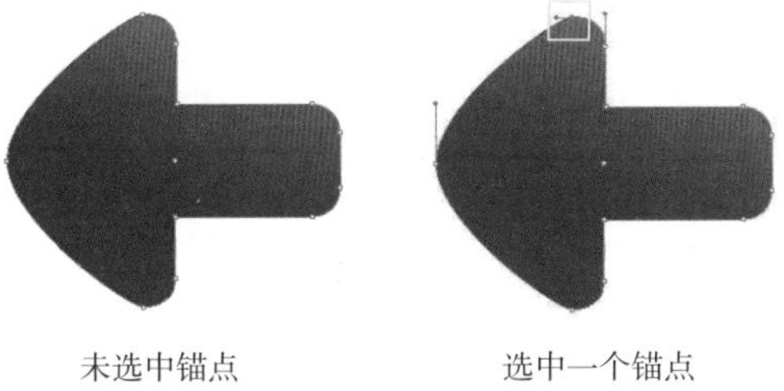

图3-8　选择锚点

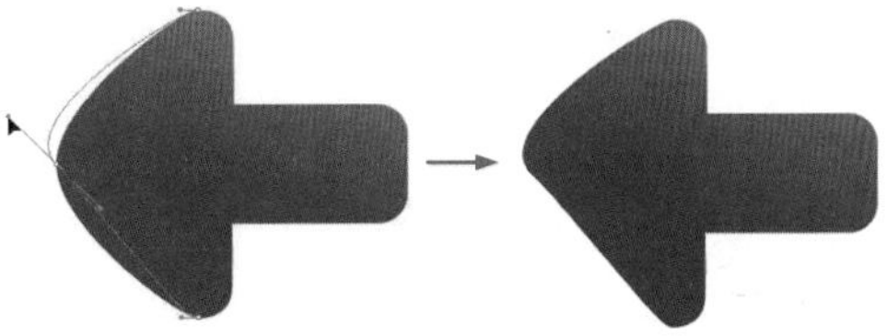

图3-9　编辑锚点

3. 钢笔工具

“钢笔工具”是Illustrator中最强大，最重要的绘图工具，它可以绘制直线和曲线。熟练使用“钢笔工具”，是每个Illustrator用户应该掌握的最基本技能。

（1）绘制直线

选择“钢笔工具”（或按【P】键），在绘图区域单击，创建第一个锚点，作为直线的起点，然后将鼠标移动到另一位置单击，即可创建一条直线路径，如图3-10所示。

（2）绘制折线

使用“钢笔工具”绘制好一条直线后，在下一位置单击，如果第三个点和前两个点不在同一直线上，则形成有夹角的折线，在绘制第三个点的同时按住【Shift】键，可控制即将绘制的线段走向为45°角的倍数方向，在其他位置单击，可继续绘制，如图3-11所示。

图3-10　绘制直线

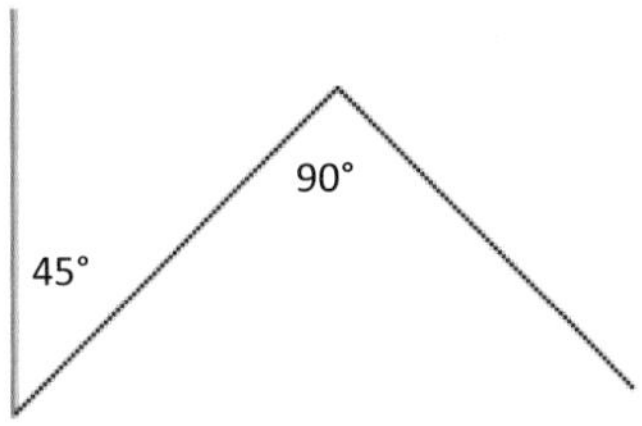

图3-11　绘制折线

（3）绘制曲线

使用“钢笔工具”绘制曲线时，可以通过单击并拖动鼠标的方法直接创建曲线。选择“钢笔工具”，创建路径的第一个锚点。在该锚点附近再次单击并拖动鼠标创建一个“平滑点”，两个锚点之间会形成一条曲线路径，如图3-12所示。

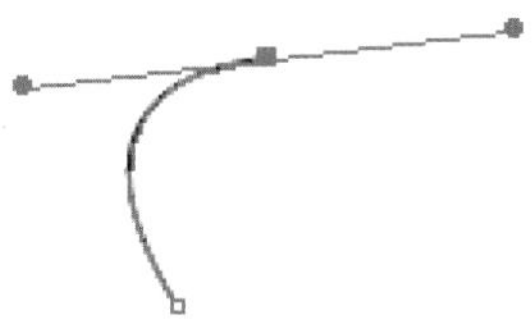

图3-12　绘制曲线

值得一提的是，在Illustrator CS6中，默认在“钢笔工具”下，将笔尖定位到选定路径上时，会变为“添加锚点工具”；定位到锚点上时，会变为“删除锚点工具”。

4. 添加锚点工具

在Illustrator CS6中，“添加锚点工具”主要用来增加路径上的控制点。选择一条路径，如图3-13所示，使用“添加锚点工具”（或按【+】键）在路径上单击，可添加一个锚点，如图3-14所示。

图3-13　原路径

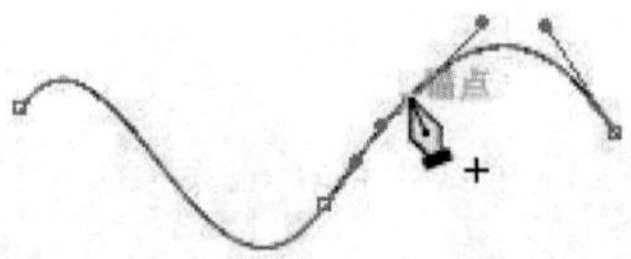

图3-14　添加锚点

5. 删除锚点工具

“删除锚点工具”主要用来减少路径上的控制点。选择路径后，使用“删除锚点工具”（或按【 – 】键）在锚点上单击，可删除该锚点，如图3-15所示。删除锚点后路径的形状会发生改变，如图3-16所示。

图3-15　删除锚点

图3-16　路径变化

6. 转换锚点工具

使用“转换锚点工具”可实现“平滑点”和“角点”之间的相互转换。使用“直接选择工具”单击需要修改的图形，选择“转换锚点工具”（或按【Shift+C】组合键），在平滑点上单击，可将其转换为没有方向线的“角点”，如图3-17所示。

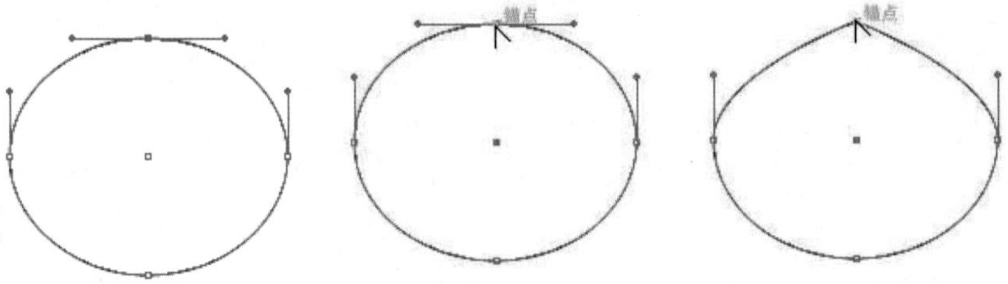

图3-17　平滑点转换为角点

使用“转换锚点工具”单独控制一侧的方向线，可将“平滑点”转换为具有独立方向线的“角点”，如图3-18所示。

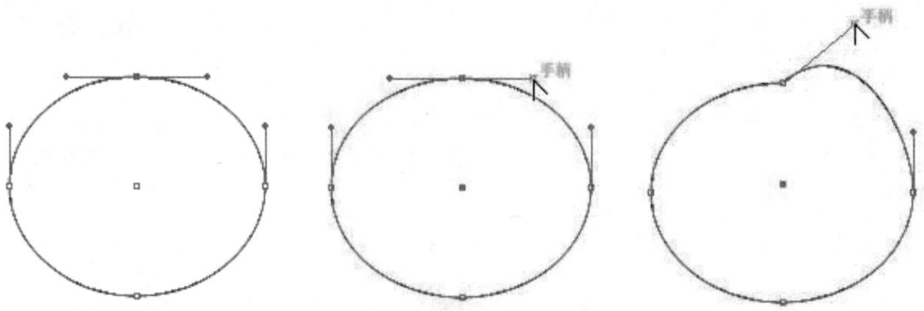

图3-18　转换为有独立方向线的角点

“角点”也可转换为“平滑点”，将指针放在“角点”上，单击并向外拖出方向线，即可将“角点”转换为“平滑点”，如图3-19所示。

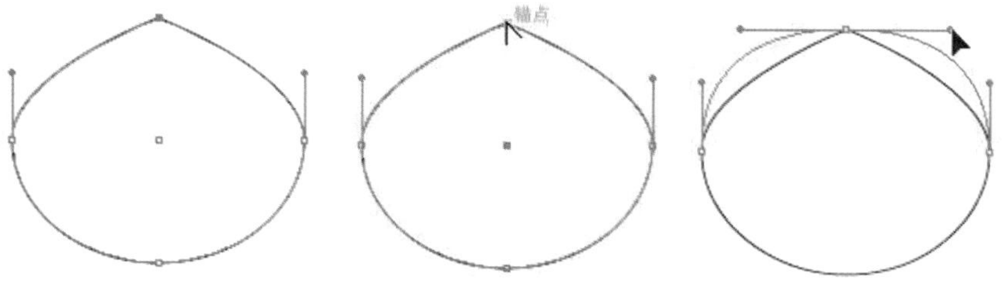

图3-19　角点转换为平滑点

任务实现

1. 绘制火焰

Step 01 打开Illustrator CS6软件，执行“文件→新建”命令（或按【Ctrl+N】组合键），在弹出的“新建文档”对话框中设置名称为“篮球赛LOGO”，设置宽度为“200mm”，高度为“200mm”。单击“确定”按钮，完成文档的创建。

Step 02 选择“钢笔工具”，在绘图区域单击，创建一个锚点，如图3-20所示。

Step 03 在该锚点附近再次单击并拖动鼠标创建一个“平滑点”，两个锚点之间会形成一条曲线路径，如图3-21所示。

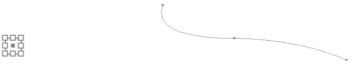

图3-20　创建锚点

图3-21　绘制曲线

Step 04 运用Step03绘制曲线的方法，绘制一个如图3-22所示形状。设置填充为橙红色（CMYK：25、80、100、0），描边为无，如图3-23所示。

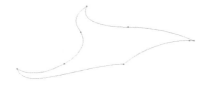

图3-22　绘制图形

图3-23　填充图形

Step 05 按照Step02至Step04的方法绘制如图3-24所示火焰图形样式。

2. 绘制篮球

Step 01 选择“椭圆工具”，设置填充为白色，描边为无，绘制一个宽为“78mm”，高为“78mm”的正圆形，如图3-25所示。

图3-24　火焰图形

Step 02 设置填充为橙红色（CMYK：25、80、100、0），描边为无。运用“椭圆工具”再次绘制一个宽度和高度均为“74mm”的小正圆形，移至白色正圆的正上方，如图3-26所示。

Step 03 运用“钢笔工具”沿水平方向绘制一条直线，设置直线的填充为无，描边为白色，描边粗细为5pt，如图3-27所示。

图3-25　正圆形1

图3-26　正圆形2

Step 04 运用“钢笔工具”沿垂直方向绘制一条无填充、5pt粗细、白色描边的曲线，如图3-28所示。

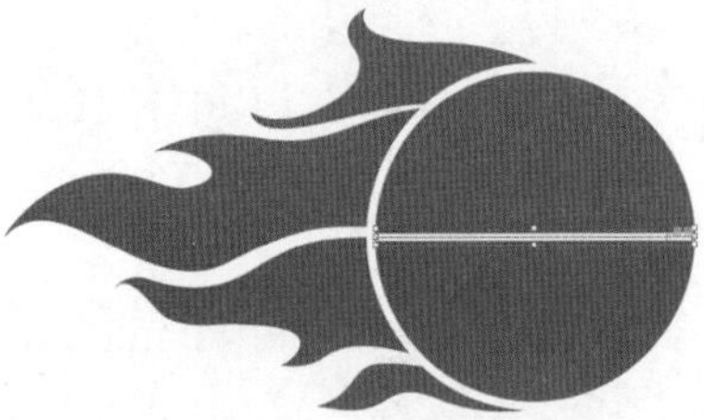

图3-27　绘制直线

图3-28　绘制曲线1

Step 05 运用“钢笔工具”沿水平方向绘制一条无填充、5pt粗细、白色描边的曲线，如图3-29所示。

Step 06 将鼠标指针停留在“钢笔工具”图标上，按住左键不放，在弹出的工具组列表中选择“转换锚点工具”，如图3-30所示。

图3-29　绘制曲线2

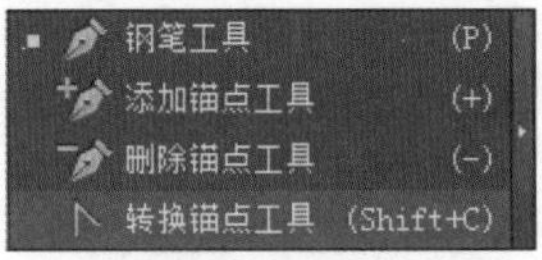

图3-30　选择“转换锚点工具”

Step 07 选中“转换锚点工具”后，将鼠标指针放在Step05绘制的曲线“角点”上，单击并向外拖出方向线（见图3-31），将“角点”转换为“平滑点”，转换效果如图3-32所示。

图3-31　拖出方向线

图3-32　转换为平滑点

Step 08 运用Step07中的方法，将曲线另一边的角点也转换为平滑点，效果如图3-33所示。

Step 09 按照Step05至Step08的方法，再次绘制一条沿水平方向的曲线，如图3-34所示。

图3-33　转换为平滑点

图3-34　绘制曲线

Step 10 选择“直接选择工具”，向外拖动红框标示的锚点（见图3-35），填补空缺的区域，如图3-36所示。

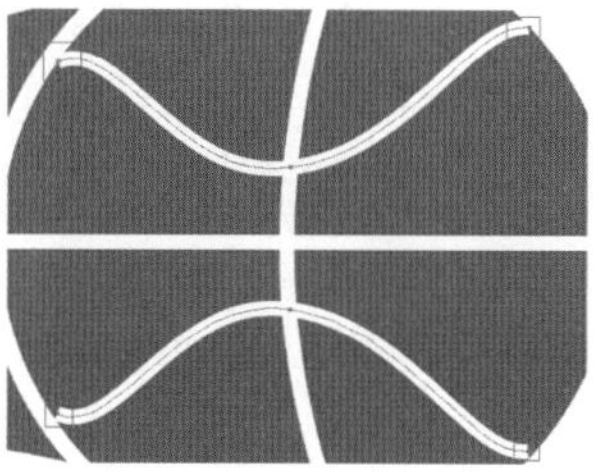

图3-35　调整锚点前

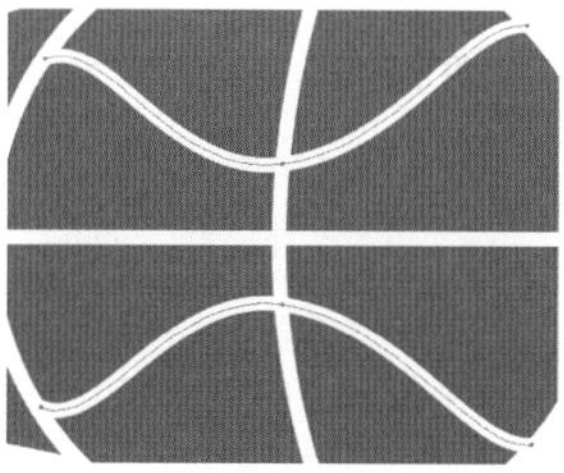

图3-36　调整锚点后

Step 11 打开“文字素材.ai”，如图3-37所示，并拖到“篮球赛LOGO”文档中，如图3-38所示。

图3-37　文字素材

图3-38　移动素材

Step 12 至此“篮球赛LOGO”绘制完成，执行“文件→存储”命令（或按【Ctrl+S】组合键）将文件保存在指定文件夹。

任务5　制作扁平化手机图形

任务描述

时至今日，扁平化已不再是流行一时的设计风潮，已经逐渐演变为一种美学风格。扁平化大胆的用色，简洁明快的界面风格让人耳目一新。本次任务是为某素材网站设计一个扁平化手机图形，效果如图3-39所示。通过本任务的学习，读者可以掌握轮廓化描边、分割为网格等路径相关命令的操作技巧。

任务分析

在设计扁平化手机图形素材时可以从扁平化的设计要求、手机图形制作两个方面着手进行分析。

扁平化设计要求：

（1）几乎没有添加样式效果，如投影、凹凸、渐变等。

（2）使用简洁风格的元素和图标。

（3）大胆丰富且明亮的配色风格。

（4）尽量减少装饰的极简设计。

手机图形的制作：可以从配色、手机外形和手机屏幕三方面进行分析。

（1）配色：可选用白色、浅蓝色、深蓝色等对比鲜明的颜色。

（2）手机外形：可使用“圆角矩形工具”绘制。

（3）手机屏幕：可运用“矩形工具”“椭圆工具”配合路径的相应命令来实现。

图3-39　扁平化手机图形

知识储备

1. 连接锚点

“连接锚点”操作主要用于连接开放式路径的端点。选择图3-40中的两个端点（锚点），执行“对象→路径→连接”命令，即可连接这两个端点。

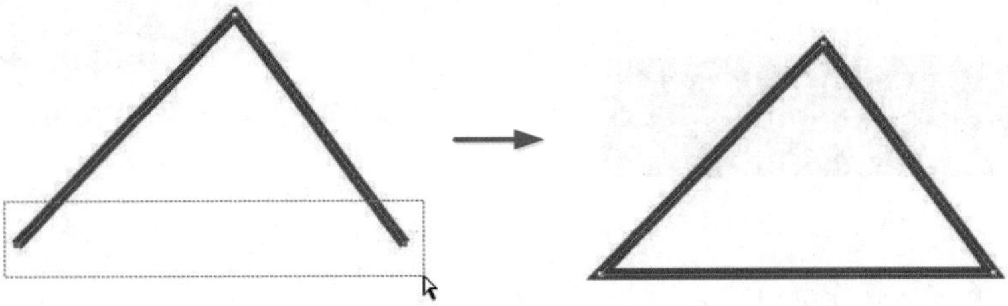

图3-40　连接锚点

2. 平均分布锚点

“平均分布锚点”操作主要用于设置锚点的分布状态。选择多个锚点，如图3-41所示，执行“对象→路径→平均”命令，弹出“平均”对话框，如图3-42所示。

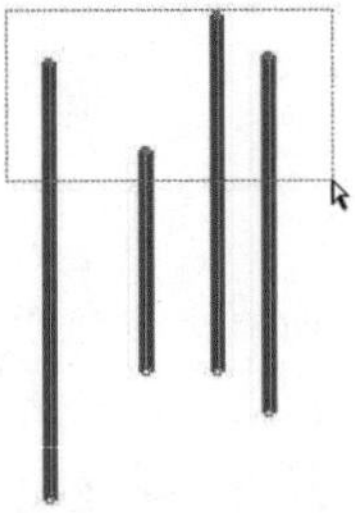

图3-41　选择锚点

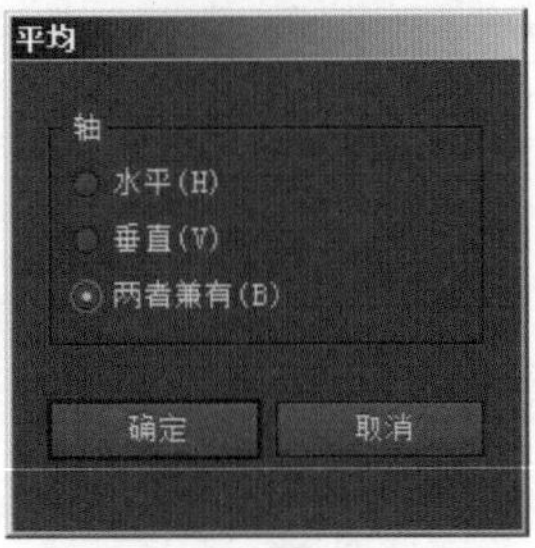

图3-42　“平均”对话框

通过设置不同的选项可实现不同的效果。选择“水平”选项，效果如图3-43所示；选择“垂直”选项，效果如图3-44所示；选择“两者兼有”选项，效果如图3-45所示。

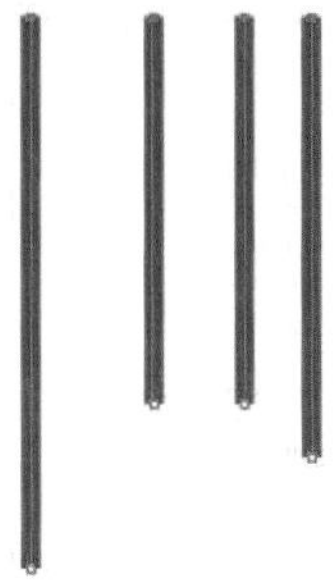
图3-43 水平分布锚点

图3-44 垂直分布锚点

图3-45 水平垂直分布锚点

3. 轮廓化描边

矢量图形一般由填充和描边组成，轮廓化描边的作用是把物体的描边独立成一个新的填充图形。选择添加了描边的对象，执行“对象→路径→轮廓化描边”命令，可将描边转换为闭合式路径，如图3-46所示。

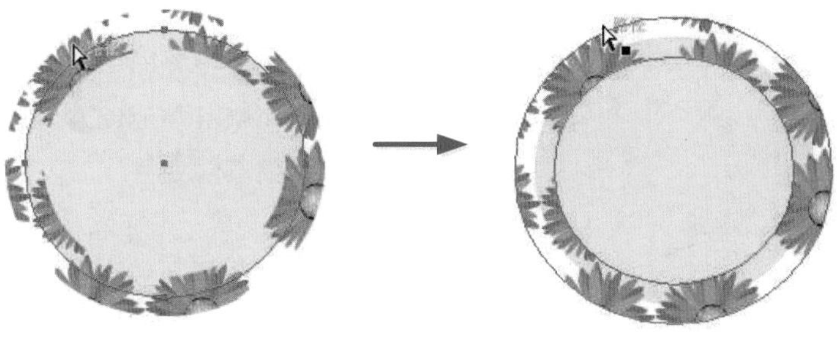
图3-46 轮廓化描边

4. 偏移路径

“偏移路径”主要用于将选中的路径往外或者往内扩展，得到一条新的路径，最终的结果是有两条路径。选择一条路径，如图3-47所示，执行“对象→路径→偏移路径”命令，弹出“偏移路径”对话框，如图3-48所示。

图3-47 原图

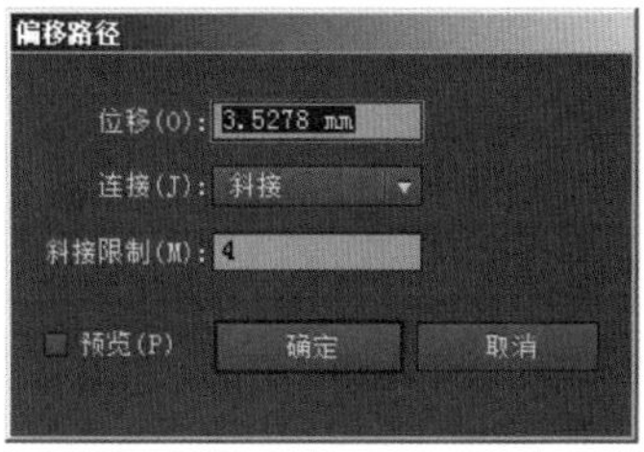

图3-48 “移动路径”对话框

对话框中各选项说明如下。

（1）位移：用来设置新路径的偏移距离。该值为正值时，新路径向外扩展，如图3-49所示；该值为负值时，新路径向内收缩，如图3-50所示。

图3-49 向外扩展

图3-50 向内收缩

（2）“连接”：用来设置拐角处的链接方式，包括“斜接”“圆角”“斜角”，其效果分别如图3-51所示。

斜接　　圆角　　斜角

图3-51 连接参数的设置

（3）“斜接限制”：用来控制角度的变化范围。该值越高，角度变化的范围越大。

5. 简化

使用“简化”命令可以删除图形中多余的锚点，增强图稿的显示和打印速度。选中需要简化的路径，执行“对象→路径→简化”命令，弹出“简化”对话框，如图3-52所示。

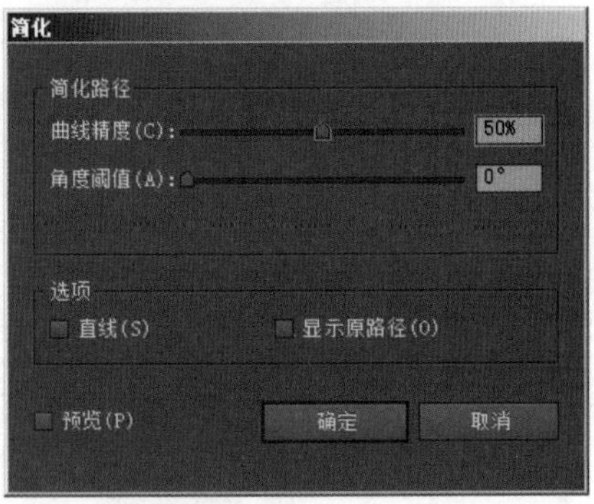

图3-52 “简化”对话框

对话框中各参数说明如下。

（1）曲线精度：用来设置路径的简化程度，设置的百分比越高，减去的结点就越少；反之，减去的结点就越多。

（2）角度阈值：用来控制角的平滑程度，可调范围为0°～180°。

（3）直线：选中该复选框后，所选择的路径的结点之间会生成直线。

（4）显示原路径：选中该复选框后，会在简化路径的背后显示原始路径，以便于观察对比。

6. 分割下方对象

“分割下方对象”命令主要用于裁切图形。在图形对象上绘制一条路径，如图3-53所示，执行“对象→路径→分割下方对象”命令，即可通过所选路径分割它下方的对象，然后通过“选择工具”可将分割的图形移开。“分割下方对象”命令与“刻刀工具”产生的效果相同，但更容易控制，关于“刻刀工具”将在后面部分详细讲解，这里了解即可。

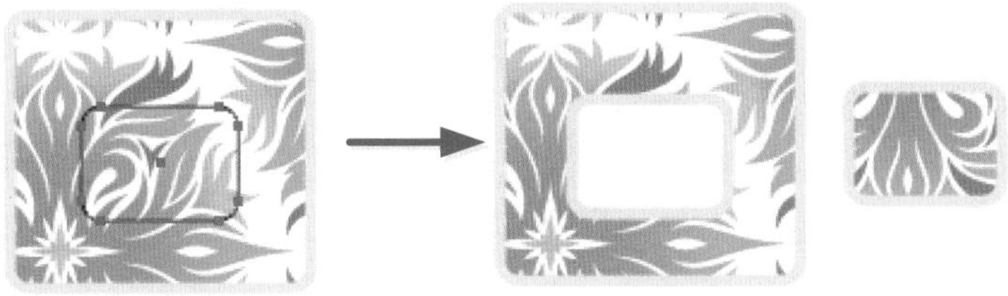

图3-53　分割下方对象效果

7. 分割为网格

“分割为网格”命令主要用于将图形对象分割为按一定顺序和大小排列的网格效果。选择路径图形，执行“对象→路径→分割为网格”命令，弹出“分割为网格”对话框，如图3-54所示。设置网格的大小及间距等参数，可以将图形分割为网格，如图3-55所示。

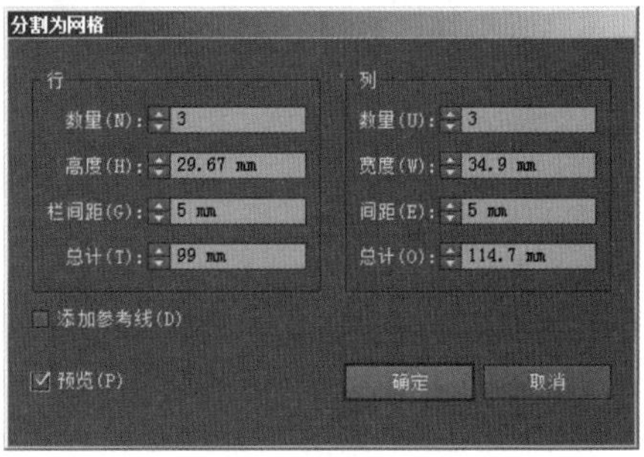

图3-54　参数设置

8. 橡皮擦工具

使用“橡皮擦工具”可以轻松擦除任何未锁定的图层。选择“橡皮擦工具”（或按【Shift+E】组合键），直接在目标对象上拖动，即可进行擦除。在擦除的同时按住【Shift】键可限制擦除方向为垂直、水平或对角线方向；按住【Alt】键，可创建选框并擦除选框内的内容；【Shift】键与【Alt】键可组合使用，擦除区域为正方形。效果分别如图3-56所示。

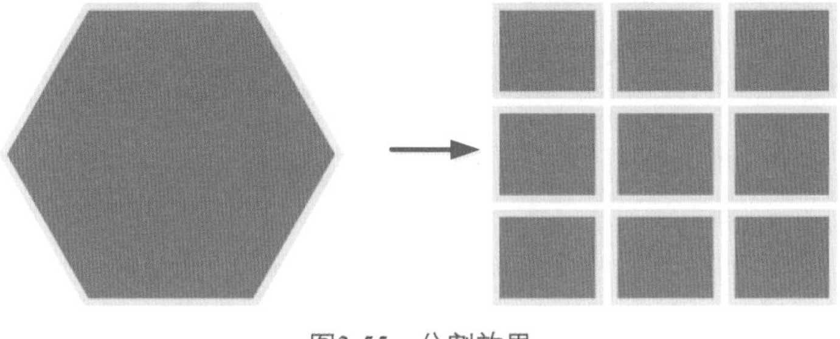

图3-55　分割效果

原图　　自由操作　　按住【Shift】键　　按住【Alt】键　　按住【Shift+Alt】组合键

图3-56　擦除效果

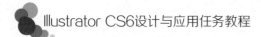

9．剪刀工具

使用“剪刀工具”在路径上单击可以剪断路径。选择“剪刀工具”（或按【C】键），在要剪断的路径上单击，即可将路径剪断。使用“选择工具”可将剪断的路径移动到其他位置。具体操作时，先使用“钢笔工具”画出一条路径，分割一点的效果如图3-57所示，分割两点的效果如图3-58所示。

图3-57　分割一点的效果

图3-58　分割两点的效果

10．刻刀工具

使用“刻刀工具”可将闭合路径分割成两个独立的闭合路径。该工具不能应用于开放路径，在分割路径图形时，分割线要穿过路径图形。选择“刻刀工具”，在要切割的闭合路径上拖动鼠标，画出切割线后释放鼠标，使用“选择工具”选取切割部分并移动，可看出闭合路径被分割为两部分，如图3-59所示。

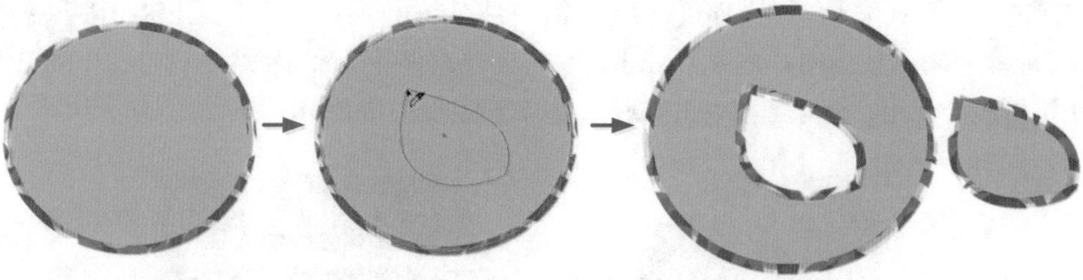

图3-59　使用“刻刀工具”切割闭合路径图形

任务实现

1．绘制手机外形

Step 01 打开Illustrator CS6软件，执行“文件→新建”命令（或按【Ctrl+N】组合键），在弹出的“新建文档”对话框中设置名称为“扁平化手机图形”，大小选择“A4”，其他选项默认即可。单击“确定”按钮，完成文档的创建 。

Step 02 选择“矩形工具”，设置填充为浅蓝色（CMYK：55、0、15、0），描边为无，绘制一个宽度为“210mm”、高度为“297mm”的矩形作为背景，如图3-60所示。

Step 03 选择“圆角矩形工具”，设置填充为白色，描边为无，绘制一个宽度为“130mm”、高度为“240mm”、圆角半径为“10mm”的圆角矩形，如图3-61所示。

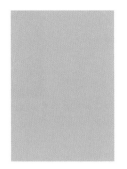

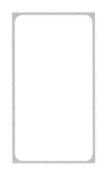

图3-60　绘制矩形

图3-61　绘制圆角矩形

Step 04 选择“矩形工具”，绘制一个浅蓝色填充（CMYK：35、0、10、0）和一个深蓝色填充的矩形（CMYK：80、70、60、20），大小和位置如图3-62所示。

Step 05 选择“椭圆工具”，设置填充为无，描边为灰色（CMYK：20、15、15、0），描边粗细为3pt。绘制一个正圆，大小和位置如图3-63所示。

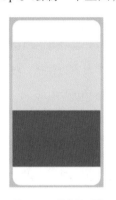

图3-62　绘制矩形

图3-63　绘制正圆

Step 06 选择“圆角矩形工具”，绘制一个圆角半径为“10mm”的小圆角矩形，并为其填充灰色（CMYK：20、15、15、0），大小和位置如图3-64所示。

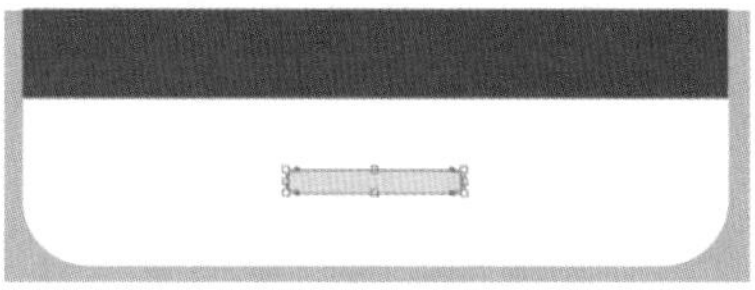

图3-64　绘制圆角矩形

2. 绘制手机屏幕

Step 01 选择“矩形工具”，绘制一个白色填充和一个灰色填充的矩形（CMYK：30、20、20、0），大小和位置如图3-65所示。

Step 02 打开素材“信息图标.ai”，如图3-66所示，并拖到“扁平化手机图形”文档中。调整图标大小，置于图3-67所示的位置。

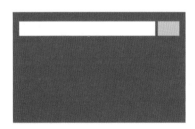

图3-65　绘制矩形

图3-66　信息图标

Step 03 选择“矩形工具”，绘制一个宽度为“120mm”、高度为“50mm”的矩形，设置矩形的填充为灰蓝色（CMYK：75、60、50、5），描边为无，如图3-68所示。

图3-67　移动素材

Step 04 选中上一步绘制的矩形，执行“对象→路径→分割为网格”命令，弹出“分割为网格”对话框。设置网格的“行”数量为4，栏间距为“2mm”，“列”数量为10，间距为“2mm”，如图3-69所示。

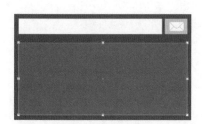

图3-68　绘制矩形

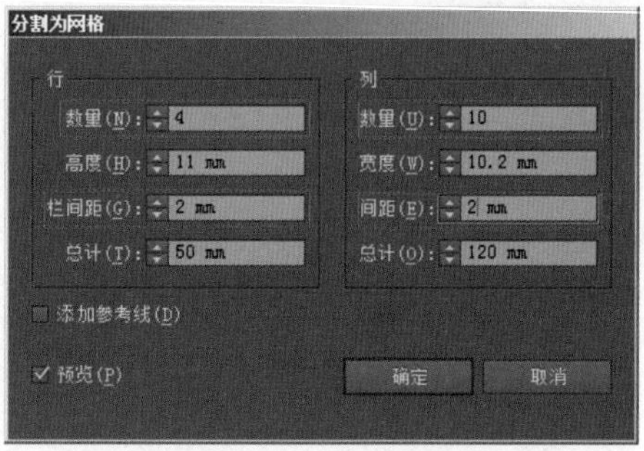

图3-69　“分割为网格”对话框

Step 05 单击“确定”按钮，将矩形分割为网格，如图3-70所示。

Step 06 调整矩形网格的分布和形状，删减多出的矩形，直至如图3-71所示。

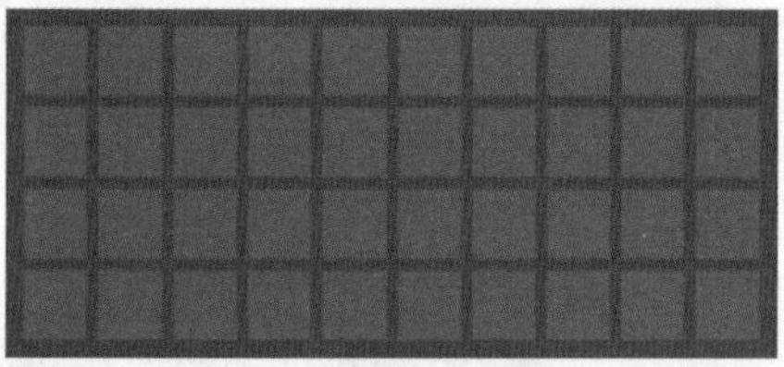

图3-70　分割为网格

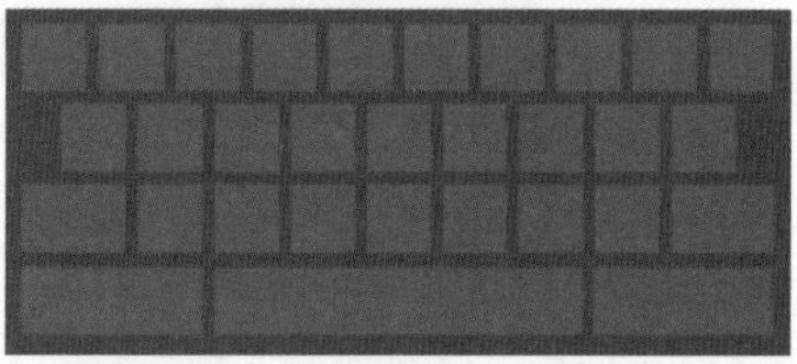

图3-71　调整矩形分布和形状

Step 07 选择“椭圆工具”，绘制一个宽度为“18mm”，高度为“18mm”的正圆形，设置正圆形的填充为无，描边为白色，描边粗细为9pt，如图3-72所示。

Step 08 选择“钢笔工具”，绘制一条直线路径，设置路径的填充为无，描边为白色，描边粗细为9pt，如图3-73所示。

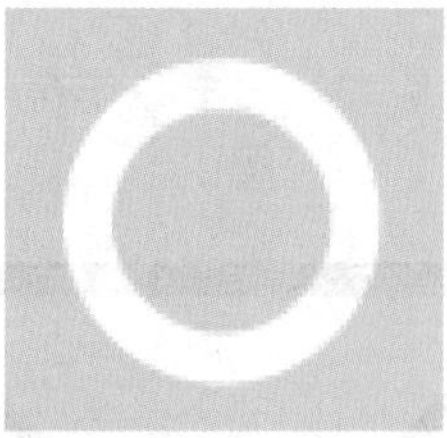

图3-72　正圆形

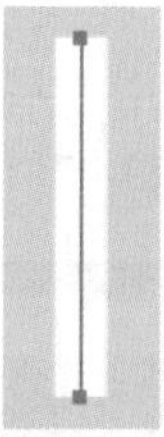

图3-73　直线

Step 09 将鼠标指针停留在“橡皮擦工具”图标上，按住左键不放，在弹出的工具组列表中选择“剪刀工具”，如图3-74所示。

图3-74　剪刀工具

Step 10 在要剪断的正圆形路径上单击，如图3-75所示，即可将路径剪断。

Step 11 将正圆形路径分割为两部分，选中较小的部分，如图3-76所示。按【Delete】键删除，得到图3-77所示的形状。

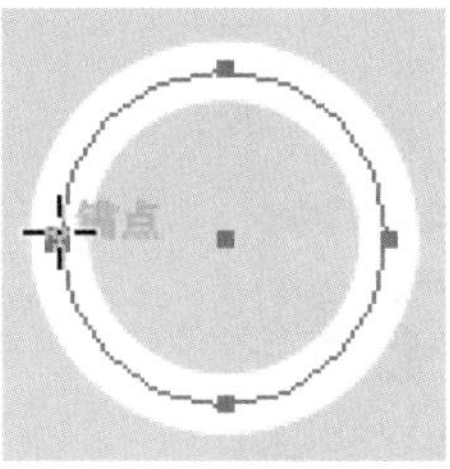

图3-75　剪断路径

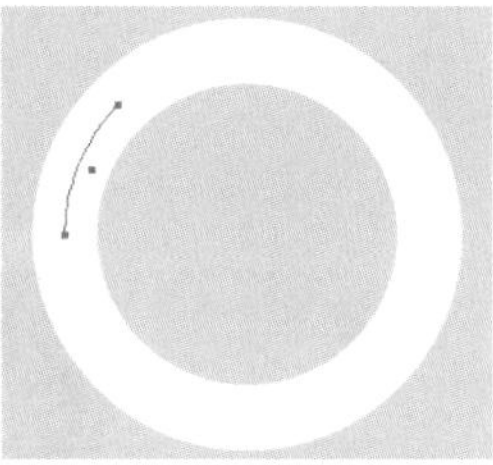

图3-76　分割路径

图3-77　剪切后的路径

Step 12 将Step08中绘制的直线路径移至图3-78所示的位置。

Step 13 使用“直接选择工具” 选中两个图形对象中红框标示的端点，如图3-79所示，执行“对象→路径→连接”命令（或按【Ctrl+J】组合键），将路径连接，如图3-80所示。

图3-78　移动路径

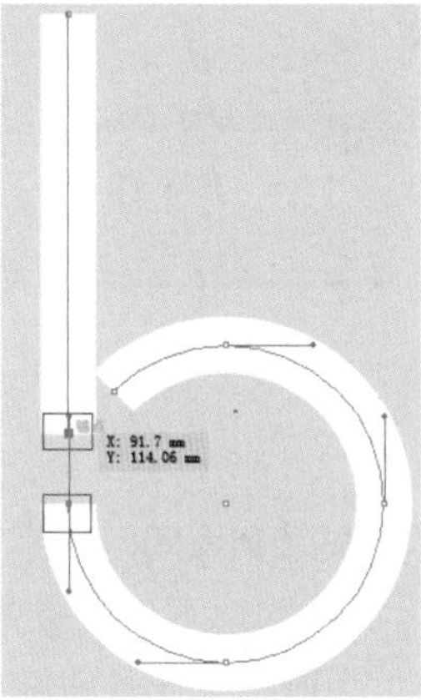

图3-79　选中锚点

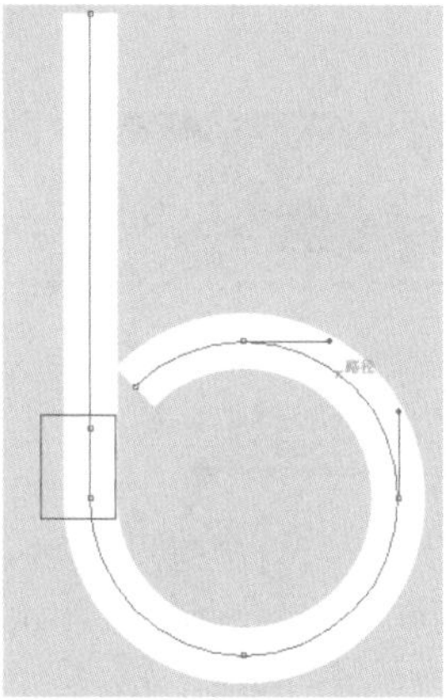

图3-80　连接路径

Step 14 执行“对象→路径→轮廓化描边”命令，将图3-80所示的路径图形轮廓化处理，如图3-81所示。

Step 15 执行“对象→路径→偏移路径”命令，在弹出“偏移路径”对话框中设置位移为“4mm”，其他保持默认，如图3-82所示。单击“确定”按钮，确认设置。

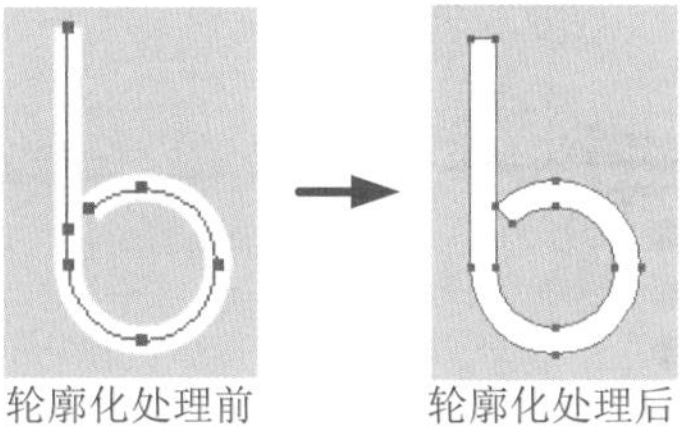

图3-81　轮廓化描边

图3-82　“偏移路径”对话框

Step 16 设置偏移后的路径填充为无，描边为白色，描边粗细为1pt，效果如图3-83所示。

Step 17 选择“矩形工具” ，绘制三个白色填充的小矩形作为手机的按键，如图3-84所示。

图3-83　设置描边

图3-84　绘制矩形

Step 18 至此“扁平化手机图形”绘制完成，执行“文件→存储”命令（或按【Ctrl+S】组合键）将文件保存在指定文件夹。

任务6 制作小雪节气主题插画

任务描述

小雪无声，若仙女散花，将吉祥幸福带到人间。在幸福的日子里，各商家开始准备活动。例如策划主题、搜集设计元素、选择物料等。本次任务是为某儿童读物设计一款以“小雪节气”为主题的插画，效果如图3-85所示。通过本任务的学习，读者可以掌握“画笔工具”“铅笔工具”“扩展外观”命令的操作技巧。

图3-85　小雪节气主题插画

任务分析

小雪，是冬季的第2个节气，说到冬天就会想到雪花、松柏、雪人等，因此，在设计时可以将这些作为插画的主题元素，如图3-86所示。

图3-86 小雪节气元素

背景元素：制作背景，突出冬天的氛围。

（1）蓝色天空：可以使用“矩形工具”绘制。

（2）雪地：可以运用“钢笔工具”绘制图形绘制。

（3）雪花：可以运用“散点画笔”工具绘制。

（4）柏树：可以运用“多边形工具”和“矩形工具”绘制。

主题元素：可以选用“雪人”“雪花”“松果”等作为插画的主题元素。

（1）雪人：可以运用相应的素材。作为主要元素，放置在插画的显著位置。

（2）雪花和松果：可以运用相应素材。作为烘托氛围的辅助元素，可以制作成插画的边框。

知识储备

1. 画笔工具

在Illustrator CS6中，“画笔工具”用于为路径添加具有画笔样本类型的描边效果。选择“画笔工具”（或按【B】键），在工作区单击并拖动鼠标即可绘制画笔描边效果。画笔样本存储在“画笔”面板中，分为五种类型，分别为书法、散点、毛刷、图案和艺术类型画笔。

（1）书法画笔：可以沿着路径中心创建出具有书法效果的画笔，如图3-87所示。

（2）散点画笔：可以将一个对象沿着路径分布，如图3-88所示。

图3-87 书法画笔

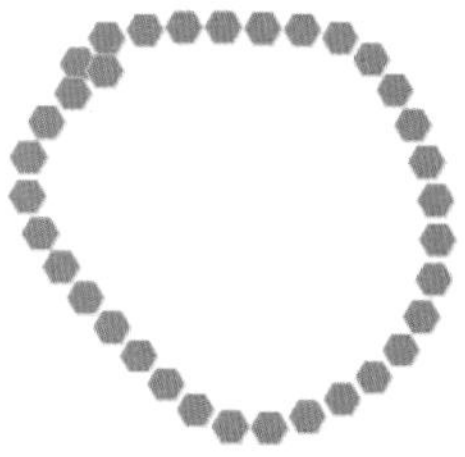

图3-88 散点画笔

（3）毛刷画笔：可以创建具有自然笔触的画笔描边，如图3-89所示。

（4）图案画笔：可以绘制由图案组成的路径，这种图案沿路径不断重复，如图3-90所示。

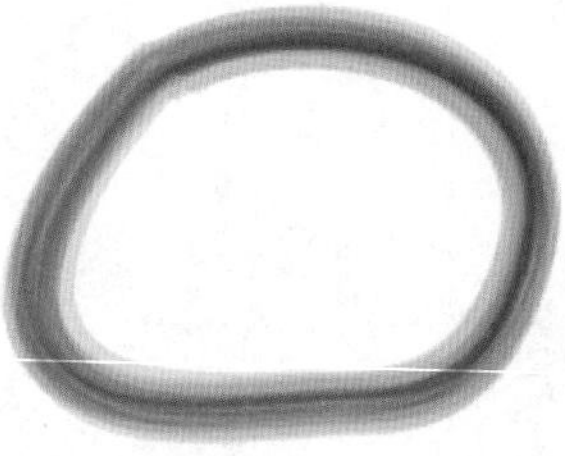

图3-89　毛刷画笔

图3-90　图案画笔

Note

散点画笔和图案画笔的主要区别在于，在曲线路径上，图案画笔的箭头会沿曲线弯曲，散点画笔的箭头会保持直线方向，如图3-91所示。

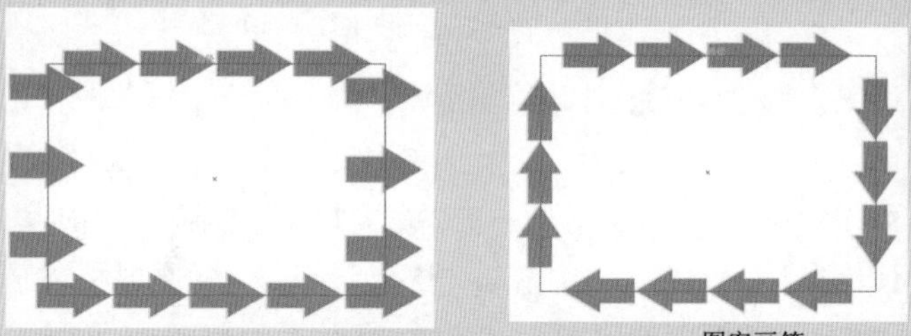

图3-91　散点画笔和图案画笔的区别

（5）艺术画笔：可以创建一个对象或轮廓沿着路径方向均匀展开的效果，如图3-92所示。

图3-92　艺术画笔

2. 扩展外观

“扩展外观”命令主要用于编辑、更改画笔路径中的单个画笔样本。使用“画笔工具”或其他绘图工具绘制出画笔路径后，通过“选择工具”选中该画笔路径，执行“对象→扩展外观”命令，所选择的画笔路径将显示出画笔样本的外观，这时可以通过“直接选择工具”选中单个对象，进行移动、变色等操作，如图3-93所示。

3. 画笔库

“画笔库”是Illustrator CS6提供的各种预设画笔文件。执行“窗口→画笔”命令，打开“画笔”面板，单击“画笔”面板左下角的“画笔库菜单”按钮，弹出图3-94所示的画笔库，可以从中选择画笔样本类型。当用户选择一种画笔样本后，所选择的画笔样本将被放置到“画笔”面板中，图3-95所示为选择“艺术效果_油墨”画笔库中“干油墨 2”画笔样本后的添加效果。

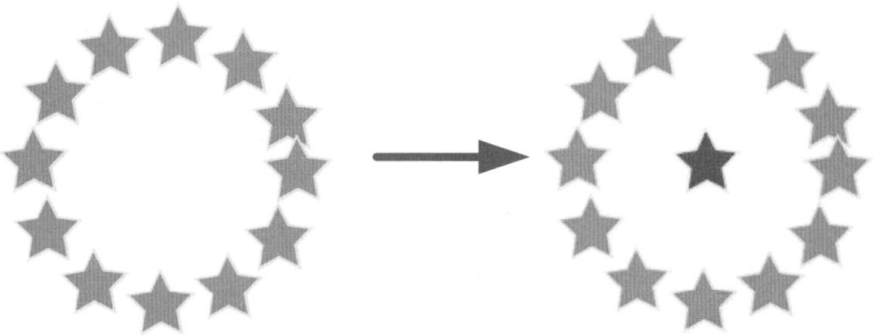

图3-93　扩展外观效果

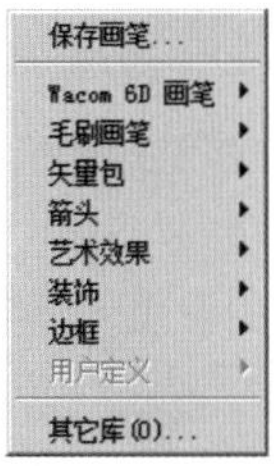

图3-94　画笔库

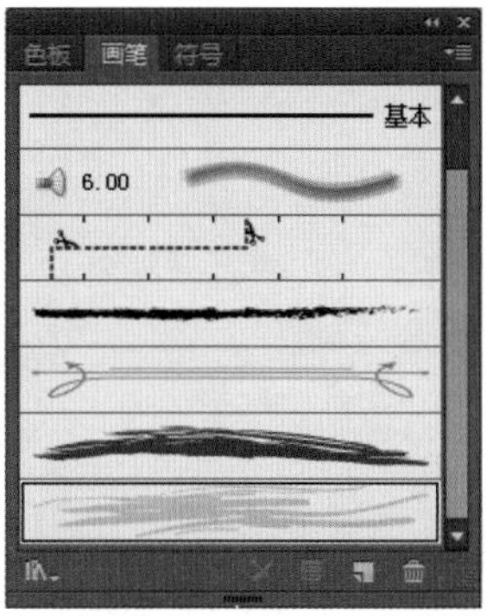

图3-95　“画笔”面板

4. 自定义画笔

如果Illustrator CS6提供的画笔不能完全满足需求，可创建自定义画笔。执行“窗口→画笔”命令，打开“画笔”面板，单击“画笔”面板右下角的“新建画笔”按钮，弹出“新建画笔”对话框，如图3-96所示，在该对话框中即可选择一个画笔类型进行创建，这里以创建“散点画笔”和“图案画笔”为例进行讲解。

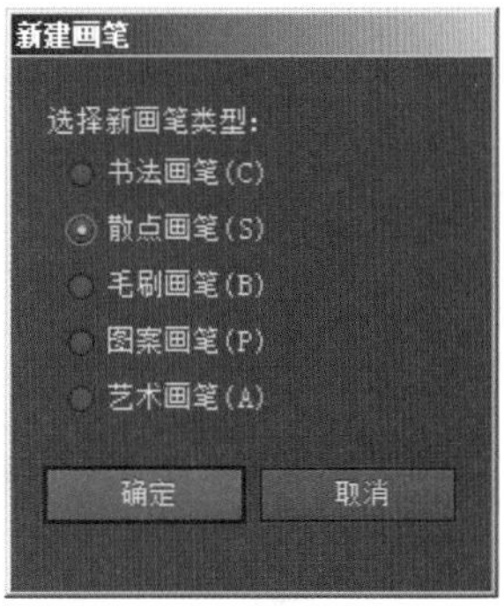

图3-96　“新建画笔”对话框

（1）创建散点画笔

创建散点画笔前，先要制作创建画笔时使用的图形，如图3-97所示。选择该图形后，单击“画笔”面板中的“新建画笔”按钮，在弹出的对话框中选择“散点画笔”选项，单击“确定”按钮，弹出图3-98所示的“散点画笔选项”对话框。

对话框中各参数说明如下。

① 大小：用来设置 散点图形的大小。

② 间距：用来设置路径上图形之间的间距。

③ 分布：用来设置散点图形偏离路径的距离。该值越高，图形离路径越远，如图3-99

所示。

图3-97　图形

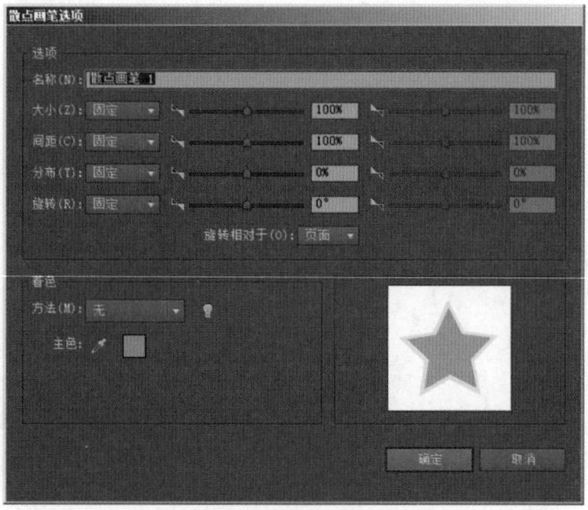

图3-98　“散点画笔选项”对话框

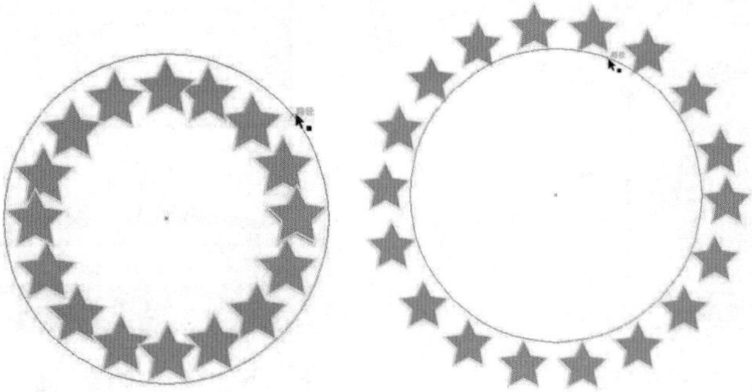

参数为-50%　　参数为50%

图3-99　分布

④ 旋转：设置图形的旋转角度。

⑤ 旋转相对于：在“旋转相对于”下拉列表中选择一个旋转基准目标，可基于该目标旋转图形。例如，选择“页面”选项，图形会以页面的水平方向为基准旋转，如图3-100所示；选择“路径”选项，则图形会按照路径的走向旋转，如图3-101所示。

图3-100　以“页面”为基准

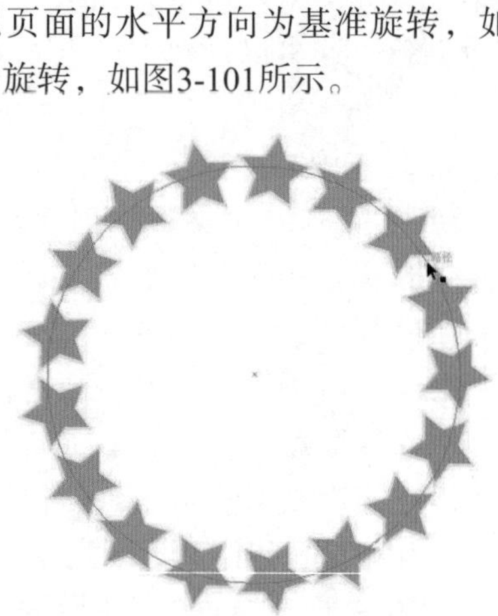

图3-101　以“路径”为基准

根据设计的需要，可将上述参数设置为“固定”或“随机”（默认为“固定”）样式。当设置为“固定”时，只需设置一个参数值；当设置为“随机”时，需设置两个参数值，分别代表参数的最小值和最大值，应用画笔时，参数值会在最小和最大范围内随机变化。

设置好参数后，单击“确定”按钮，即可创建自定义的画笔，并保存在“画笔”面板中，如图3-102所示。

（2）创建图案画笔

创建“图案画笔”前先要创建图案，再将其拖到“色板”面板中（关于“色板”的相关知识将在单元5中详细讲解），如图3-103所示。然后单击“画笔”面板中的“新建画笔”按钮，选择“图案画笔”选项，弹出图3-104所示的“图案画笔选项”对话框。

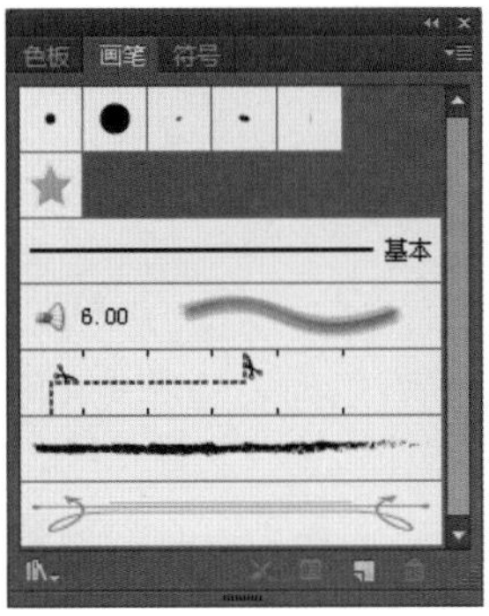

图3-102　“画笔”面板

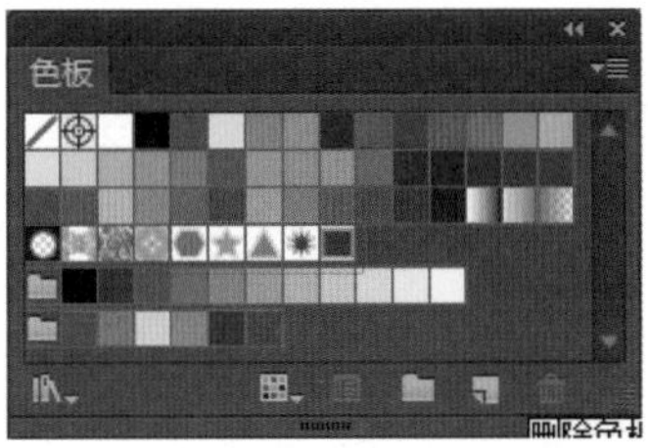

图3-103　添加图案

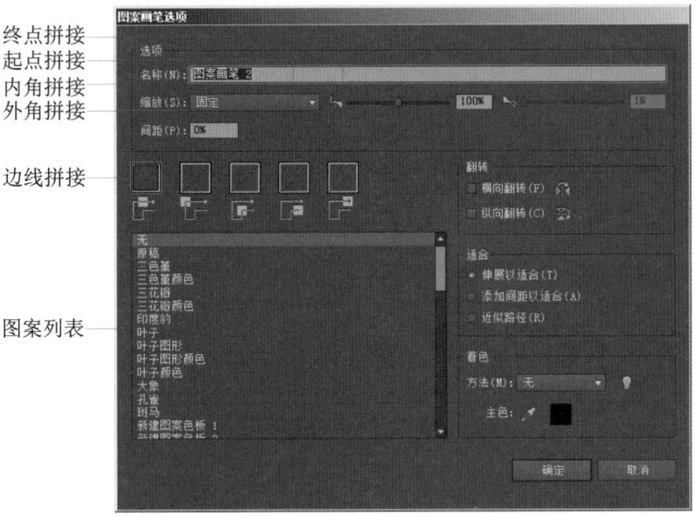

图3-104　“图案画笔选项”对话框

① 设定拼贴：单击一个拼贴选项，在图案列表中可以为它选择一个图案，该图案就会出现在路径的特定位置上，如图3-105所示。图3-106所示为使用该画笔描边的路径。

② 缩放：用来设置图案样本相对于原始图形的缩放程度。

③ 间距：用来设置图案之间的间隔距离。

④ 翻转：用来控制路径中图案画笔的方向。选择“横向翻转”时，图案沿路径的水平方向翻转；选择“纵向翻转”时，图案沿路径的垂直方向翻转。

图3-105　设定拼贴

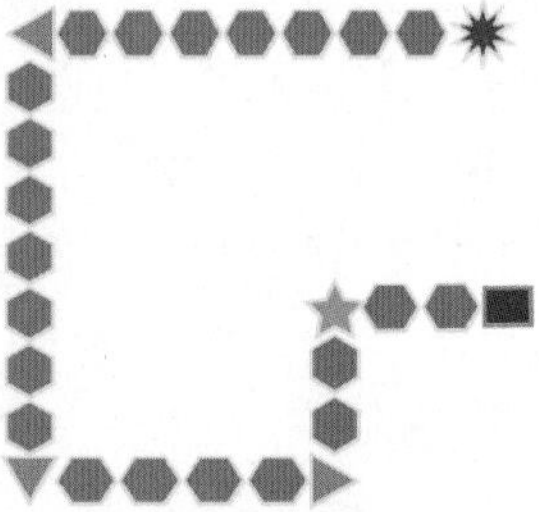

图3-106　描边路径

⑤ 适合：用来调整图案与路径长度的匹配程度。

⑥ 着色：设置图案的颜色处理方法。

5．画笔管理

画笔的管理主要包括画笔显示、复制画笔、删除画笔。

（1）画笔显示

默认状态下，画笔是以缩略图的形式在“画笔”面板中显示，单击“画笔”面板右上角的按钮，在弹出的面板菜单中选择“列表视图”选项，画笔将以列表的形式在面板中显示。

（2）复制画笔

在“画笔”面板中，选择需要复制的画笔，单击“画笔”面板右上角的按钮，在弹出的面板菜单中选择“复制画笔”选项，即可复制所选择的画笔。

（3）删除画笔

删除画笔可分为两种方法，具体如下。

① 在“画笔”面板中，选择需要删除的画笔，单击“画笔”面板右上角的按钮，在弹出的面板菜单中选择“删除画笔”选项，即可删除所选择的画笔。

② 在“画笔”面板中，选择需要删除的画笔，单击“画笔”面板右下角的“画笔删除”按钮，即将选中的画笔删除。

6．铅笔工具

“铅笔工具”是一种使用起来非常自由的路径绘制工具，就像使用实体铅笔在纸上绘图一样。因其绘制路径的自由性，对于快速素描或创建手绘外观比较有用。

选择“铅笔工具”（或按【N】键），在画板中单击并拖动鼠标，可绘制自由路径，松开鼠标左键完成绘制，如图3-107所示。如果拖动鼠标时按住【Alt】键，放开鼠标按键后再放开【Alt】键，路径的两个端点就会链接在一起，成为闭合式路径，如图3-108所示。

图3-107　开放路径图形

图3-108　闭合路径图形

双击“铅笔工具”，弹出“铅笔工具选项”对话框，如图3-109所示，可设置铅笔工具的属性，对话框中各选项的含义如下。

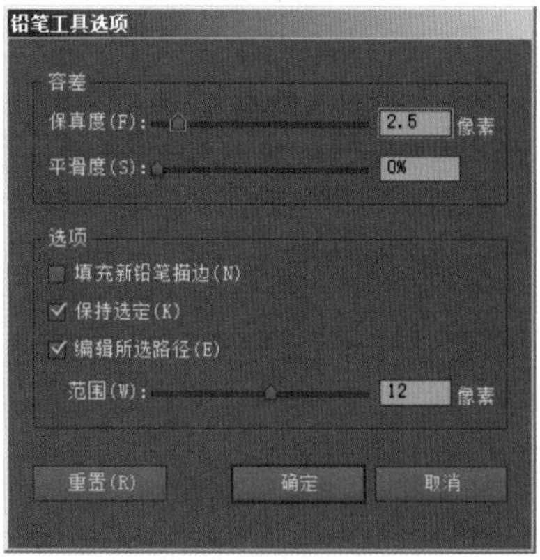

图3-109　“铅笔工具选项”对话框

（1）容差：设置曲线的保真度和平滑度。保真度的取值范围为0.5～20，参数值越大，绘制路径上的结点就越少，反之越多；平滑度的取值范围为0%～100%，数值越大，绘制出的路径越平滑，反之越粗糙。

（2）填充新铅笔描边：设置是否为新的铅笔描边进行填充。

（3）保持选定：绘制完图形后，该图形路径处于选中状态。

（4）编辑所选路径：勾选此复选框，可以对选中的图形路径进行编辑。

（5）范围：在勾选“编辑所选路径”复选框状态下，此选项才可使用，此参数用来调整鼠标与当前路径保持的距离，符合距离要求时才可以使用铅笔工具编辑路径。

7. 平滑工具

“平滑工具”用于减少已绘制好的图形路径上的结点，使图形路径变得更平滑。选择绘制好的图形，使用“平滑工具”在路径上单击，并拖动鼠标即可进行平滑处理。如图3-110所示即为使用“平滑工具”对路径进行平滑处理的效果。

双击“平滑工具”按钮，弹出“平滑工具选项”对话框，如图3-111所示，可设置平滑工具的属性。保真度选项和平滑度选项同“铅笔工具选项”对话框中的参数设置及范围相同，数值越大，平滑度越高，对原路径的改变就越大。

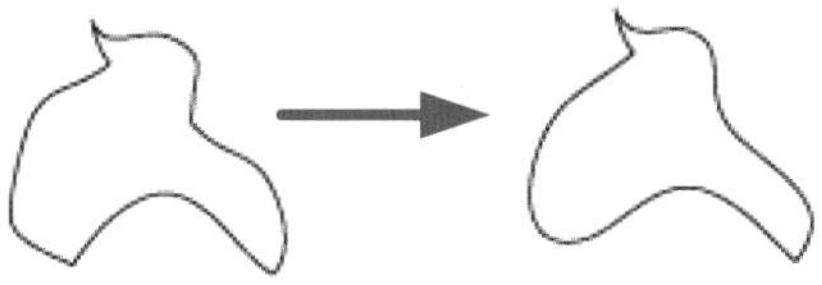

图3-110　平滑处理

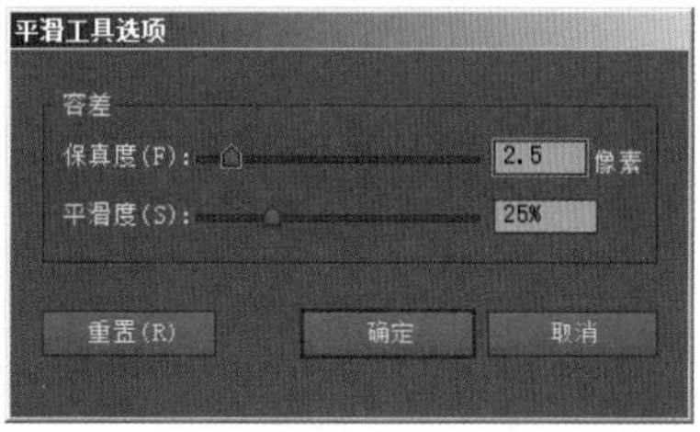

图3-111　“平滑工具选项”对话框

8. 路径橡皮擦工具

“路径橡皮擦工具”用于修改擦除现有路径。选择“路径橡皮擦工具”在已绘制好的图形路径上拖动鼠标，可擦除一段路径，如图3-112所示。按住【Alt】键，可将“路径橡皮擦工具”暂时转换为“平滑工具”，对路径进行平滑处理。

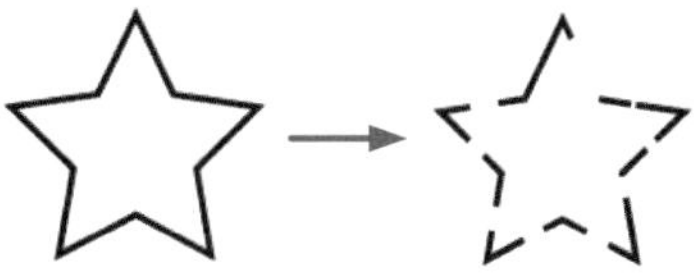

图3-112　擦除路径

任务实现

1. 制作背景

Step 01　打开Illustrator CS6软件，执行“文件→新建”命令（或按【Ctrl+N】组合

键），在弹出的“新建文档”对话框中设置名称为“小雪节气主题插画”，手动输入宽度值为“200mm”，高度值为“200mm”，出血为“3mm”。单击“确定”按钮，完成文档的创建。

Step 02 选择“矩形工具”，在文档中绘制一个宽为“200mm”、高为“200mm”的正方形，并为正方形添加蓝色填充（CMYK：70、15、0、0），如图3-113所示。

Step 03 设置填充为白色，描边为无。使用“钢笔工具”绘制如图3-114所示的形状。

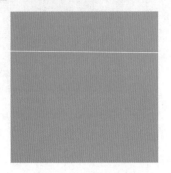

图3-113　绘制正方形

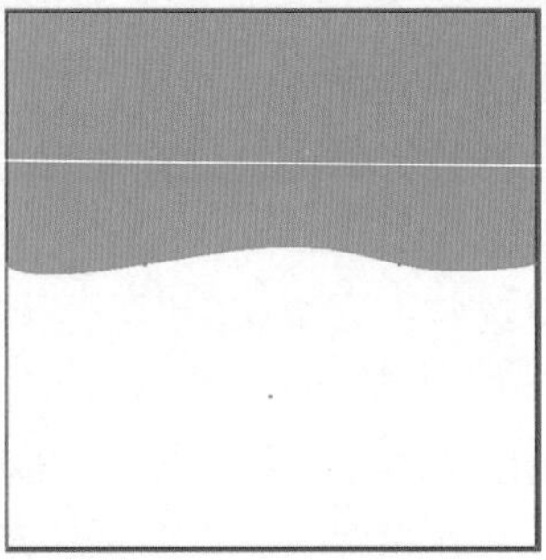

图3-114　绘制形状

Step 04 选择“椭圆工具”，在画布中绘制一个宽度和高度均为“4mm”的正圆形。设置正圆形的填充为白色，描边为无，如图3-115所示。

Step 05 选中绘制的正圆形，执行“窗口→画笔”命令，打开“画笔”面板。

Step 06 单击“画笔”面板中的“新建画笔”按钮，弹出“新建画笔”对话框，如图3-116所示，选择“散点画笔”选项。

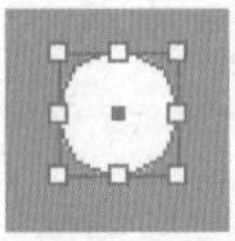

图3-115　正圆形

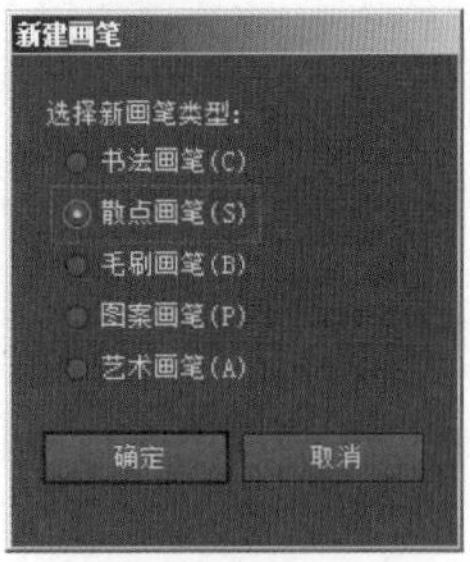

图3-116　“新建画笔”对话框

Step 07 单击“确定”按钮，弹出“散点画笔选项”对话框，如图3-117所示。设置“大小”和“分布”为“随机”，其中“大小”的变化范围为15%～100%，“分布”的变化范围为-1000%～150%。单击“确定”按钮，完成“散点画笔”的创建。

Step 08 选择“画笔工具”，在绘图区域单击并拖动，即可绘制散布的圆点图形，如图3-118所示。

Step 09 再次运用“散点画笔”绘制如图3-119所示的效果。

Step 10 选择“多边形工具”，在绘图区域单击，在弹出的对话框中设置边数为“3”，单击“确定”按钮，绘制一个三角形。设置三角形填充为深红色（CMYK：30、65、60、0），如图3-120所示。

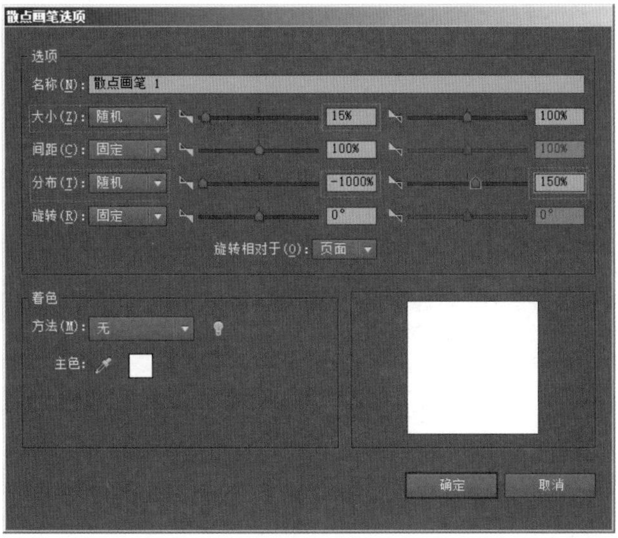

图3-117　“散点画笔选项”对话框

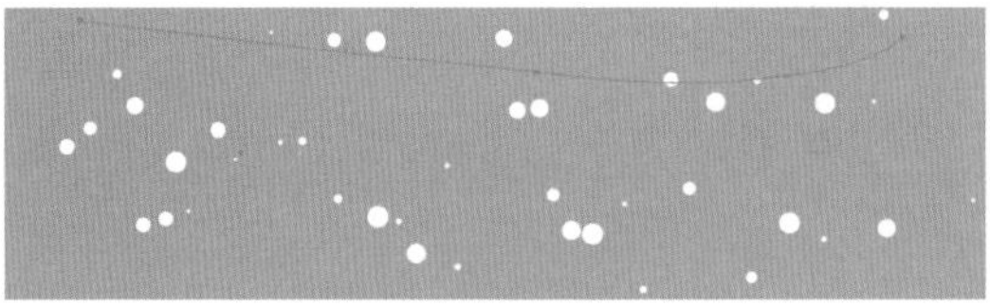

图3-118　散布画笔1

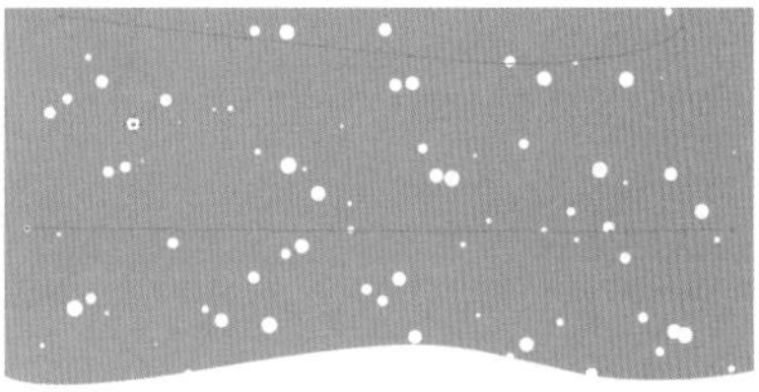

图3-119　散布画笔2

Step 11 调整三角形大小至图3-121所示。

图3-120　三角形

图3-121　调整大小

Step 12 运用Step10和Step11中的方法，绘制几个三角形，大小和位置如图3-122所示。

Step 13 选择“矩形工具”，绘制一个绿色（CMYK：89、48、100、12）填充的矩形，放置在图3-123所示的位置，得到圣诞树图形。

图3-122　绘制多个图形

图3-123　绘制矩形

Step 14 复制圣诞树图形，填充浅黄色（CMYK：10、5、25、0），调整大小和位置，至图3-124所示。

Step 15 再次复制图形，制作如图3-125所示的效果。

图3-124 复制图形1

图3-125 复制图形2

2. 制作主题元素

Step 01 打开素材“雪人.png”，将其拖到“小雪节气主题插画”文档中，如图3-126所示。

图3-126 雪人

Step 02 打开素材“雪花.ai”和“松果.ai”，如图3-127和图3-128所示，将其拖到“圣诞节主题插画”文档中。

图3-127 雪花

图3-128 松果

Step 03 执行“窗口→色板”命令，打开“色板”面板，如图3-129所示。

Step 04 分别将“雪花”和“松果”图形拖入到色板中。此时“色板”面板会多出两个图形，如图3-130所示。

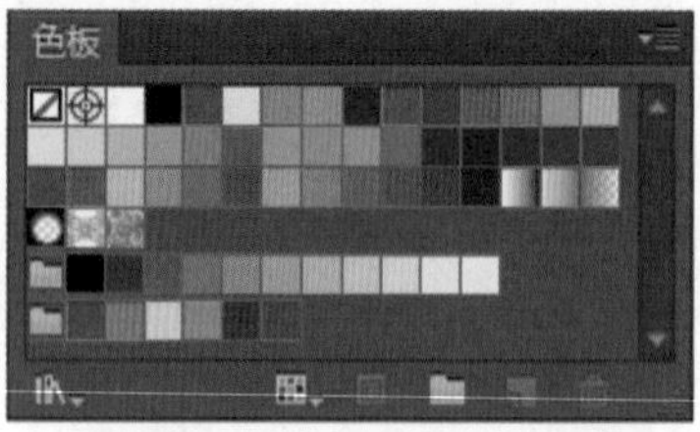

图3-129 “色板”面板

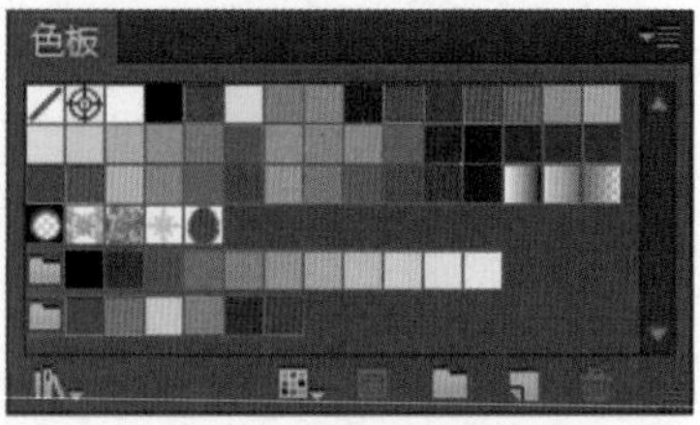

图3-130 添加到色板

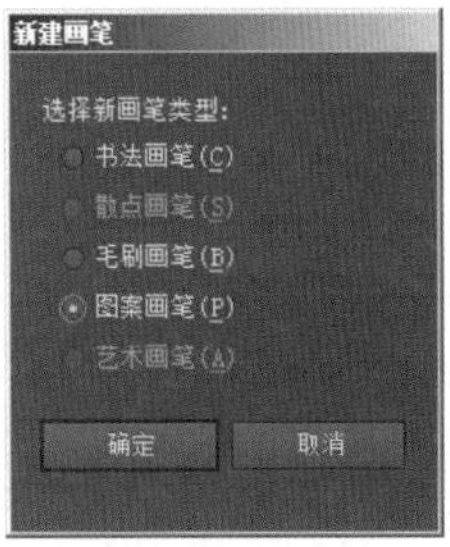

图3-131　“新建画笔”对话框

Step 05 执行“窗口→画笔”命令，打开“画笔”面板。

Step 06 单击“画笔”面板中的“新建画笔”按钮，弹出“新建画笔”对话框，如图3-131所示，选择“图案画笔”选项。

Step 07 单击“确定”按钮，弹出“图案画笔选项”对话框，如图3-132所示。设置“边线拼贴”为雪花图形和“外角拼贴”为“松果图形”。单击“确定”按钮，完成“散点画笔”的创建。此时“画笔”面板中出现预设的“图案画笔”，如图3-133所示。

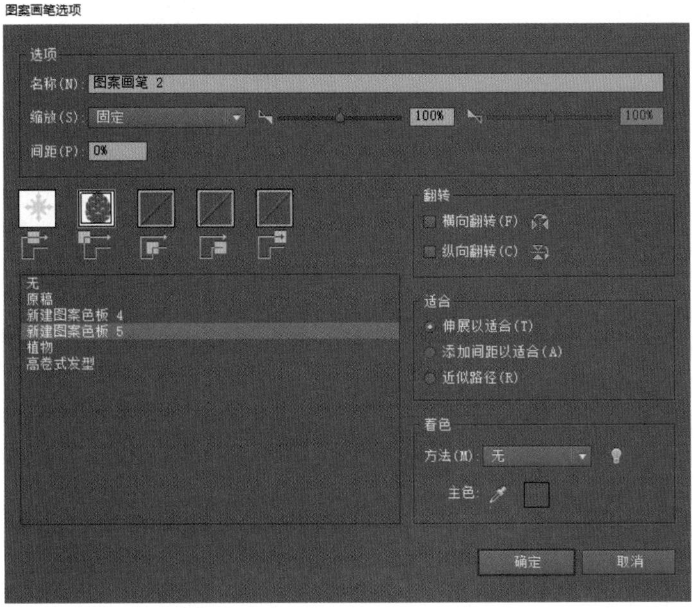

图3-132　“图案画笔选项”对话框

Step 08 选择“矩形工具”，绘制一个宽度为“185mm”、高度为“185mm”、无填充、黑色描边的正方形，如图3-134所示。

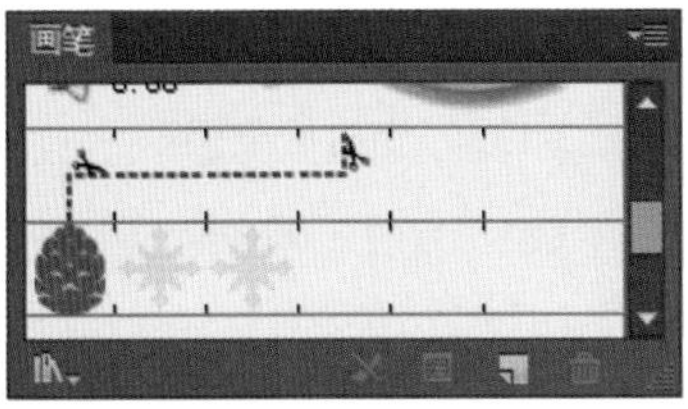

图3-133　“画笔”面板

图3-134　绘制正方形

Step 09 选中正方形，单击图3-133所示的图案画笔，为正方形设置描边，如图3-135所示。

Step 10 执行“对象→扩展外观”命令，上一步所选择的笔刷路径将显示出画笔样本的外观，如图3-136所示。

图3-135 图案画笔

图3-136 扩展外观

Step 11 将鼠标指针停留在扩展外观的边框上并右击，在弹出的快捷菜单中选择“取消编组”命令，关于对象的编组操作将在后面的章节中详细讲解，这里了解即可，如图3-137所示。

图3-137 选择“取消编组”命令

Step 12 调整图3-138标示松果的旋转方向，至图3-139所示样式。

Step 13 设置填充为无，描边为浅绿色（CMYK：30、10、35、0），描边粗细为1pt，选择“铅笔工具”（或按【N】键），在画板中单击并拖动，绘制如图3-140所示的自由路径。

图3-138 松果图形

图3-139 旋转松果图形

Step 14 将鼠标指针停留在“画笔工具”图标上，按住鼠标不放，在弹出的列表中选择“平滑工具”，将上一步绘制的路径进行平滑处理，至图3-141所示的样式。

图3-140　铅笔工具

图3-141　平滑处理路径

Step 15 至此“小雪节气主题插画”绘制完成，执行“文件→存储”命令（或按【Ctrl+S】组合键）将文件保存在指定文件夹。

巩固与练习

一、判断题

1. 在Illustrator中，路径是由一个或多个直线或曲线组成的线条，线条的起始点和结束点由锚点标记。（　　）

2. “钢笔工具”是Illustrator中最强大，最重要的绘图工具，它只可以绘制曲线路径。（　　）

3. 在Illustrator中，使用“转换锚点工具”可将“平滑点”转换为具有独立方向线的“角点”，可单独控制一侧的方向线。（　　）

4. 在Illustrator中，使用“剪刀工具”只可在锚点处分割路径。（　　）

5. 在Illustrator中，“平滑工具”可以减少已绘制好的图形路径上的结点，使图形路径变得更平滑。（　　）

二、选择题

1. 下列关于路径的说法中错误的是（　　）。

A. 路径是由一个或多个直线或曲线组成的线条

B. 路径可分为开放路径/闭合路径/复合路径

C. 路径可以通过“描边”面板设置多个参数

D. 路径就是一条射线

2. 关于直接选择工具的描述，下列选项正确的是（　　）。

A.“直接选择工具”是用来选择和编辑路径上的锚点的

B. 快捷键为【A】键

C. 可以选择多个锚点

D. 只能选择单个锚点

3. 下列关于橡皮擦工具的说法中，不正确的是（　　）。

A. 橡皮擦工具只能擦除开放路径

B. 橡皮擦工具只能擦除路径的一部分，不能将路径全部擦除

C．橡皮擦工具可以擦出文本或渐变网络

D．橡皮擦工具可以擦出路径上的任意部分

4．下列选项中，（　　）属于钢笔工具的快捷键。

A．【B】　　B．【K】　　C．【H】　　D．【P】

5．关于平滑工具的描述，下列选项正确的是（　　）。

A．平滑工具可以减少已绘制好的图形路径上的结点

B．平滑工具和铅笔工具位于同一工具组

C．平滑工具不会减少图形路径的结点

D．平滑工具只适用于“铅笔工具”绘制的路径

单元 4

对象的变换与操作技巧

知识学习目标	☑ 熟悉对象的基本操作技巧，学会剪切、复制、粘贴、编组、锁定和隐藏对象。 ☑ 理解再次变换和分别变换的应用原理，能够绘制出具有特殊规律性的图形。 ☑ 掌握对齐与分布的操作技巧，能够准确地调整图形的位置和分布间距。 ☑ 掌握路径查找器的操作技巧，学会对选区进行加、减和交叉运算。
技能实践目标	☑ 运用对象的基本操作技巧结合变换和排列制作“海洋公益插画”。 ☑ 运用再次变换、分别变换和自由变换制作“促销标签设计”。 ☑ 运用对齐与分布对象和路径查找器制作“邮票设计”。

在实际设计中，使用的元素越多，相应的管理和编辑操作往往也会越多，那么在复杂的图形设计中该怎样操作图形对象？本单元将通过“海洋公益插画”“促销标签设计”和“邮票设计”三个案例对Illustrator中对象的基本操作和变换技巧进行详细讲解。

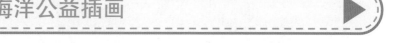

任务7 制作海洋公益插画

任务描述

海洋面积辽阔，储水量巨大，是地球上最稳定的生态系统。本任务是为某环保组织设计一款以“保护海洋环境”为主题的插画。插画的最终设计效果如图4-1所示，通过本任务的学习，读者可以掌握对象的排列和变换等基本操作技巧。

图4-1　海洋公益插画

任务分析

关于“海洋公益插画”的设计，可以从以下几个方面着手进行分析。

主色调：该公益插画以保护海洋环境为主题，因此可以运用和海洋相关的蓝色作为插画的主色调。

插画元素：插画内的所有元素可显示在一个圆形内，展现通过望远镜观望海面的视觉效果。同时还可以运用海洋生物、灯塔、星空等图形勾绘一幅夜幕下静谧的海洋场景。

（1）灯塔：运用“椭圆工具”和“矩形工具”绘制，通过移动锚点调整图形形状。

（2）海面：运用“钢笔工具”绘制海面波纹，调整不透明度。

（3）海洋生物：运用“椭圆工具”绘制，通过移动锚点调整形状，并通过对象的排列调整图形的排列顺序。

（4）星空：运用“星形工具”绘制，并复制多个，通过对象的变换调整星形的形状。

知识储备

1. 剪切、复制与粘贴对象

剪切、复制与粘贴是设计中常用的操作，与其他设计软件不同的是，在Illustrator中，还可以对图形对象进行特殊的复制和粘贴。

（1）剪切

执行“编辑→剪切”命令（或按【Ctrl+X】组合键），可将对象从画板中剪切到剪贴板中。

（2）复制

执行“编辑→复制”命令（或按【Ctrl+C】组合键），可将对象复制到剪贴板中。

（3）粘贴

① 执行“编辑→粘贴”命令（或按【Ctrl+V】组合键），可将对象粘贴在文档窗口的中心位置。

② 执行“编辑→就地粘贴”命令（或按【Ctrl+Shift+V】组合键），可将对象粘贴到当前绘图区域上，粘贴后的位置与复制该对象的位置相同。

③ 执行“编辑→贴在前面”命令（或按【Ctrl+F】组合键），可将对象粘贴在所选对象的上方。若当前没有选中任何对象，则进行就地粘贴并置于当前图层的最顶部。

④ 执行“编辑→贴在后面”命令（或按【Ctrl+B】组合键），可将对象粘贴在所选对象的下方。若当前没有选中任何对象，则进行就地粘贴并置于当前图层的最底部。

⑤ 当文档中存在多个画板时，执行“编辑→在所有画板上粘贴”命令（或按【Ctrl+Alt+Shift+V】组合键），可将对象粘贴在所有画板中。

2. 对象的编组、锁定和隐藏

在绘制一些较复杂的图形时，常常需要将图形对象进行编组、锁定或隐藏，具体介绍如下。

（1）对象的编组

编组是指将选中的两个或多个对象组合在一起，进行移动、旋转及缩放等操作时，它们会一同变化。选择要组合的对象后，执行“对象→编组”命令（或按【Ctrl+G】组合键），即可将选中的对象进行编组，如图4-2和图4-3所示。

图4-2　编组前

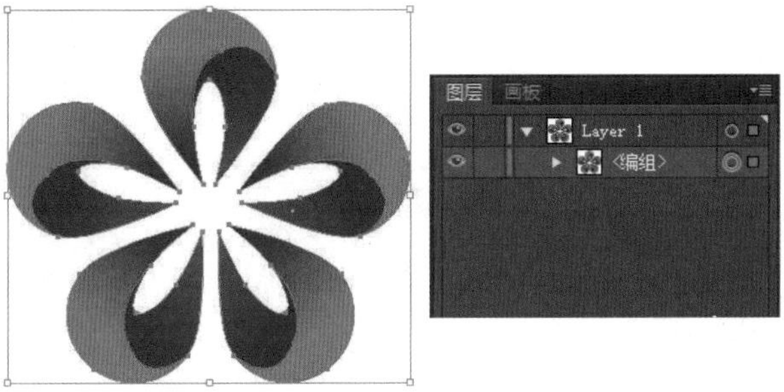

图4-3　编组后

在Illustrator中，创建一个组后，还可将其与其他对象再次编组或编入其他组中，形成结构更为复杂的组。编组后，使用“选择工具”单击组中的任意一个对象，都可以选择整个组，如果要选择群组中的单个对象，可以使用“编组选择工具”或“直接选择工具”并按住【Alt】键进行选择。

如果要取消编组，先选择已编组对象，执行“对象→取消编组”命令（或按【Shift+Ctrl+G】组合键），对于有嵌套结构的编组，需多次执行该命令才能取消所有编组。

（2）锁定

在绘图过程中，为了方便操作，可将暂时无需编辑的对象锁定。待需要编辑时，再将其解锁。选择要锁定的一个或多个对象，执行“对象→锁定→所选对象”命令（或按【Ctrl+2】组合键），即可将其锁定。

如果要解除锁定的对象，执行“对象→全部解锁”命令（或按【Alt+ Ctrl+2】组合键）即可。

（3）隐藏

在绘图过程中，为了提高工作效率，在处理一些复杂图形时可以隐藏一些绘制完的图形对象。执行“对象→隐藏→所选对象”命令（或按【Ctrl+3】组合键），即可将其隐藏。

如果要显示已隐藏的对象，执行“对象→显示全部”命令（或按【Alt+ Ctrl+3】组合键）即可。

3. 对象的变换

对象的变换是Illustrator中常用的操作，主要包括对象的移动、旋转、对称、缩放和倾斜等，下面将针对这些操作做具体讲解。

（1）移动

在Illustrator中，可以使用“选择工具”“直接选择工具”或“编组选择工具”选中要移动的对象，然后按住鼠标左键不放，并拖动到目标位置，释放鼠标即可完成移动操作。

若要精确地移动对象，可通过“选择工具”选择对象后，执行“窗口→变换”命令，弹出“变换”面板，在面板中的X（水平）和Y（垂直）中输入相应的数值，即可精确移动对象，如图4-4所示。

另外，双击“选择工具”或执行“对象→变换→移动”命令（或按【Ctrl+ Shift+M】组合键），弹出图4-5所示的“移动”对话框，通过设置相应的参数也可精确移动对象。

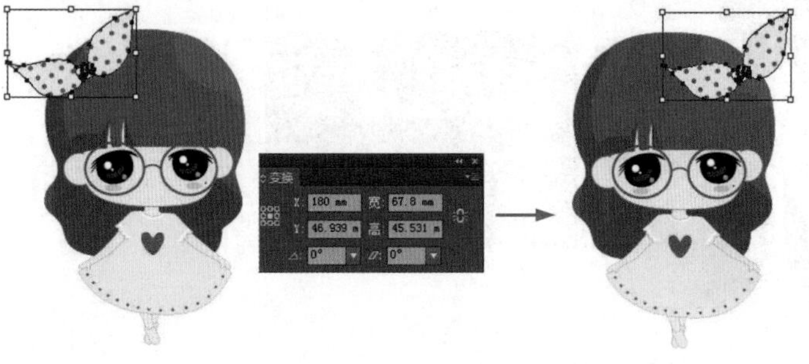

图4-4 移动对象

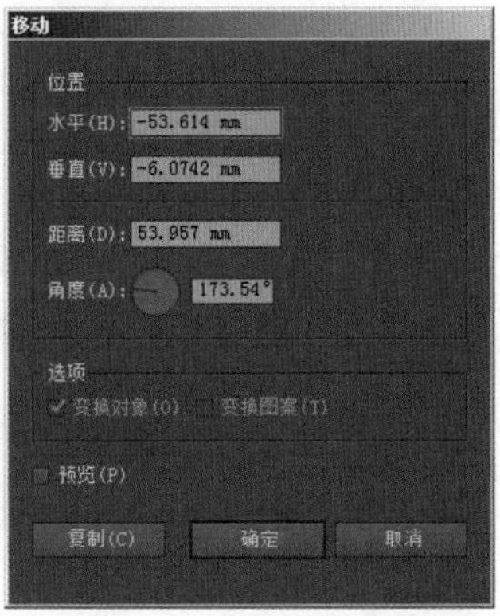

图4-5 “移动”对话框

多学一招 移动图形小技巧

在使用“选择工具”进行移动时，按住【Shift】键可使选中的图形对象进行水平、垂直或成45°角方向移动，按住【Alt】键进行移动时可复制当前选中的图形对象。按住【↑】【↓】【←】【→】键可以微移对象，按住【Shift】键+光标键可以按设定“键盘增量”值10倍移动，执行“编辑→首选项→常规”命令可设置“键盘增量”。

（2）旋转

在绘图过程中，运用“旋转工具”可将图形旋转一定的角度。选择“旋转工具”（或按【R】键），图形中会出现一个显示中心点的光标，移动光标到合适位置后拖动鼠标即可进行旋转操作，如图4-6所示。

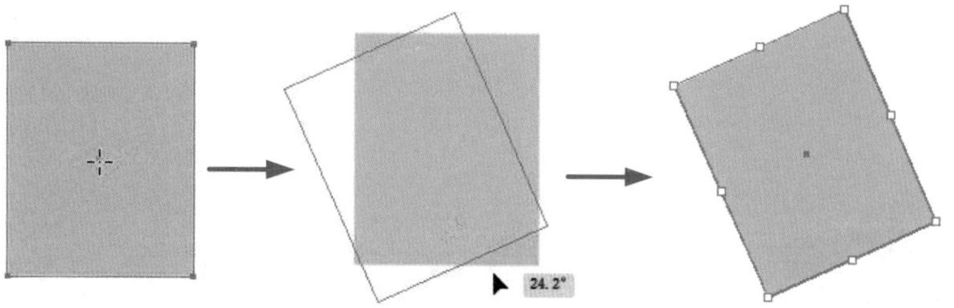

图4-6　旋转对象

也可双击“旋转工具”或执行“对象→变换→旋转”命令，弹出“旋转”对话框，如图4-7所示，设置“角度”参数，即可精确设置旋转角度。单击“复制”按钮还可在旋转的同时复制对象。

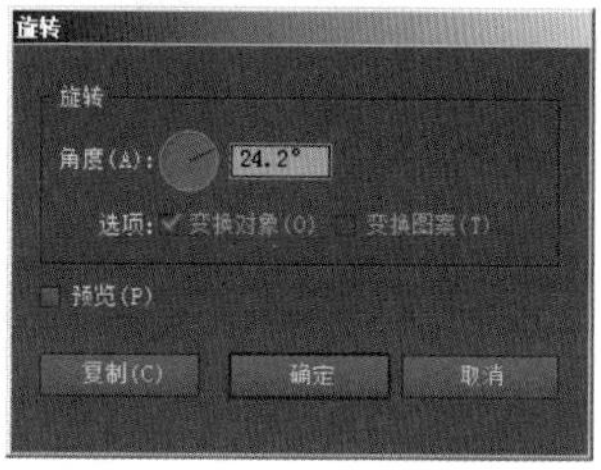

图4-7　“旋转”对话框

（3）对称

在制作一些对称性的图形对象时，常常用到“镜像工具”。单击图形对象，选择“镜像工具”（或按【O】键），图形对象中会出现一个显示中心点的光标，移动光标到合适位置，然后拖动鼠标即可进行镜像操作，如图4-8所示。

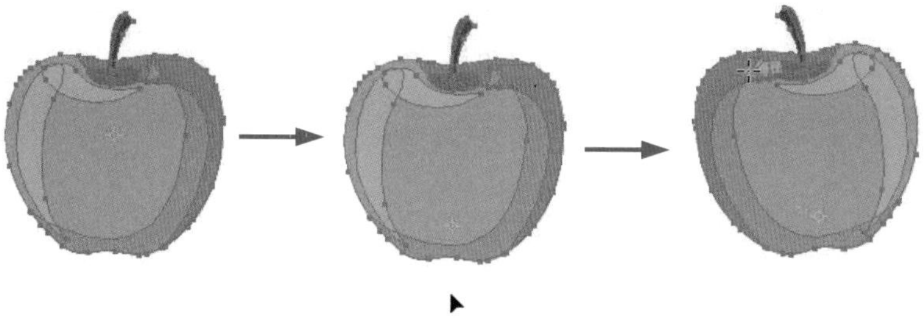

图4-8　镜像对象

也可双击“镜像工具”或执行“对象→变换→对称”命令，弹出“镜像”对话框，如图4-9所示，设置其中的参数，即可精确设置图形的镜像。

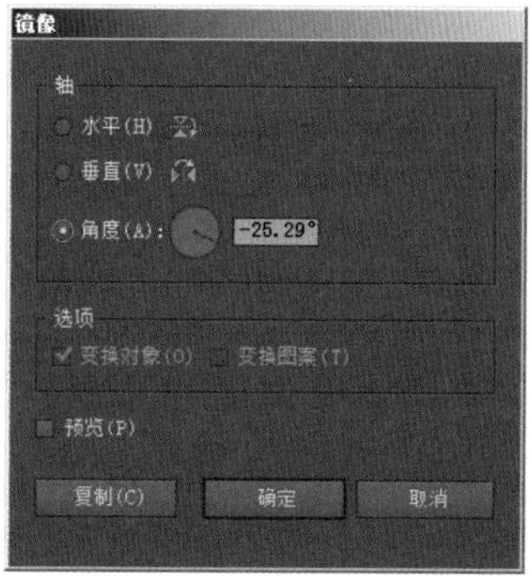

图4-9　“镜像”对话框

（4）缩放

在进行图形编辑时，运用“比例缩放工具”可以对图形对象进行缩放。单击图形对象，选择“比例缩放工具”（或按【S】键），将光标放在图形对象上拖动即可进行缩放，在拖动鼠标时按住【Shift】键，可进行水平、垂直或等比例缩放，如图4-10所示。

也可双击“比例缩放工具”或执行“对象→变换→缩放”命令，弹出“比例缩放”对话框，如图4-11所示，设置其中的参数，即可精确设置图形的缩放。

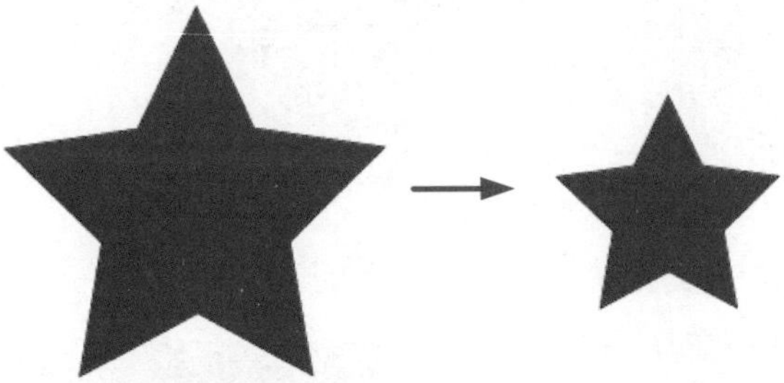

图4-10　缩放对象

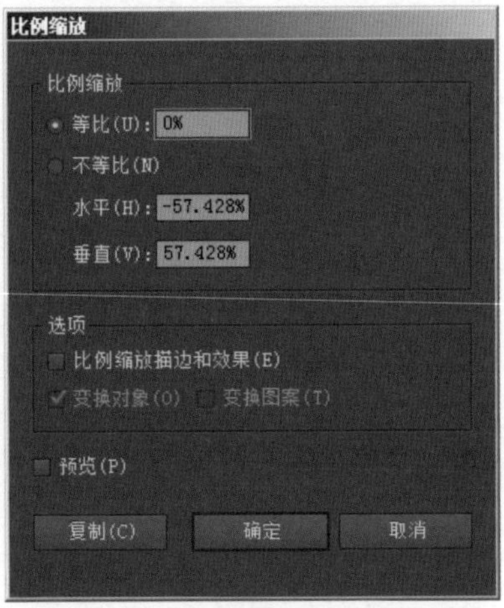

图4-11　“比例缩放”对话框

（5）倾斜

倾斜是指将所选择的对象按指定的方向倾斜一定角度，一般用来模拟图形的透视效果或图形投影，通常由“倾斜工具”来操作完成。单击图形对象，选择“倾斜工具”，会出现一个显示中心点的光标，移动光标到合适位置后拖动鼠标即可进行倾斜操作，如图4-12所示。

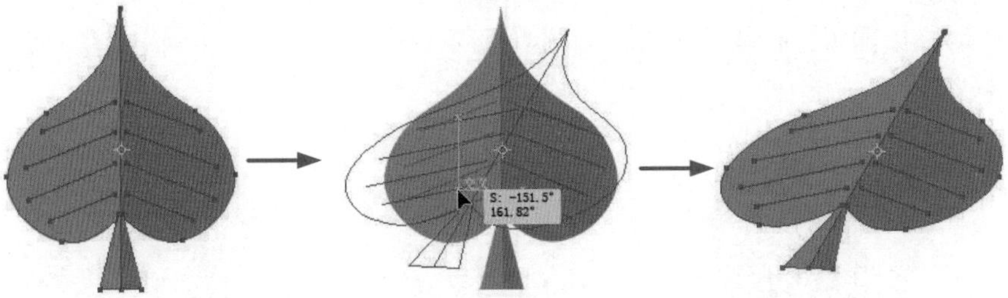

图4-12　倾斜对象

也可双击“倾斜工具”或执行“对象→变换→倾斜”命令，弹出“倾斜”对话框，如图4-13所示，设置其中的参数，即可精确设置图形的倾斜位置。

4. 对象的排列

在Illustrator绘图过程中，会根据图形对象的描绘顺序进行排列。如果要调整图形的排列顺序，需执行“对象→排列”子菜单中的命令，如图4-14所示；或在需要调整的对象上右击，在弹出的快捷菜单中选择“排列”子菜单中的命令。

（1）置于顶层：选择此命令（或按【Shift+Ctrl+]】组合键），将对象移至当前图层或当前组中所有图形对象的顶层。图4-15所示为将“木马”移至顶层后的效果。

（2）前移一层：选择此命令（或按【Ctrl+]】组合键），可将已选中的对象在叠放顺序中上移一层。

（3）后移一层：选择此命令（或按【Ctrl+ [】组合键），可将已选中的对象在叠放顺序中下移一层。

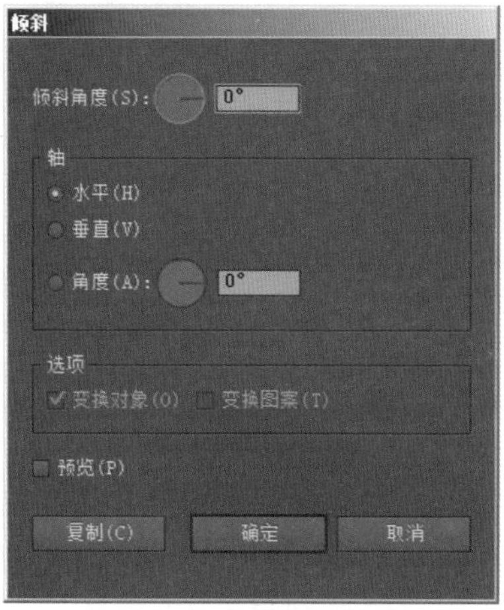

图4-13　“倾斜”对话框

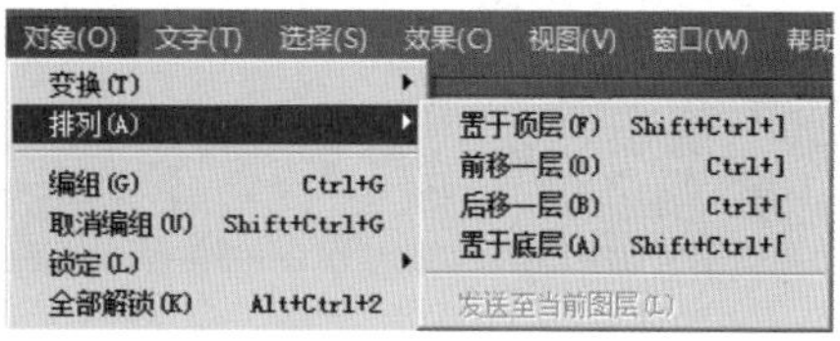

图4-14　“排列”命令

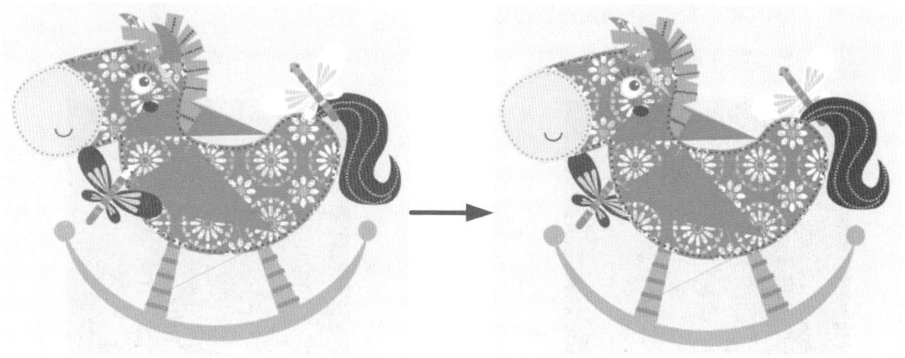

图4-15　置于顶层

（4）置于底层：选择此命令（或按【Shift+Ctrl+［】组合键），可将对象移至当前图层或当前组中所有图形对象的底层。

任务实现

1. 制作背景元素

Step 01 打开Illustrator CS6软件，执行“文件→新建” 命令（或按【Ctrl+N】组合键），在弹出的“新建文档”对话框中设置名称为“海洋公益插画”，大小选择“A4”，出血为“3mm”，其他选项默认即可，如果4-16所示。单击“确定”按钮，完成文档的创建。

Step 02 选择“矩形工具”，在文档中绘制一个宽为“210mm”、高为“297mm”的矩形，并添加深蓝色填充（CMYK：100、90、70、55）。

Step 03 选中绘制的深蓝色背景，按【Ctrl+2】组合键将其锁定。

2. 制作插画元素

Step 01 选择“椭圆工具”，在文档中绘制一个如图4-17所示大小的蓝色填充（CMYK：90、60、50、0），无描边的圆形。

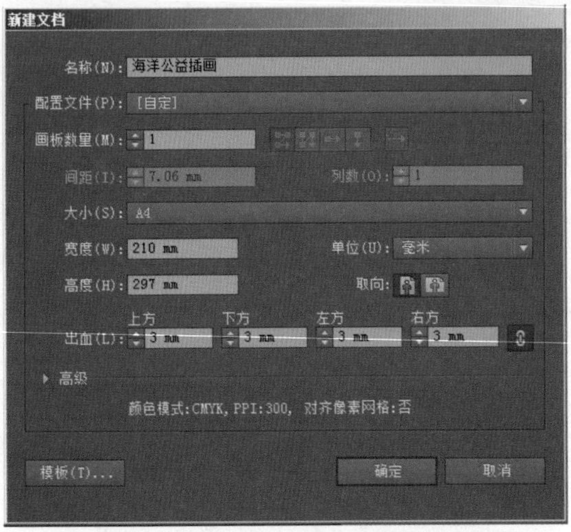

图4-16　“新建文档”对话框

图4-17　绘制圆形

Step 02 选择“矩形工具”，在文档中绘制一个如图4-18所示大小的深蓝色填充（CMYK：100、90、70、55），无描边的矩形。

Step 03 选择“直接选择工具”，调整矩形的锚点，得到图4-19所示的形状。

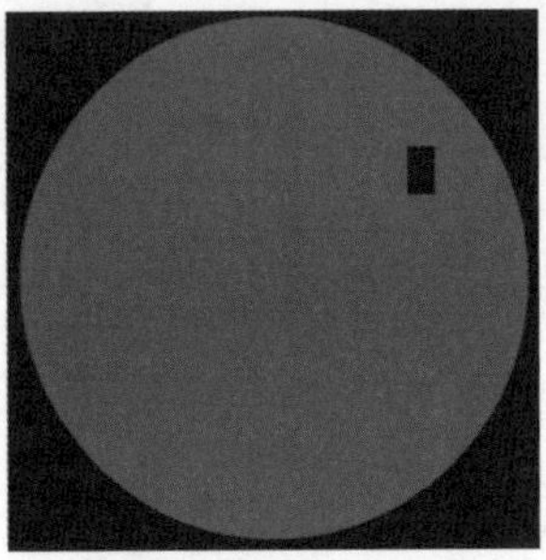

图4-18　绘制矩形

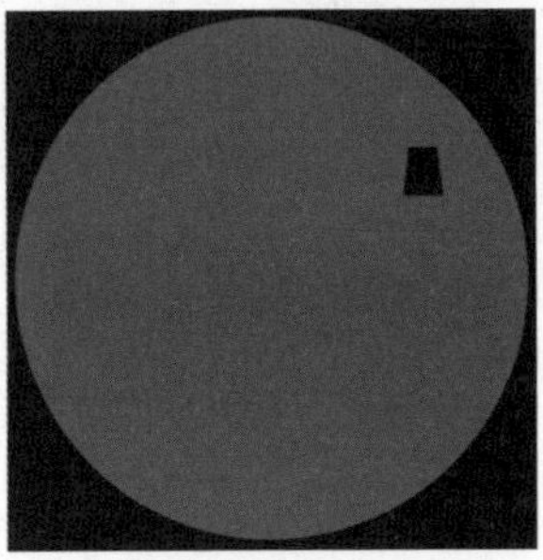

图4-19　调整形状

Step 04 选中该形状，按【Ctrl+C】组合键进行复制，然后按【Ctrl+V】组合键粘贴该形状，选择“选择工具”，单击粘贴后的形状，出现定界框，如图4-20所示，对图形进行放大、拉伸操作，并移动到图4-21所示的位置。

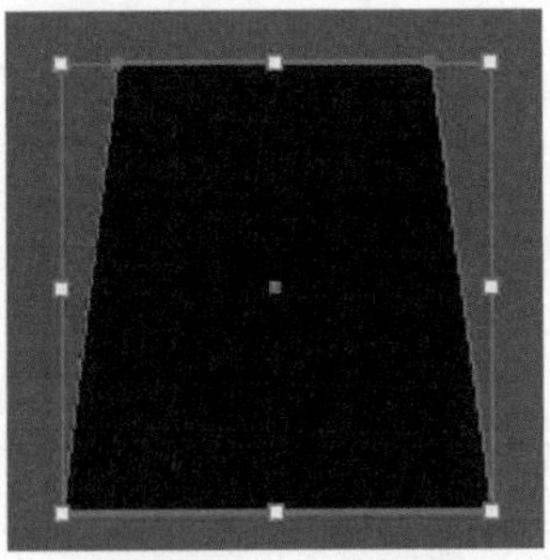

图4-20　矩形

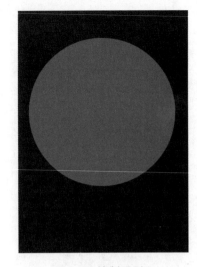

图4-21　调整形状

Step 05 选择“矩形工具”，绘制十字图形，如图4-22所示。

Step 06 选择“椭圆工具”，绘制探照灯，大圆填充橘黄色（CMYK：5、40、80、

0），无描边；小圆填充黄色（CMYK：15、15、80、0）`，无描边，如图4-23所示。

图4-22　十字图形

图4-23　探照灯

Step 07 选择“矩形工具”，绘制填充为白色、不透明度为50%的矩形，如图4-24所示。

Step 08 选择“直接选择工具”，调整矩形的锚点，得到图4-25所示的光束。

图4-24　矩形

图4-25　灯光束

Step 09 选择“钢笔工具”，在图4-26所示的路径位置添加锚点。

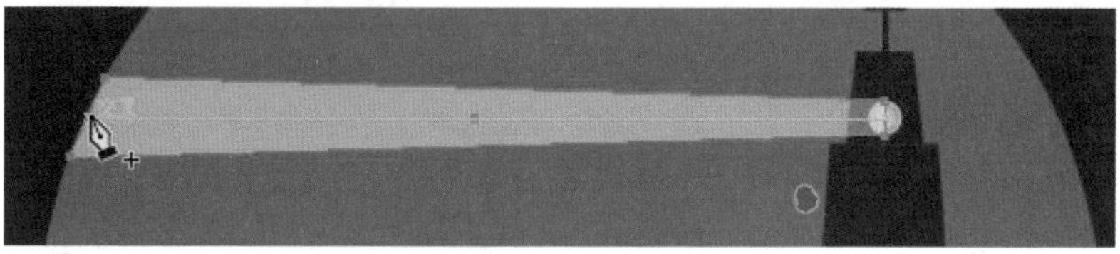
图4-26　添加锚点

Step 10 选择“直接选择工具”，移动该锚点到图4-27所示的位置。

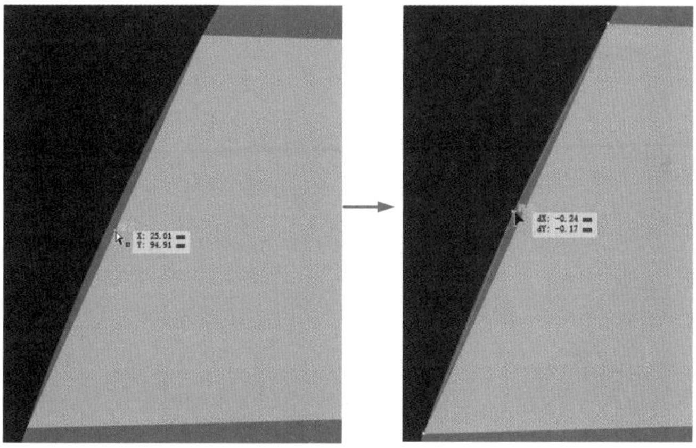
图4-27　移动锚点

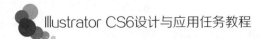

Step 11 选中光束，按【Ctrl+F】组合键，在原光束的上方，再复制光束。选中复制的光束，选择“镜像工具”，执行镜像操作，如图4-28所示。

图4-28 镜像操作

Step 12 选择“直接选择工具”，调整右侧光束的锚点，得到图4-29所示的效果。选中灯塔所包含的所有元素，按【Ctrl+G】组合键对其进行编组。

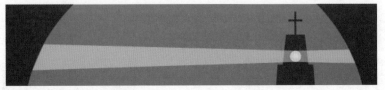

图4-29 灯光束

Step 13 选中Step01中绘制的圆形，按【Ctrl+F】组合键进行复制，然后右击，执行“排列→置于顶层”命令，并改变填充色为天蓝色（CMYK：85、55、30、0）。

Step 14 选择“直接选择工具”，移动锚点位置，如图4-30所示。

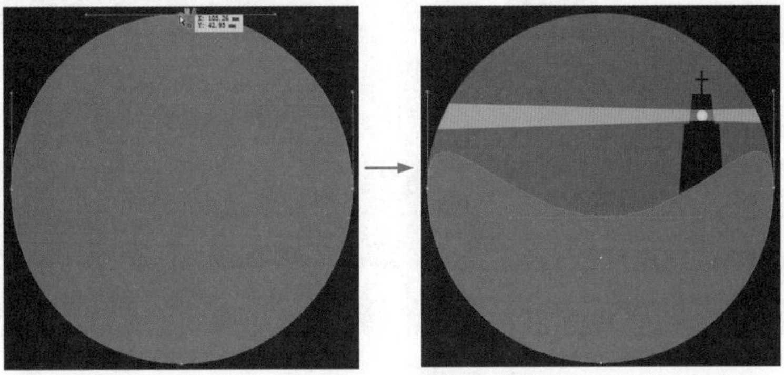

图4-30 移动锚点

Step 15 选择“钢笔工具”，添加红框处所标注的锚点，如图4-31所示。

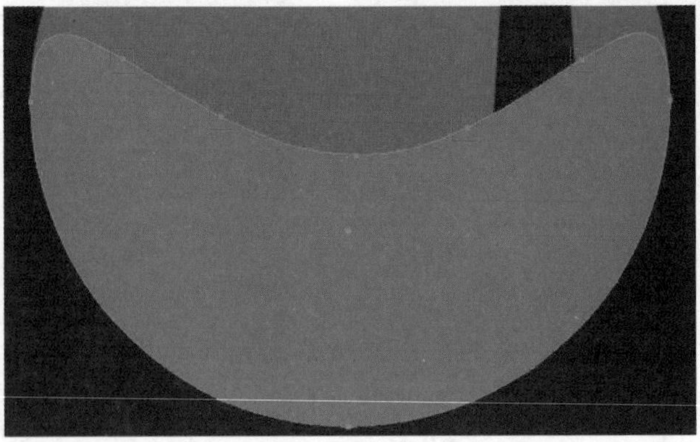

图4-31 添加锚点

Step 16 选择“直接选择工具”，移动锚点位置，得到海面效果图形，如图4-32所示。

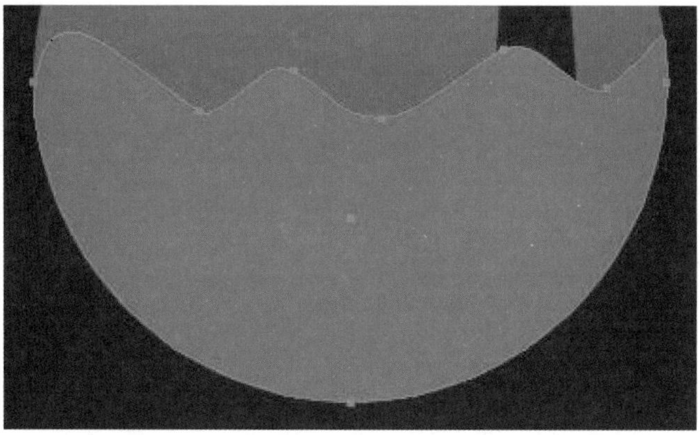

图4-32　海面效果

Step 17 按照Step13中的方法复制海面效果图形，改变填充色为深蓝色（CMYK：95、80、40、5），并调整不透明度为70%。选择“直接选择工具”，移动锚点位置，如图4-33所示。

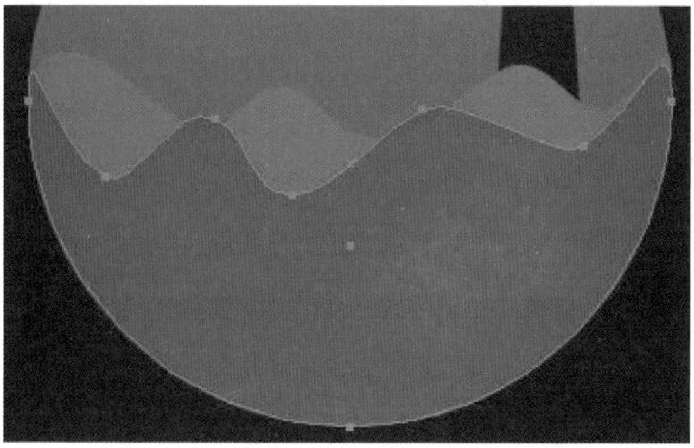

图4-33　移动锚点位置

Step 18 选择“钢笔工具”，绘制图4-34所示的鱼形图案；然后选择“椭圆工具”，绘制鱼的眼睛，并通过“旋转工具”调整方向，如图4-35所示。

图4-34　鱼形

图4-35　绘制鱼的眼睛

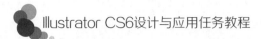

Step 19 继续选择“椭圆工具”，绘制图4-36所示的椭圆；选择“直接选择工具”，移动锚点位置，如图4-37所示。

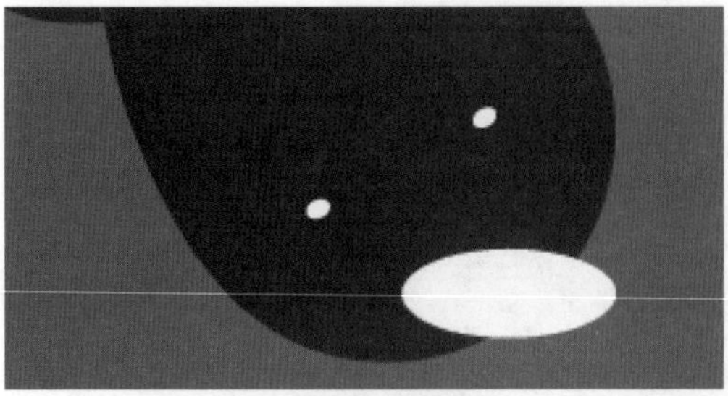
图4-36 绘制椭圆

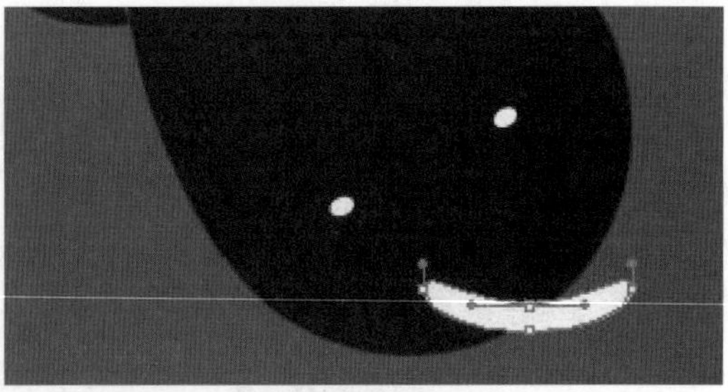
图4-37 移动锚点

Step 20 选择“转换锚点工具”，单击椭圆左右两侧的锚点，如图4-38所示。选择“选择工具”，将鱼的嘴巴移动到合适位置，并旋转一定的角度，如图4-39所示。选中鱼形和鱼的眼睛、嘴巴，按【Ctrl+G】组合键对其进行编组，右击，执行“排列→后移一层”命令，效果如图4-40所示。

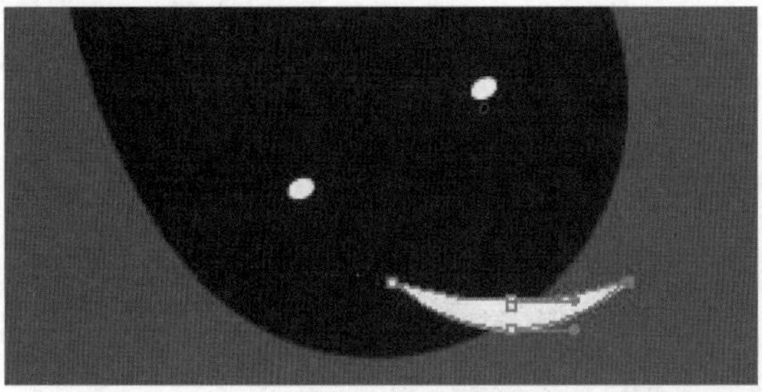
图4-38 调整锚点

图4-39 移动并旋转

图4-40 调整排列顺序

Step 21 选择“星形工具”，设置填充色为橘黄色（CMYK：5、40、80、0）、无描边，绘制图4-41所示的星形。

Step 22 选择“倾斜工具”，调整部分星形倾斜一定的角度，如图4-42所示。

图4-41　绘制星形

图4-42　调整星形的倾斜角度

Step 23 至此“海洋公益插画”绘制完成，按【Ctrl+S】组合键将文件保存在指定文件夹。

任务8　制作促销标签

任务描述

物美价廉的产品是每一个消费者所喜爱的，商家通过打折促销，可以有力地提升产品在市场上的占有率、扩大销售额。本任务是设计一款商品促销标签，用于吸引更多消费者，标签的最终设计效果如图4-43所示。通过本任务的学习，读者可以掌握再次变换、分别变换等操作技巧。

图4-43　促销标签

任务分析

关于“促销标签”的设计，可以从以下几个方面着手进行分析。

主色调：该“促销标签”以棕色作为主色调，背景和文字可分别采用浅棕色和深棕色来显示。

标签造型：可选用“矩形工具”结合“自由变换工具”进行绘制。

背景元素：可选用“星形工具”绘制简单的几何图形，散乱排列或通过执行“分别变换”命令使其排列成特殊的造型进行点缀。

主题元素：主要是为了凸显标签的内容，可通过添加文字和文字背景来完成。

（1）文字：引入文字素材，可包含数字和具有一定含义的英文单词，对于强调性的文字内容，通过放大显示来引起消费者注意。

（2）文字背景：选用“圆角矩形工具”结合“再次变换”命令组合为特殊形状，通常情况下，文字背景需选用和标签背景反差较大的颜色。

知识储备

1. 再次变换

“再次变换”是指重复最后一次的变换操作。例如，在执行了一个水平方向移动10 mm的操作后，通过“再次变换”功能，即可再执行一次水平方向移动10 mm的变换操作。

执行“对象→变换→再次变换”命令（或按【Ctrl+D】组合键），即可执行“再次变换”操作。若上一次的变换带有复制操作，则执行变换的同时还会执行复制操作。图4-44所示的图形即为旋转加复制的变换效果。

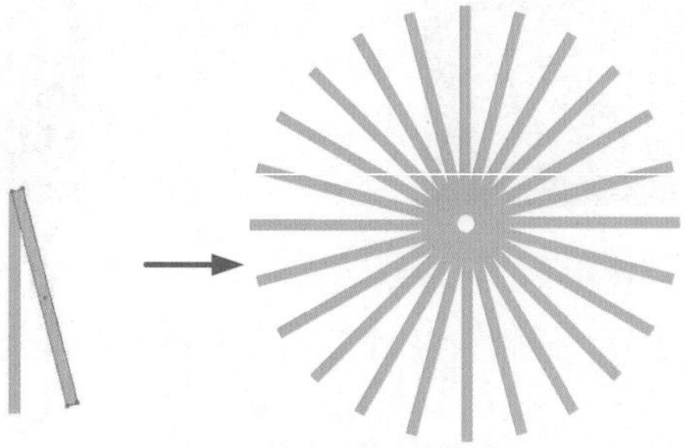

图4-44　再次变换操作

2. 分别变换

选择对象后，如果要同时应用移动、旋转和缩放操作，可通过“分别变换”来完成。如图4-45所示，设置图形的不透明度为50%，对图形进行编组后，执行“对象→变换→分别变换”命令（或按【Alt+Shift+Ctrl+ D】组合键），弹出图4-46所示的对话框，设置参数后单击“复制”按钮，如图4-47所示。连按5下【Ctrl+ D】组合键后，效果如图4-48所示。

图4-45　原图

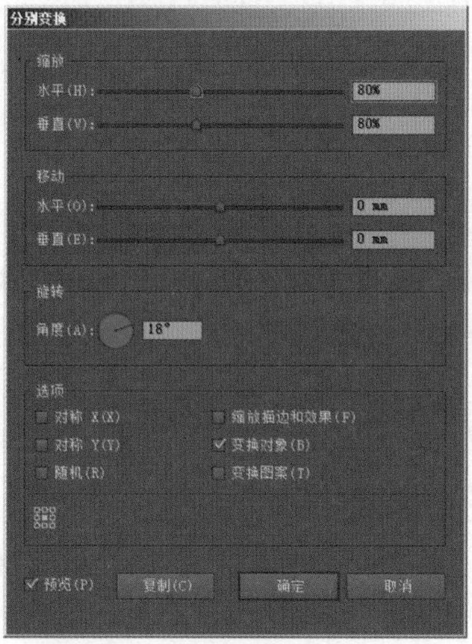

图4-46　“分别变换”对话框

图4-47　分别变换效果

图4-48　最终效果

3. 重置定界框

通常对图形进行旋转操作后，定界框也会随之发生旋转，此时可通过“重置定界框”命令对定界框进行调整。执行“对象→变换→重置定界框”命令，可以将定界框恢复到水平方向，如图4-49所示。

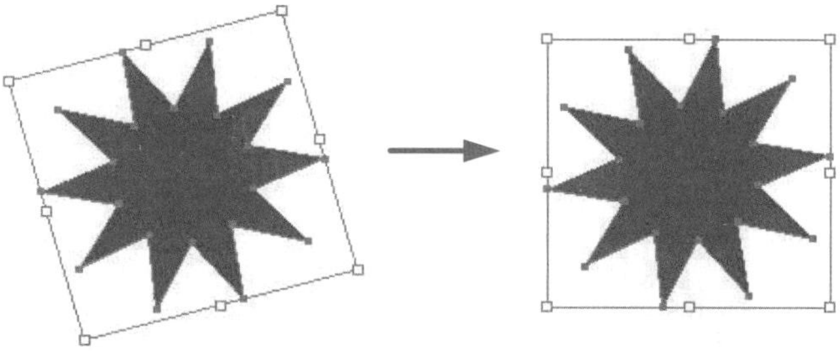

图4-49　重置定界框

4. 自由变换

使用“自由变换工具”进行移动、旋转和缩放时，操作方法与通过定界框操作基本相同。该工具的特别之处是可以进行扭曲和透视变换。

选择“矩形工具”绘制矩形，然后选择“自由变换工具”，将鼠标指针放在控制点上，如图4-50所示，先单击，然后按住【Ctrl】键的同时拖动即可扭曲对象，如图4-51所示。

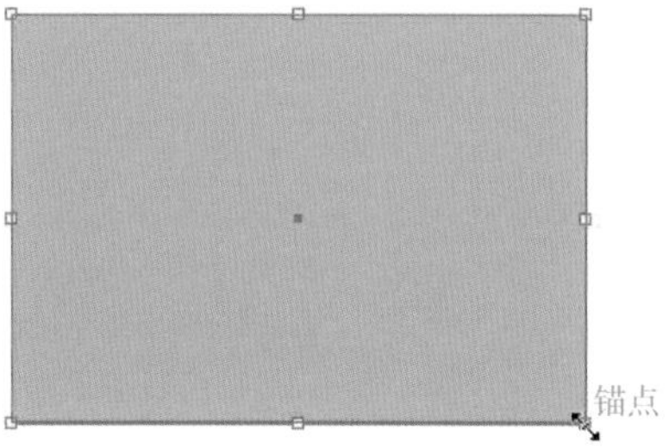

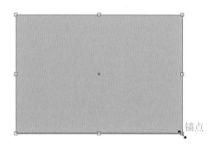

图4-50　选择图形对象

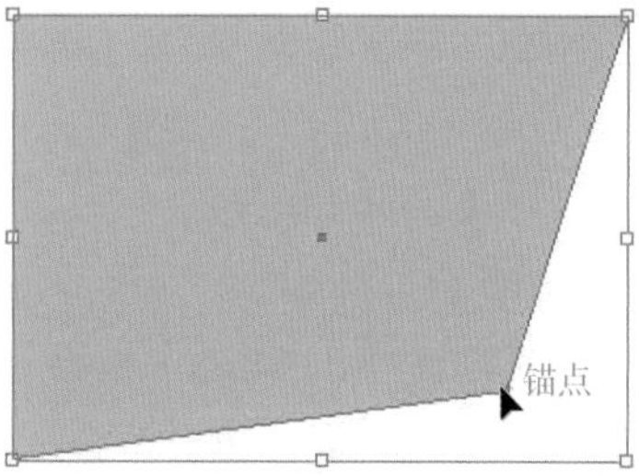

图4-51　随意扭曲图形对象

如果单击后，按住【Ctrl+Alt】组合键的同时拖动控制点，可以产生对称的扭曲效果，如图4-52所示；按住【Ctrl+Alt+Shift】组合键的同时拖动控制点，可以产生透视效果，如图4-53所示。

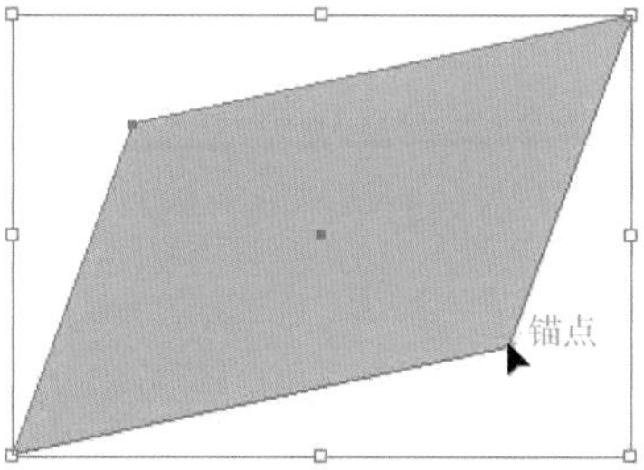

图4-52　对称扭曲图形对象

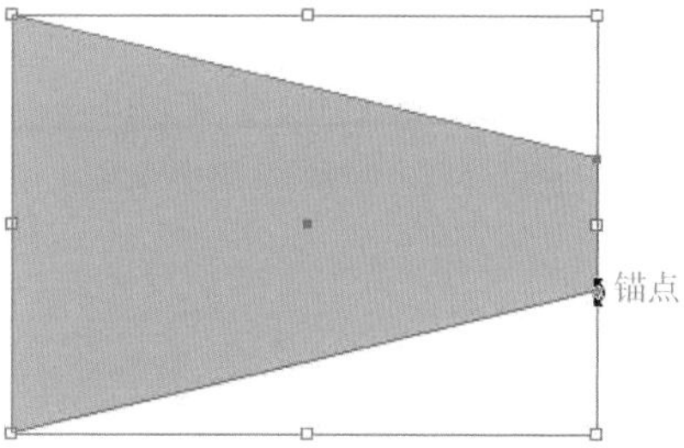

图4-53　透视效果

任务实现

1. 制作背景元素

Step 01 打开Illustrator CS6软件，执行“文件→新建” 命令（或按【Ctrl+N】组合键），在弹出的“新建文档”对话框中设置名称为“促销标签”，设置宽度为“210mm”，高度为“210mm”，如图4-54所示。单击“确定”按钮，完成文档的创建。

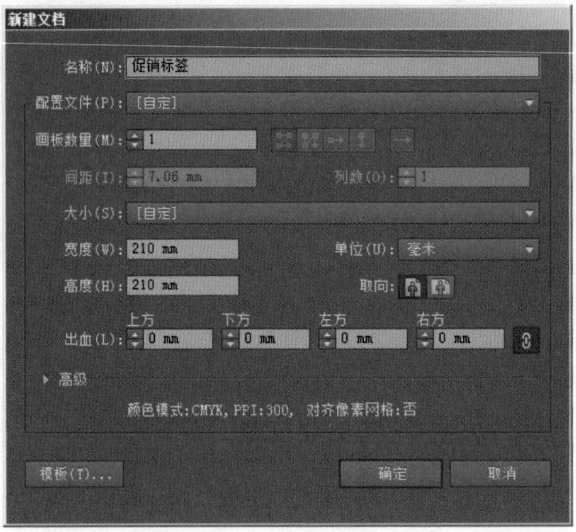

图4-54 新建文档

Step 02 选择“矩形工具”，在文档中绘制两个矩形，并添加浅棕色填充（CMYK：15、20、35、0），如图4-55所示。

Step 03 选中上方的矩形，然后选择“自由变换工具”，将鼠标指针放在右上方的控制点上，按住【Ctrl+Alt+Shift】组合键的同时拖动控制点，产生透视效果。选择“选择工具”，移动上方图形与下方矩形重合，如图4-56所示。

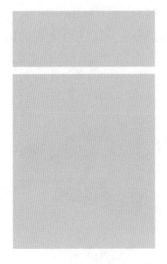

图4-55 绘制矩形

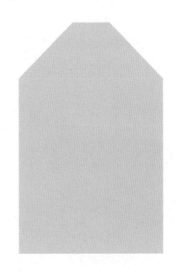

图4-56 透视效果

Step 04 选择“钢笔工具”，绘制棕色（CMYK：15、20、40、40）虚线描边，描边参数设置如图4-57所示，描边效果如图4-58所示。

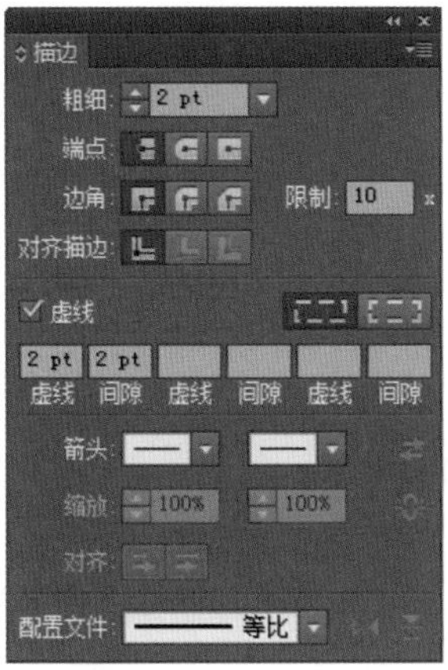

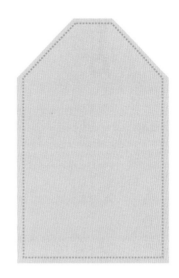

图4-57　参数设置

图4-58　描边效果

Step 05 继续选择“钢笔工具”，绘制挂环，描边颜色为深棕色（CMYK：100、95、100、100），参数设置如图4-59所示，绘制效果如图4-60所示。

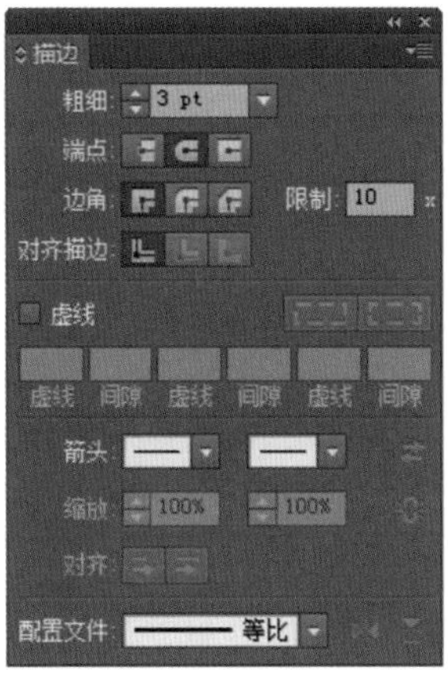

图4-59　参数设置

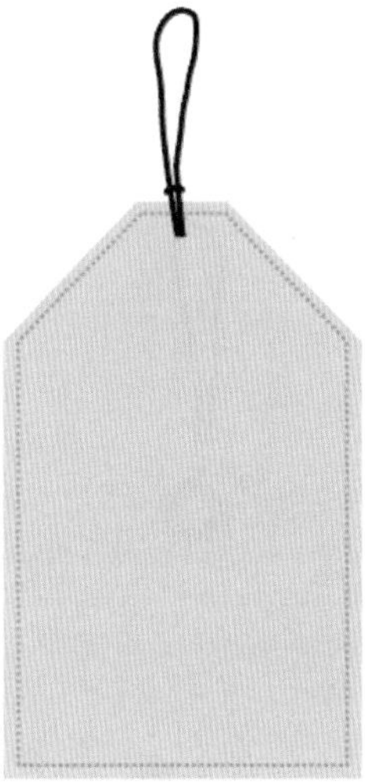

图4-60　绘制挂环

Step 06 选择“椭圆工具”，绘制圆孔，填充色为白色，描边色为深棕色（CMYK：100、95、100、100），如图4-61所示。

Step 07 选择“星形工具”，先后设置填充色为深棕色（CMYK：100、95、100、100）、玫红色（CMYK：100、95、100、100）、白色，无描边，绘制散乱排列的星形，如图4-62所示。

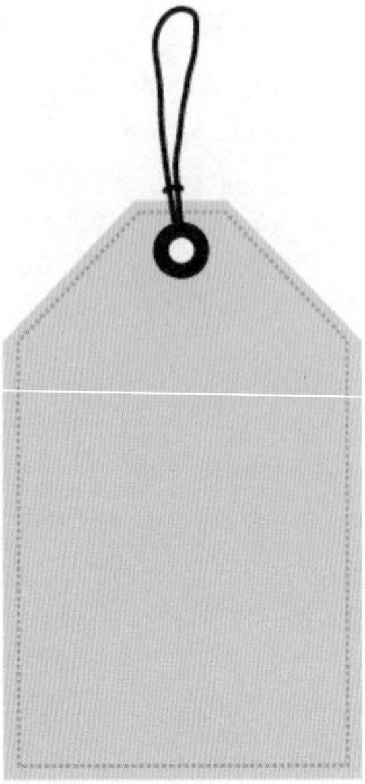

图4-61　绘制圆孔

图4-62　绘制散乱的星形

Step 08 继续选择“星形工具”，设置填充色为白色，绘制一个星行，如图4-63所示。

Step 09 选中Step08中所绘制的星形，选择“旋转工具”，图形中会出现一个显示中心点的光标，按住【Alt】键在文档中单击，光标随之移动到鼠标单击的位置，如图4-64所示，会弹出“旋转”对话框，参数设置如图4-65所示。

图4-63　绘制星形

图4-64　移动中心点

Step 10 单击“复制”按钮，复制一个星形，然后连按两下【Ctrl+ D】组合键，执行“再次变换”命令，效果如图4-66所示。

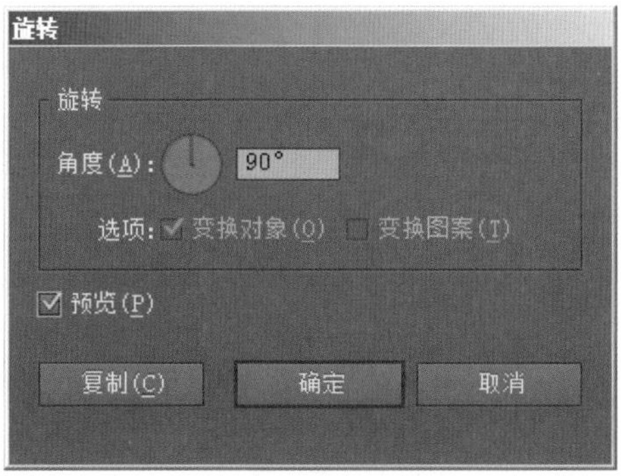

图4-65　“旋转”对话框

图4-66　复制星形

Step 11 选中这4个星形对其进行编组，按【Alt+Shift+Ctrl+ D】组合键，弹出“分别变换”对话框，参数设置如图4-67所示，单击“复制”按钮，效果如图4-68所示。

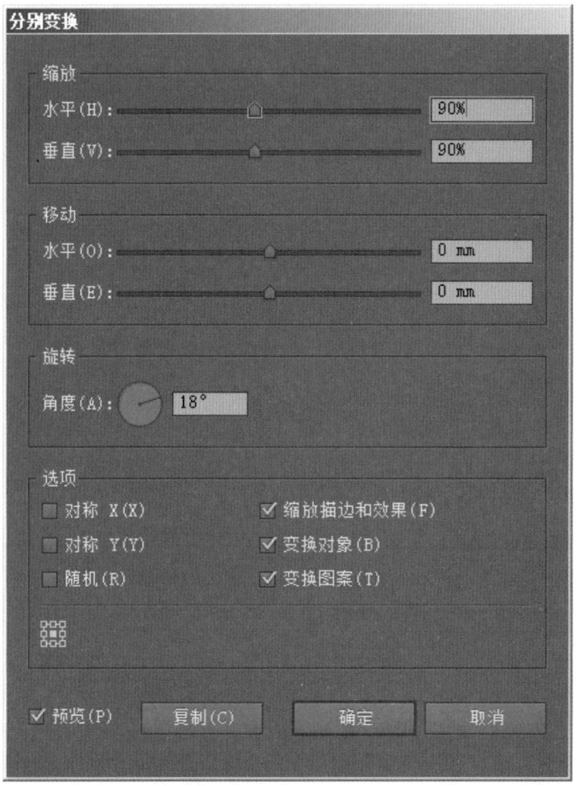

图4-67　“分别变换”对话框

图4-68　编组并进行变换后的效果

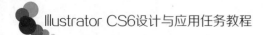

Step 12 连按多次【Ctrl+ D】组合键，得到图4-69所示的效果。

2. 制作主题元素

Step 01 选择“椭圆工具”，设置填充色为玫红色（CMYK：100、95、100、100）、无描边，绘制图4-70所示的大圆和小圆。选中小圆按照前面复制星形的方法复制小圆，如图4-71所示。

图4-69　多次变换后的效果

图4-70　绘制圆形

Step 02 打开素材文件“文字素材.ai”。单击“选择工具”，将文字素材分别移动到图4-72所示的位置。

图4-71　复制圆形

图4-72　添加文字素材

Step 03 至此“促销标签设计”绘制完成，按【Ctrl+S】组合键将文件保存在指定文件夹。

任务9 制作邮票

任务描述

本任务是为某旅游景点设计一款纪念邮票，效果如图4-73所示。通过本任务的学习，读者可以掌握对齐与分布对象和路径查找器的操作技巧。

图4-73　邮票设计

任务分析

由于该旅游景点的标志性建筑为灯塔，因此可选用灯塔为邮票设计的主题元素，关于“邮票”的设计，可以从以下几个方面着手进行分析。

邮票外形：邮票的外形有很多种，这里采用边缘为圆孔状的矩形来绘制。

背景元素：由于灯塔是一种塔状发光航标，因此可绘制一些扩散状线条充当背景元素。这里可以通过“矩形工具”结合“自由变换工具”和“再次变换”命令来完成。

主题元素：主题元素可由灯塔和文字组成，灯塔外形可采用扁平化设计风格，使整个画面看起来简约大气。

（1）灯塔：灯塔外形主要由“矩形工具”“椭圆工具”和“钢笔工具”绘制，可引入一些花纹素材装饰灯塔。

（2）文字：面值是邮票的组成部分，通过引入文字素材来实现。

知识储备

1. 对齐与分布对象

图形或版面的设计都要求有一定的规整性，运用“对齐”和“分布”命令，可以快速排列图形对象。执行“窗口→对齐”命令（或按【Shift+F7】组合键），打开“对齐”面板，如图4-74所示。下面针对“对齐对象”和“分布对象”做详细讲解。

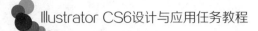

（1）对齐对象

在Illustrator中，除了可以使用参考线来辅助对齐图形对象外，还可以使用“对齐”面板来对齐图形对象。在“对齐”面板中，共有六种方式可对选中的两个或两个以上的对象进行对齐操作，如图4-75所示。

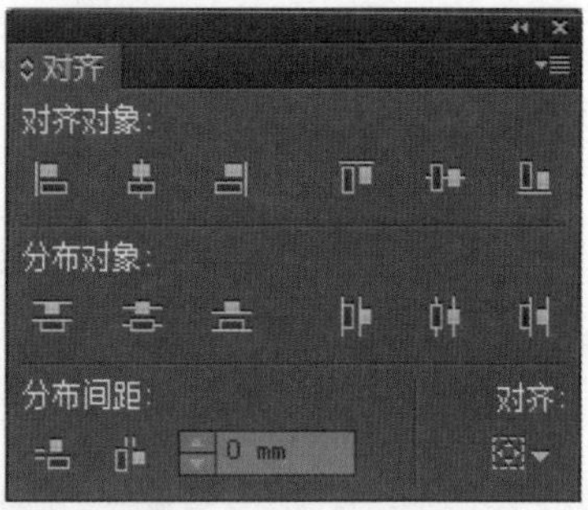

图4-74 “对齐”面板

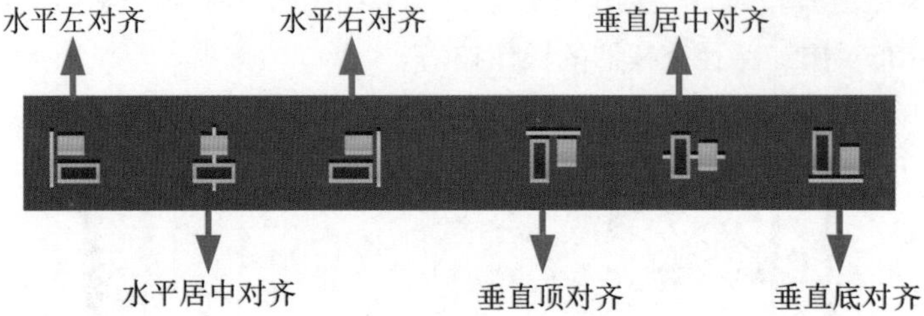

图4-75 六种对齐方式

选择所有需要对齐的图形对象，如图4-76所示。然后选择以哪个对象作为对齐的标准，如图4-77所示。

图4-76 选择图形对象

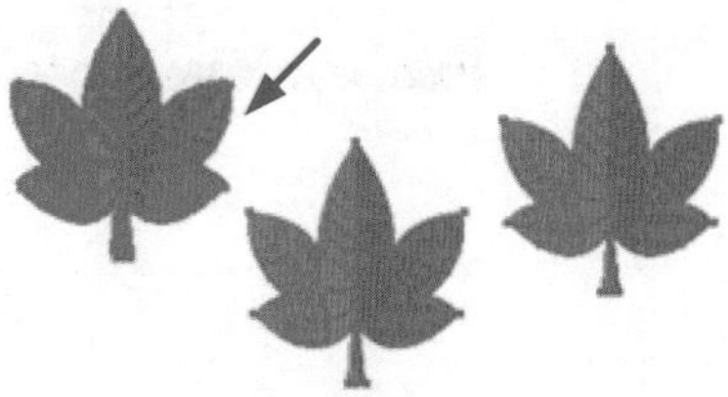

图4-77 选择对齐标准图形

单击“对齐”面板中的“垂直顶对齐”按钮，对齐效果如图4-78所示。

图4-78 垂直顶对齐效果

（2）分布对象

在“对齐”面板中，共有六种方式可对选中的对象进行均匀分布，如图4-79所示。

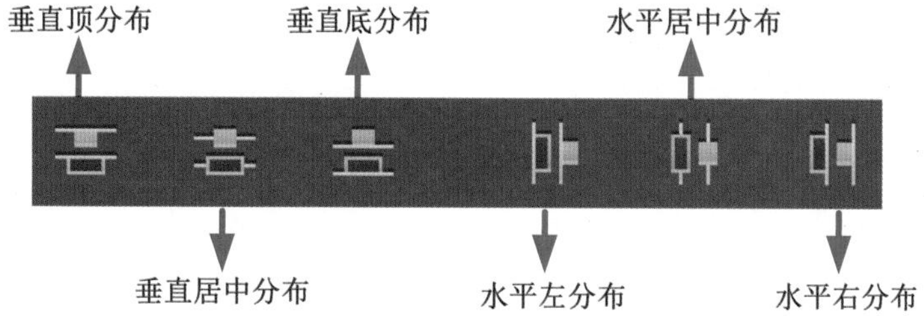

图4-79　六种分布方式

选择需要均匀分布的图形对象，如图4-80所示。然后选择以哪个对象作为分布的标准，如图4-81所示。

图4-80　选择图形对象

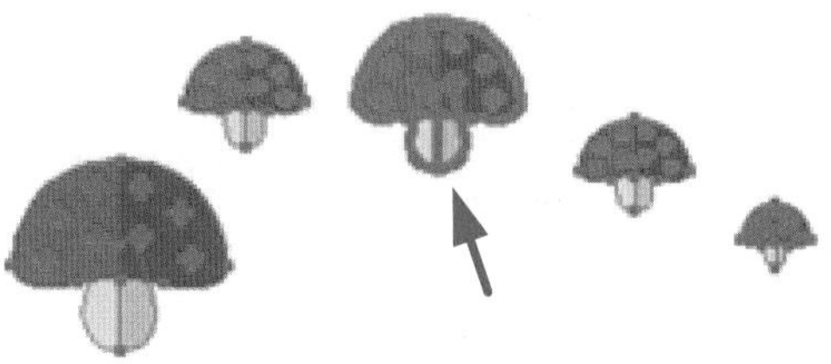

图4-81　选择分布标准图形

单击“对齐”面板中的“垂直底分布”按钮，分布效果如图4-82所示。在“对齐”面板中的“分布间距”选项中可以自定义间距的距离。

图4-82　垂直底分布效果

2. 路径查找器

在Illustrator中编辑图形时，经常会用到“路径查找器”面板，它包含了一组功能强大的路径编辑工具。使用该面板可以将简单路径经过特定运算后形成各种复杂的路径。执行“窗口→路径查找器”命令（或按【Shift+Ctrl+F9】组合键），打开“路径查找器”面板，如图4-83所示。

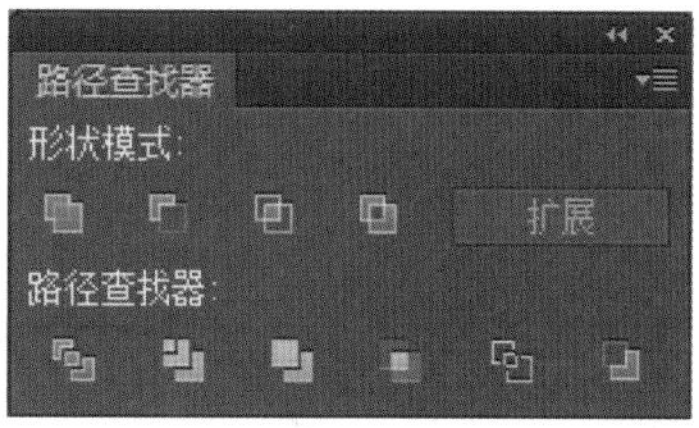

图4-83　“路径查找器”面板

在“路径查找器”面板中，各按钮的功能如下。

（1）联集：可以选中多个图形对象合并成一个图形。合并后轮廓线和重复的部分融合在一起，最顶层图形对象的颜色决定了合并后的图形对象的颜色，如图4-84所示。

（2）减去顶层：选择图形对象后，用最底层的图形减去它上面的所有图形，可以保留下面图形对象的填色和描边效果，如图4-85所示。

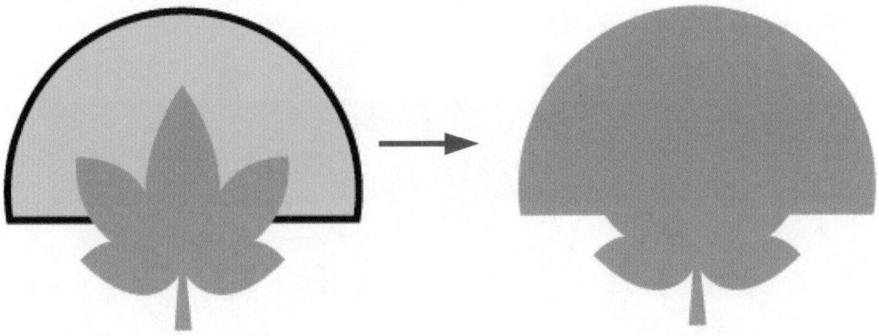

图4-84 联集效果

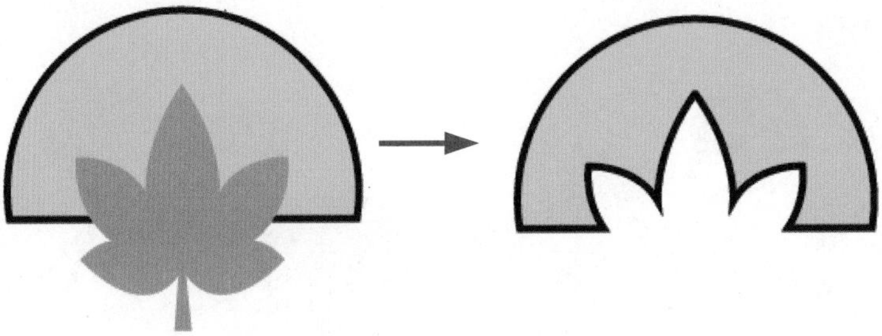

图4-85 减去顶层效果

（3）交集：图形的重叠部分被保留，其余部分被删除，重叠部分显示为最顶层图形的填色和描边，如图4-86所示。

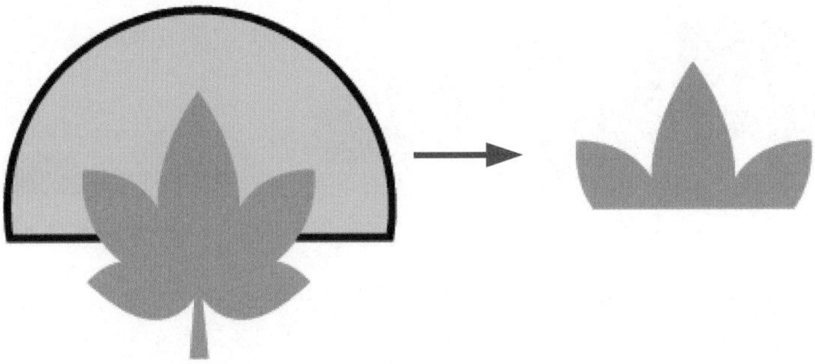

图4-86 交集效果

（4）差集：只保留图形对象的非重叠部分，重叠部分被删除，最终图形显示为最顶层图形对象的填色和描边，如图4-87所示。

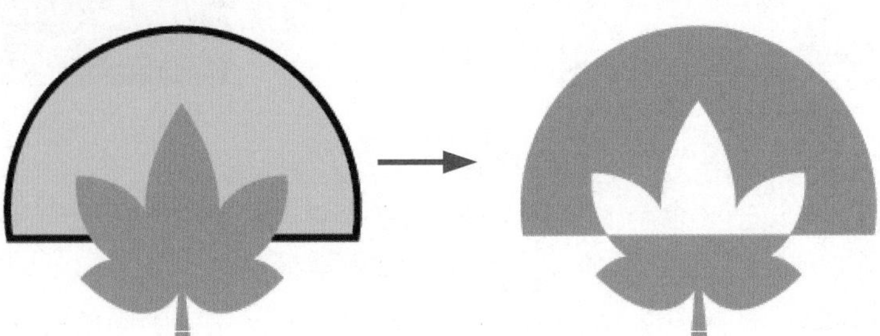

图4-87 差集效果

（5）分割：对图形对象重叠区域进行分割，使之成为单独的图形对象，分割后的图形对象可保留原图形的填色和描边，并自动编组，如图4-88所示。

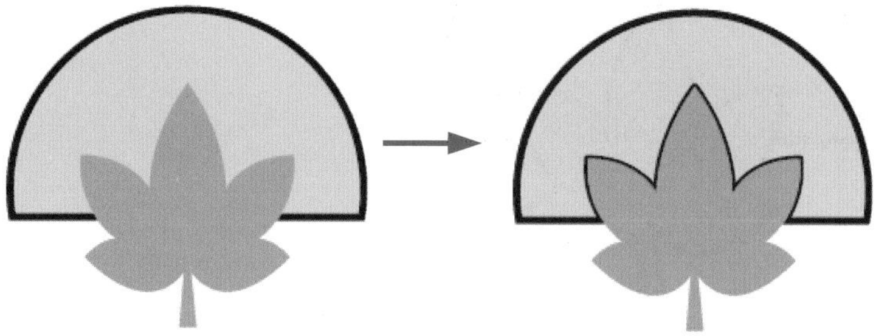

图4-88　分割效果

（6）修边：将底层图形对象中与顶层图形重叠的部分删除，保留图形对象的填色，无描边，选择“直接选择工具”将上层的图形对象移开后，如图4-89所示。

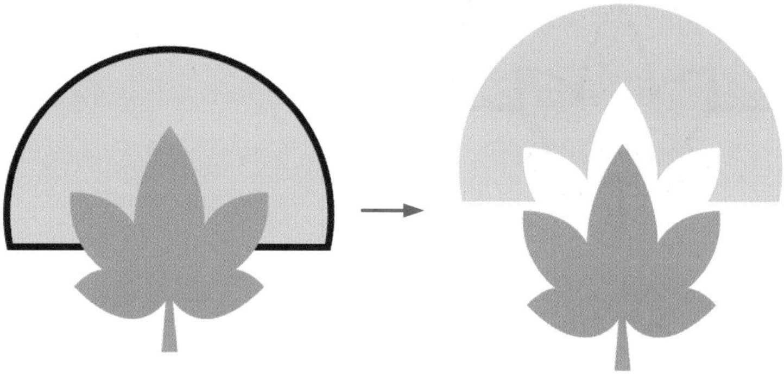

图4-89　修边效果

（7）合并：不同颜色的对象合并后，将删除已填充对象的隐藏部分，且删除对象的描边（与修边效果相同）。相同颜色的对象合并后，会成为1个对象，同样会删除对象的描边，如图4-90所示。

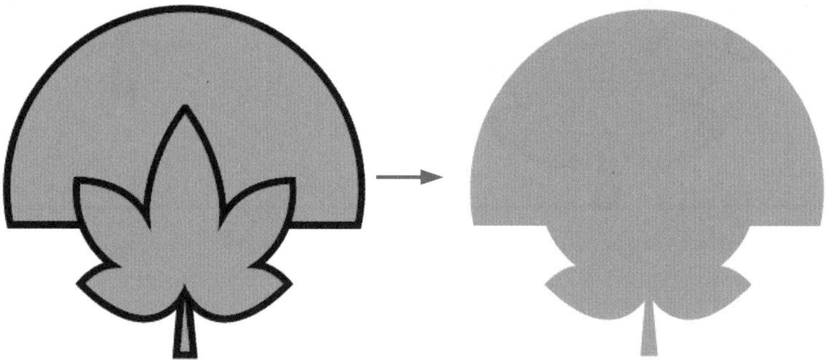

图4-90　合并效果

（8）裁剪：只保留图形对象的重叠部分，最终的图形对象无描边，并显示为最底层图形对象的颜色，如图4-91所示。

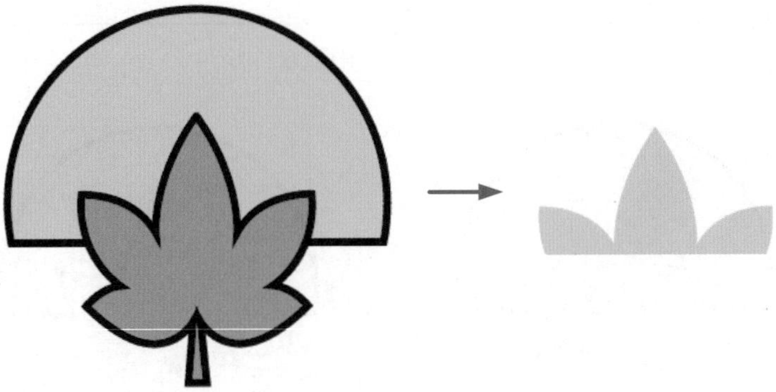

图4-91　裁剪效果

（9）轮廓：只保留图形对象的轮廓，轮廓的颜色为它自身的填充色，如图4-92所示。

图4-92　轮廓效果

（10）减去后方对象：用最顶层的图形减去它下方的所有图形，保留最顶层图形对象的非重叠部分及描边和填充色，如图4-93所示。

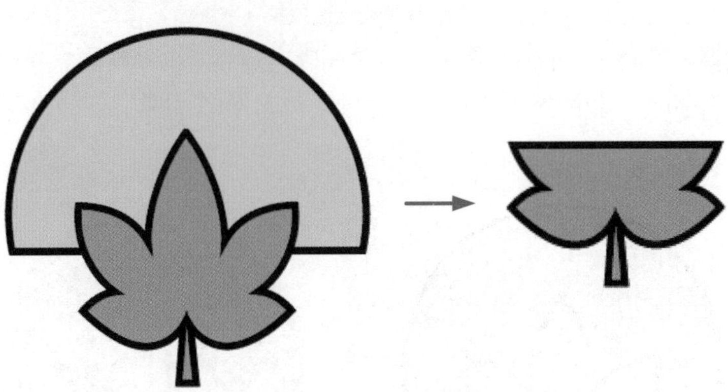

图4-93　减去后方对象效果

任务实现

1. 制作背景元素

Step 01 打开Illustrator CS6软件，执行“文件→新建” 命令（或按【Ctrl+N】组合键），在弹出的“新建文档”对话框中设置名称为“邮票设计”，宽度为“100mm”，高度为“100mm”，如图4-94所示。单击“确定”按钮，完成文档的创建。

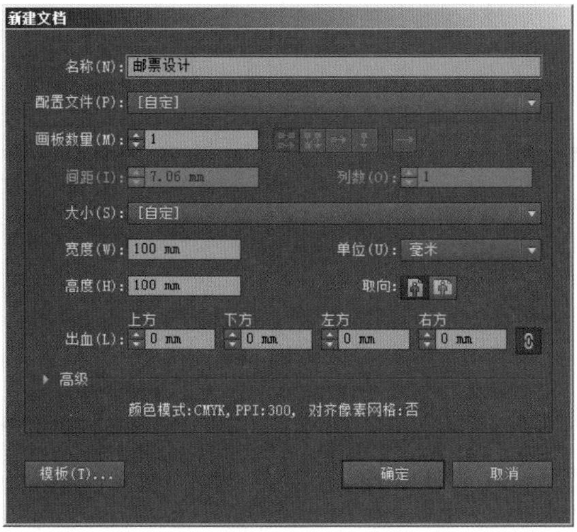

图4-94　“新建文档”对话框

Step 02 选择“矩形工具”，在文档中绘制一个宽为“100mm”、高为“100mm”的矩形，并添加黑色填充（CMYK：100、100、100、100）。

Step 03 继续选择“矩形工具”，在文档中绘制一个宽为“60mm”、高为“40mm”的矩形，并添加乳白色填充（CMYK：5、10、25、0）、无描边，如图4-95所示。

Step 04 选择“椭圆工具”，在文档中绘制一个直径为“1mm”白色填充（CMYK：0、0、0、0）、无描边的圆形，位置如图4-96所示。

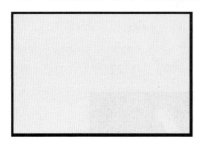

图4-95　绘制矩形

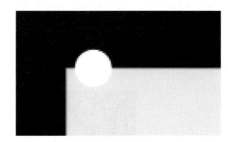

图4-96　绘制圆形

Step 05 选中该圆形并复制多个，将所有的圆形选中，执行“水平居中分布”命令以绘制的第一个圆形为标准执行“顶对齐”命令，并将所有的圆形编为一组，如图4-97所示。

Step 06 选中圆形和矩形执行“减去顶层”命令，出现锯齿形状，如图4-98所示。以同样的方法将矩形的其他三条边绘制为锯齿形状，如图4-99所示。

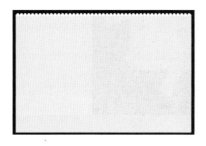

图4-97　对齐与分布

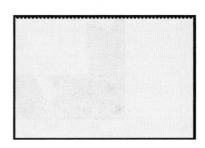

图4-98　圆形

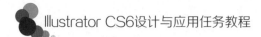

Step 07 选择“矩形工具”，在文档中绘制一个乳白色填充（CMYK：5、5、10、0）、蓝色描边（CMYK：75、55、40、0）的矩形，与上一个矩形垂直居中对齐，如图4-100所示。

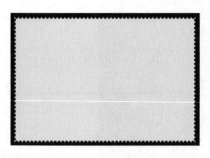

图4-99 锯齿

图4-100 圆形

Step 08 继续选择“矩形工具”，设置乳白色填充（CMYK： 5、10、25、0），绘制图4-101所示的矩形。选择“自由变换工具”，设置该矩形为透视效果，如图4-102所示。

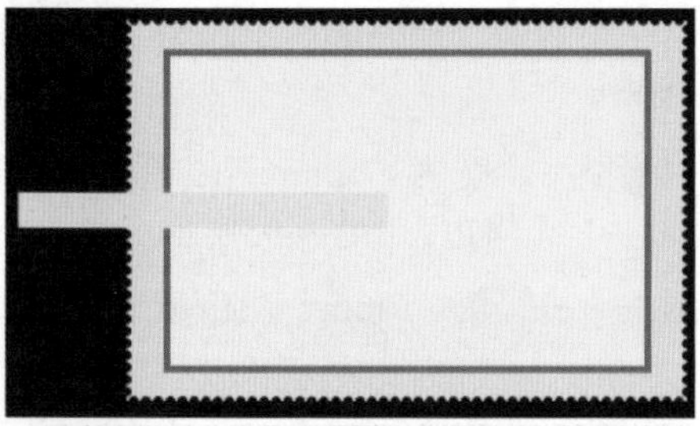
图4-101 绘制矩形

图4-102 透视效果

Step 09 选择“旋转工具”，结合“再次变换”命令，绘制出灯塔发出的光芒，将所有光芒编为一组，并单击“联集”按钮，合并成一个图形，移动到图4-103所示的位置。

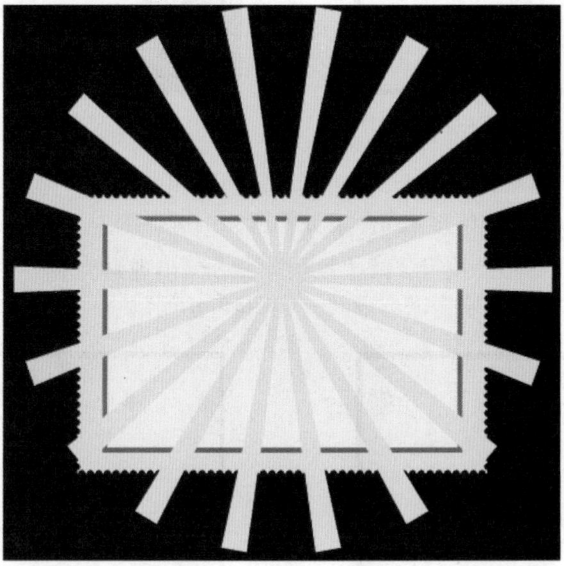
图4-103 绘制光芒

Step 10 选择“矩形工具”，设置乳白色填充（CMYK：5、10、25、0），绘制如图4-104所示的矩形。选中该矩形和光芒执行“交集”命令，效果如图4-105所示。

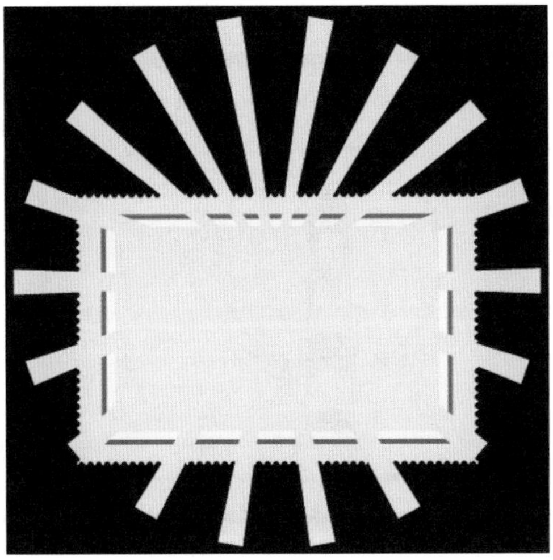

图4-104　绘制矩形

图4-105　交集效果

2. 制作主题元素

Step 01 选择“矩形工具”，设置蓝色填充（CMYK：75、55、40、0），结合“自由变换工具”绘制图4-106所示的图形。

Step 02 重复Step01中的操作方法，绘制如图4-107所示的两个图形。

图4-106　透视图形1

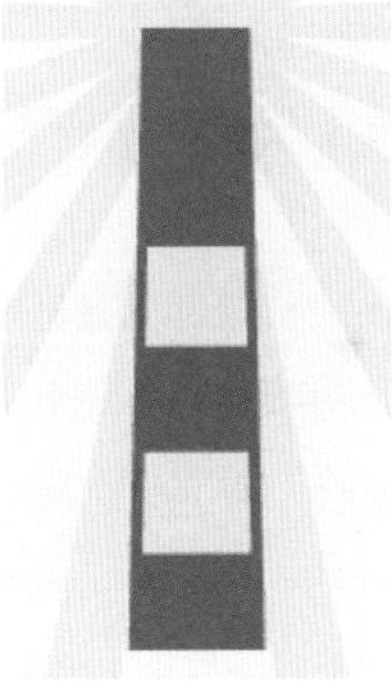

图4-107　透视图形2

Step 03 选择“椭圆工具”，结合“矩形工具”，绘制图4-108所示的图形。

Step 04 选择“椭圆工具”，设置深蓝色填充（CMYK：75、55、40、0），绘制图4-109所示的图形，并将其排列到塔身的下一层。

图4-108　绘制塔门

图4-109　绘制塔顶

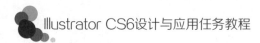

Step 05 选择“钢笔工具”，绘制塔尖，如图4-110所示。

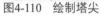

Step 06 打开素材文件“花纹和文字.ai”，将花纹和文字移动到当前文档中，调整大小和排列顺序，如图4-111所示。

图4-110　绘制塔尖

图4-111　添加花纹和文字

Step 07 至此“邮票设计”绘制完成，按【Ctrl+S】组合键将文件保存在指定文件夹。

巩固与练习

一、判断题

1．在Illustrator中，执行“编辑→贴在前面”命令（或按【Ctrl+F】组合键），则可将对象粘贴在所选对象的下方。（　　）

2．在Illustrator中，如果要解除锁定的对象，执行“对象→全部解锁”命令，（或按【Alt+Ctrl+2】组合键）即可。（　　）

3．在Illustrator中，“分别变换”是指重复最后一次的变换操作。（　　）

4．在Illustrator中，按住【Ctrl+Alt】组合键拖动控制点，可以产生透视效果。（　　）

5．在“路径查找器”面板中，“联集”可将选中的多个图形对象合并成一个图形。（　　）

二、选择题

1．下列关于全选当前所有对象的说法中，正确的是（　　）。

A．同时按住【Shift+Tab】组合键并单击全部对象

B．执行“选择→全部”命令

C．按住【Ctrl】键，然后选择所有对象

D．按【Ctrl+A】组合键

2．下列关于调整对象顺序的说法中，正确的是（　　）。

A．按【Ctrl+]】组合键，可以将所选对象移至最上方

B．按【Ctrl+Shift+[】组合键，可以将所选对象移至最下方

C．按【Ctrl+]】组合键，可将已选中的对象在叠放顺序中上移一层

D．按【Ctrl+ [】组合键，可将已选中的对象在叠放顺序中上移一层

3．调整图层顺序时，要将其中一个对象移至所有对象上方，下列说法中正确的是（　　）。

A．按【Ctrl+Shift+]】组合键　　B．按【Ctrl+]】组合键

C．按【Ctrl+Shift+[】组合键　　D．按【Ctrl+[】组合键

4．下列快捷键选项中，用于锁定对象的是（　　）。

A．【Ctrl+;】组合键　　B．【Ctrl+2】组合键

C．【Ctrl+L】组合键　　D．【Ctrl+Alt+L】组合键

5．下列关于移动操作的说法正确的是（　　）。

A．可以使用选择工具来移动图标

B．可以使用旋转工具来移动图标

C．可以使用键盘上的方向键来移动图形

D．可以通过“变换”面板或“控制”面板对图形进行精确位移

单元 5

颜色填充高级技巧

知识学习目标	☑ 掌握“颜色”面板的操作技巧，能够精确设置所需颜色。 ☑ 掌握“渐变工具”的操作技巧，能够设置渐变色。 ☑ 掌握图案填充的基本方法，能够自定义填充图案。 ☑ 理解“符号工具”的特点，能够将图像定义为符号。
技能实践目标	☑ 运用“渐变工具”和混合模式制作“奥运海报”。 ☑ 运用图案填充制作“潮流女装插画”。 ☑ 运用渐变网格填充和“符号工具”制作“元宵节宣传海报”。

颜色可以激发设计师的灵感和创意，创造出丰富多彩的设计效果。在设计中，恰当利用颜色、符号、混合模式可以增强设计效果，让设计作品脱颖而出。本单元将通过“奥运海报”“潮流女装插画”和“元宵节宣传海报”三个案例对颜色填充的高级技巧和符号工具进行详细讲解。

任务10 制作奥运海报

任务描述

奥运海报是历届奥运会举办国最重视的文化传播项目之一。奥运海报作为奥运会的一种载体，就像一面旗帜，将奥运会的理念传达给每一位参与者，达到最充分的沟通和交流，同时将奥林匹克精神与理念传递到世界各地。本任务是为某体育社团做一张奥运会的宣传海报，海报的最终效果如图5-1所示。通过本任务的学习，读者可以掌握“颜色”面板、渐变、混合模式的操作技巧。

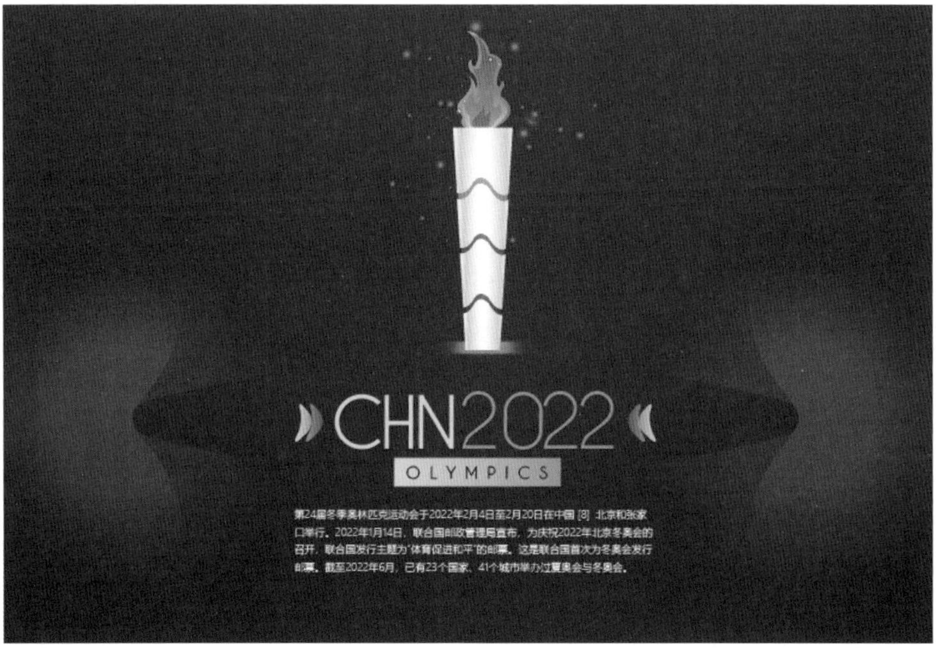

图5-1　奥运海报

任务分析

关于“奥运海报”的设计，可以从以下几个方面着手进行分析。

主色调：本书选择蓝色作为主色调，读者可自行尝试其他色调的搭配。

背景：可以运用深浅不同的蓝色配合混合模式，使背景效果更加丰富。

主题元素：主题元素可以选取奥运的相关元素，如“火炬”“运动剪影”“奖牌”等，如图5-2所示。本任务选用火炬搭配主题文字作为奥运海报的主题元素。

（1）火炬：运用“钢笔工具”绘制图形，运用“渐变工具”填充颜色。

（2）主题文字：使用相关素材。

图5-2　奥运元素

知识储备

1. “颜色”面板

颜色是设计中最具表现力和感染力的因素。在Illustrator中，运用“颜色”面板可以精确设置填充颜色和描边颜色。执行“窗口→颜色”命令，弹出“颜色”面板，如图5-3所示。

对“颜色”面板中各选项解释如下：

（1）填充色/描边色/无色：与单元2讲解的“填充色和描边工具”相同，这里不再讲解。

（2）色谱：当鼠标指针在该色谱上移动时，指针会变成吸管状态，此时单击鼠标左键即可吸取颜色。

（3）滑块：移动滑块，可以对颜色进行设置。

（4）参数区：在此文本框输入参数，可以对颜色进行设置。

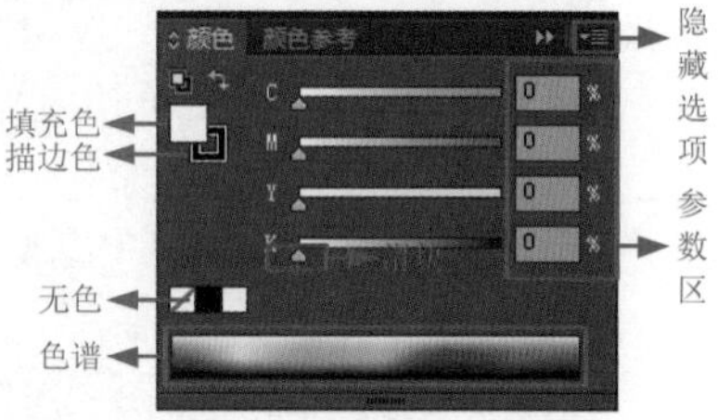

图5-3　“颜色”面板

（5）隐藏选项：单击“隐藏选项”按钮，弹出隐藏选项菜单，如图5-4所示。该菜单可用于设置颜色模式和新建“色板”（关于色板的相关知识，会在后面的小节中具体讲解）。

2. “色板”面板

在Illustrator中，通过“色板”可以更直观地选择和查看颜色，并且在修改“色板”时，还可以同时修改所有应用了此“色板”的对象。执行“窗口→色板”命令，弹出“色板”面板，如图5-5所示。

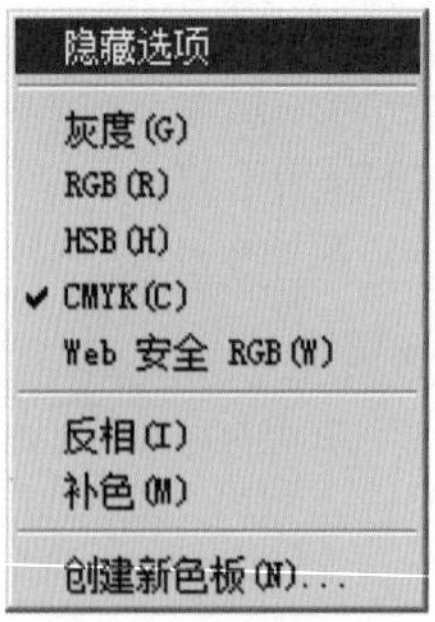

图5-4　“隐藏选项”菜单

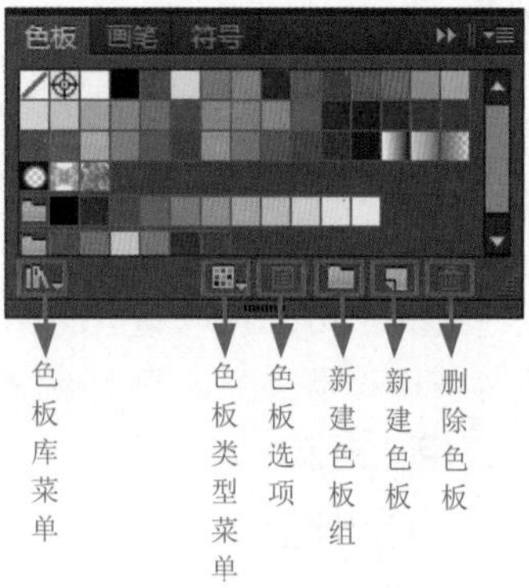

图5-5　“色板”面板

对“色板”面板中各选项的说明如下。

（1）色板库菜单：单击按钮，可以保存、载入自定义的色板库，也可载入Illustrator自带的色板库。

（2）色板类型菜单：单击此按钮，在弹出的菜单中可过滤显示内容，如显示渐变色板、图案色板等。

（3）色板选项：默认是不可选择状态，选择一个色板后，会激活该选项。单击该按钮可弹出“色板选项”对话框。

（4）新建色板组：用于创建一个新的色板组。

（5）新建色板：用于新建色板，新建色板为所选色板的副本。

（6）删除色板：用于删除选中的色板。

3. 渐变工具

在前面的章节中讲解了如何对选定的对象进行单色填充，除单色填充外，还可以为对象填充渐变颜色。渐变颜色是指在同一个对象中填充两种或两种以上的颜色，如图5-6所示的渐变背景。

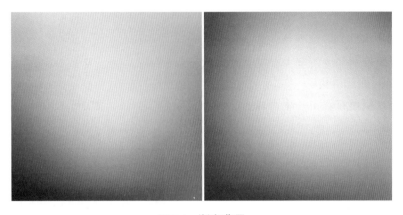

图5-6　渐变背景

在Illustrator中，通过“渐变”面板可以为选定的对象设置渐变颜色。执行“窗口→渐变”命令（或双击工具箱中的“渐变工具”），弹出“渐变”面板，如图5-7所示。

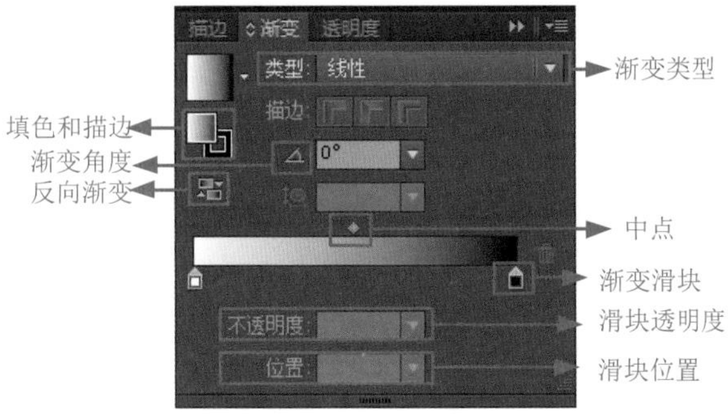

图5-7　“渐变”面板

对“渐变”面板中各选项的说明如下。

（1）渐变角度：显示当前渐变的角度，输入新的数值后，按【Enter】键可以改变渐变角度。

（2）反向渐变：单击按钮，可以反转渐变颜色的填充顺序，如图5-8所示。

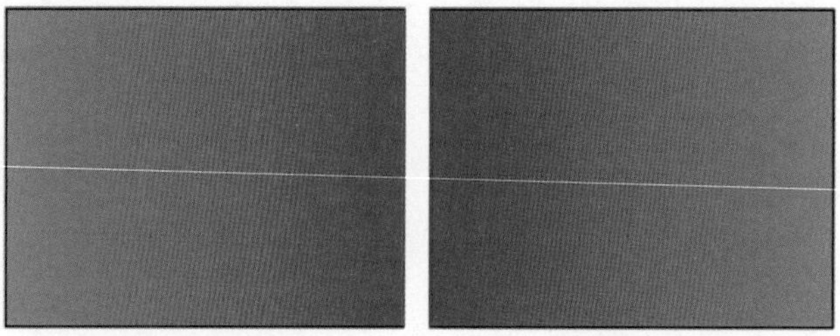

渐变前　　　　渐变后

图5-8　反向渐变后的效果

（3）渐变滑块：用于设置渐变颜色和渐变颜色的位置，可以对“渐变滑块”进行如下操作。

① 增加滑块：将鼠标指针停留在渐变色条下方，待鼠标指针变为后，单击添加新滑块，如图5-9所示。

② 删除滑块：渐变色条至少有三个滑块时，单击一个滑块，然后单击按钮或直接将其拖到画板之外即可删除滑块。

③ 改变滑块颜色：双击一个滑块，会弹出“颜色”面板，如图5-10所示，可以设置滑块颜色。

图5-9　增加滑块

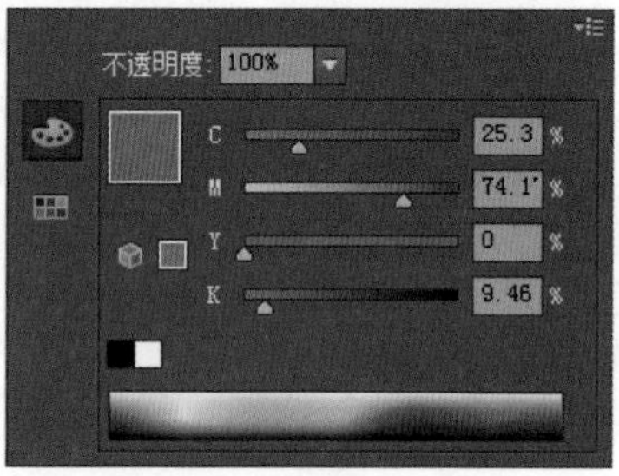

图5-10　“颜色”面板

④ 复制滑块：按住【Alt】键的同时拖动一个滑块，可以复制该滑块。

（4）滑块透明度：可以为选定的滑块设置透明效果。

（5）滑块位置：包括滑块自身位置和“中点”两部分，其中“中点”用来定义两个滑块中颜色的混合位置。选中滑块或中点后在文本框中输入0～100之间的数值，即可确定它们的位置。

（6）填色和描边：用于设置填色和描边渐变。

（7）渐变类型：在该选项的下拉菜单中可以选择渐变类型，包括线性渐变和径向渐变两种，如图5-11所示。两种渐变对应的效果实例如图5-12和图5-13所示。

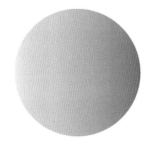

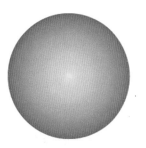

图5-11　渐变类型

图5-12　线性渐变效果

图5-13　径向渐变效果

多学一招　保存编辑好的渐变颜色

编辑好渐变颜色后，可单击“色板”面板中的“新建色板”按钮，弹出图5-14所示的对话框，单击“确定”按钮，可以将改颜色保存到“色板”面板中。

图5-14　“新建色板”对话框

4. 吸管工具

在Illustrator中，“吸管工具”可以用来吸取图形对象的颜色和相关属性，并方便地应用到另一个图形对象上。选中要改变属性的图形对象（见图5-15），选择“吸管工具”（或按快捷键【I】），将鼠标指针移至要复制属性的图形对象上（见图5-16），单击即可改变选中图形对象的属性（见图5-17）。

图5-15　选取对象

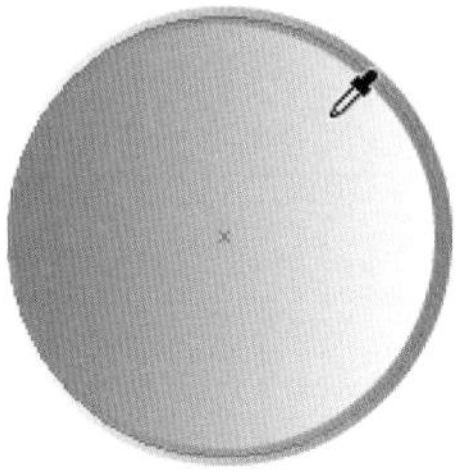

图5-16　复制属性对象

图5-17　效果

5. 透明度和混合模式

选择图形对象后，通过在“透明度”面板中修改图形的不透明度和混合模式，可以设计更多图形效果。执行“窗口→透明度”命令，弹出“透明度”面板，如图5-18所示。

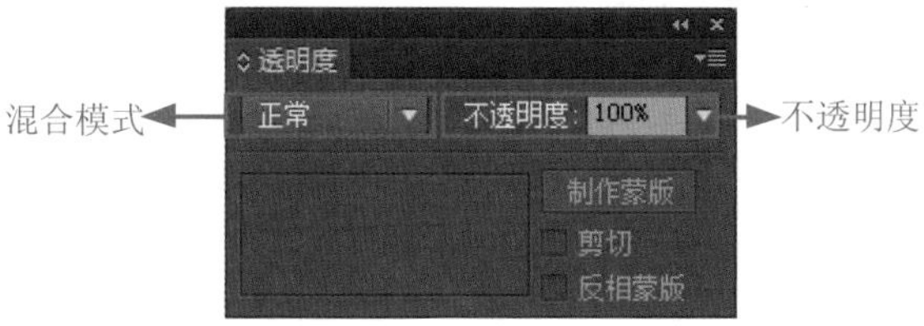

图5-18　“透明度”面板

（1）不透明度

选择图形对象后，在“不透明度”文本框中输入数值或单击▼按钮，在弹出的下拉列表选择数值，即可使其呈现透明效果。打开素材“花季.ai”，如图5-19所示，调整其透明度，如图5-20和图5-21所示。

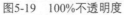

图5-19　100%不透明度

图5-20　50%不透明度

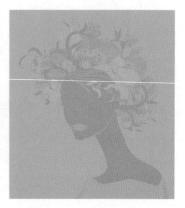

图5-21　10%不透明度

（2）混合模式

混合模式就是以一定的方式让图形对象之间进行融合，根据混合模式的不同，得到的效果也不同。选择一个或多个图形对象，单击混合模式的▼按钮，在弹出的下拉菜单中选择一种混合模式，该图形对象就会采用这种混合模式与下面的对象混合。在Illustrator中有16种混合模式，具体介绍如下。

① 正常：默认的图层混合模式，当图形对象的不透明度为100%时，显示最顶层图形对象的颜色，如图5-22所示。

② 变暗：在混合时将绘制的颜色与底色之间的亮度进行比较，亮于底色的颜色都被替换，暗于底色的颜色保持不变，如图5-23所示。

图5-22　“正常”模式效果

图5-23　“变暗”模式效果

③ 正片叠底：通过“正片叠底”模式可以将图形对象的原有颜色与混合色复合，得到较暗的结果色，如图5-24所示。

④ 颜色加深：用于查看每个通道的颜色信息，通过像素对比度，使底色变暗，从而显示当前图层的绘图色，如图5-25所示。

图5-24 “正片叠底”模式效果

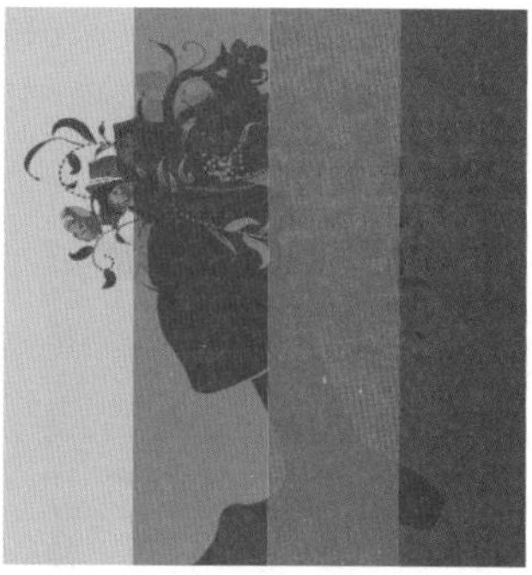

图5-25 “颜色加深”模式效果

⑤ 变亮：与变暗模式相反。使用“变亮”模式混合时，取绘图色与底色中较亮的颜色，底色中较暗的像素将被绘图色中较亮的像素取代，而底色中较亮的像素保持不变，如图5-26所示。

⑥ 滤色：“滤色”模式与“正片叠底”模式相反，应用“滤色”模式的合成图像，其结果色将比原有颜色更淡。因此“滤色”通常会用于加亮或去掉图形中的暗调色部分，如图5-27所示。

图5-26 “变亮”模式效果

图5-27 “滤色”模式效果

⑦ 颜色减淡：主要用于查看每个通道的颜色信息，通过增加对比度来使底色变亮，从而显示当前图层的颜色，如图5-28所示。

⑧ 叠加：“叠加”是“正片叠底”和“滤色”的组合模式。采用此模式合并图像时，图像的中间调会发生变化，高色调和暗色调基本保持不变，如图5-29所示。

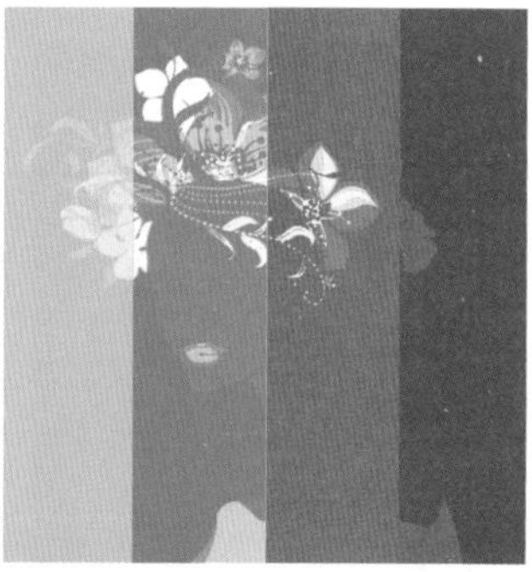

图5-28 “颜色减淡”模式效果

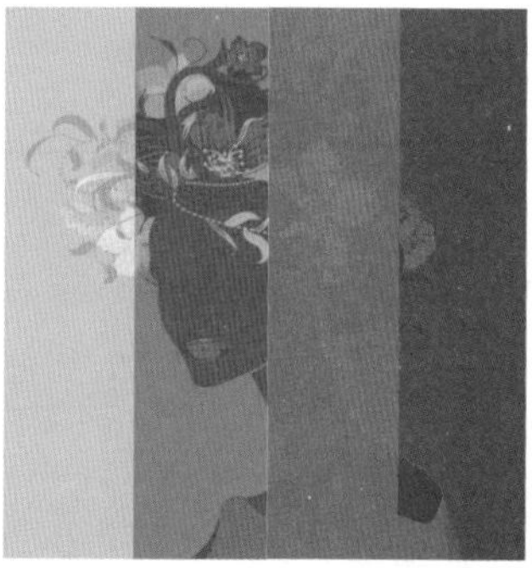

图5-29 “叠加”模式效果

⑨ 柔光：是根据图像的明暗程度来决定图形的最终效果是变亮还是变暗，如图5-30所示。

⑩ 强光：同柔光一样，是根据图形的明暗程度来决定图形的最终效果是变亮还是变暗。此外，选择“强光”模式还可以产生类似聚光灯照射图形的效果，如图5-31所示。

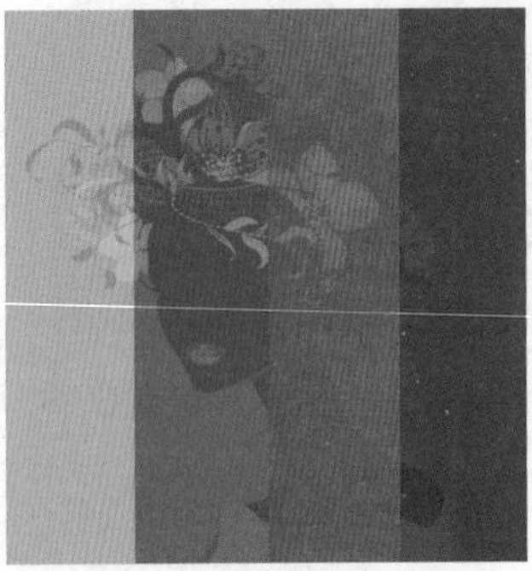

图5-30 “柔光”模式效果

图5-31 “强光”模式效果

⑪ 差值：将当前图形的颜色与其下方图形颜色的亮度进行对比，用较亮颜色的像素值减去较暗颜色的像素值，所得差值就是最后效果的像素值，如图5-32所示。

⑫ 排除：该模式和“差值”模式效果类似，但是比“差值”模式的效果要柔和，如图5-33所示。

图5-32 “差值”模式效果

图5-33 “排除”模式效果

⑬ 色相：选择下方图形颜色的亮度和饱和度值与当前图形的色相值进行混合从而创建结果色，混合后的亮度即饱和度取决于底色，但是色相则取决于当前图层的颜色，如图5-34所示。

⑭ 饱和度：混合后的色相及明度与底色相同。而饱和度则与绘制的颜色相同，如图5-35所示。

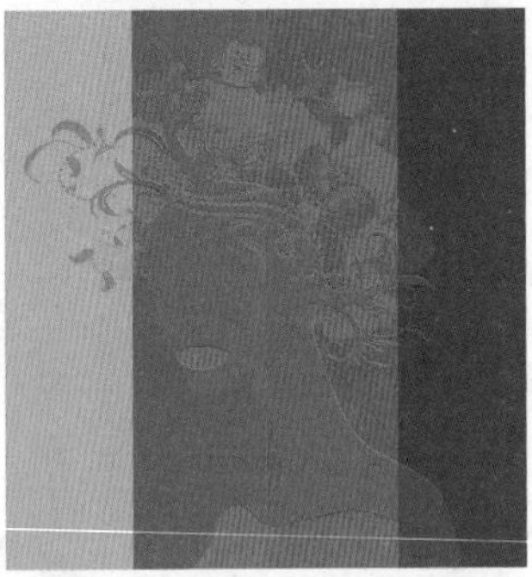

图5-34 “色相”模式效果

图5-35 “饱和度”模式效果

⑮ 混色：混合后的亮度由底层决定，色相饱和度由当前对象决定，如图5-36所示。

⑯ 明度：使用底色的色相和饱和度来创建最终的结果色，如图5-37所示。

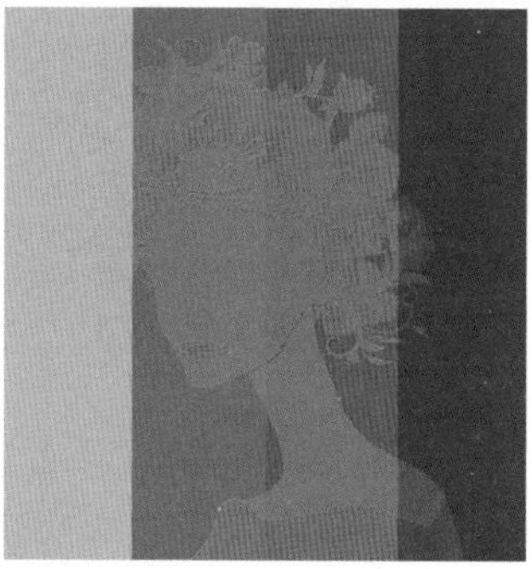

图5-36　“混色”模式效果

图5-37　“明度”模式效果

任务实现

1. 制作背景

Step 01 打开Illustrator CS6软件，执行“文件→新建” 命令（或按【Ctrl+N】组合键），在弹出的“新建文档”对话框中设置名称为“奥运海报设计”，设置宽度为“840mm”，高度为“570mm”，出血为“3mm”。单击“确定”按钮，完成文档的创建。

Step 02 选择“矩形工具”，在画布中绘制一个宽度为“840mm”，高度为“570mm”的矩形。

Step 03 执行“窗口→渐变”命令（或双击工具箱中的“渐变工具”），在弹出的“渐变”面板中设置渐变角度为-90°，为矩形设置浅蓝色（CMYK：100、90、25、0）到深蓝色（CMYK：100、95、60、20）的线性渐变填充，如图5-38所示。渐变效果如图5-39所示。

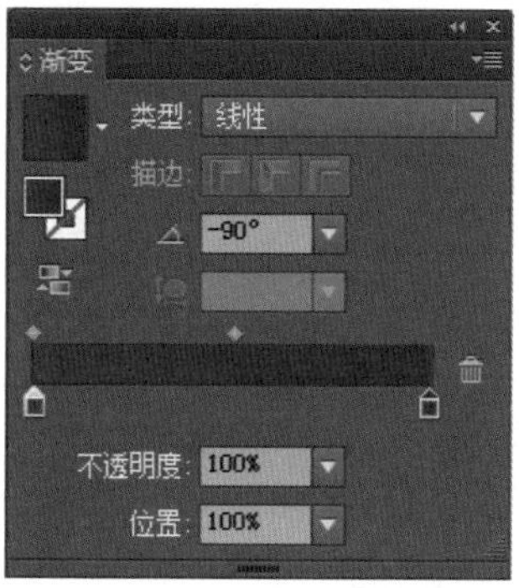

图5-38　“渐变”面板

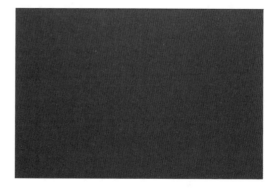

图5-39　线性渐变效果

Step 04 选择“椭圆工具”，绘制一个宽度为“330mm”，高度为“330mm”的正圆形。

Step 05 选中上一步绘制的正圆形，双击“渐变工具”，在弹出的“渐变”面板中设置类型为“径向”，角度为0，白色到蓝色（CMYK：100、100、0、0）的渐变。选中“蓝色”滑块，在不透明度选项处设置参数为0，如图5-40所示。渐变效果如图5-41所示。

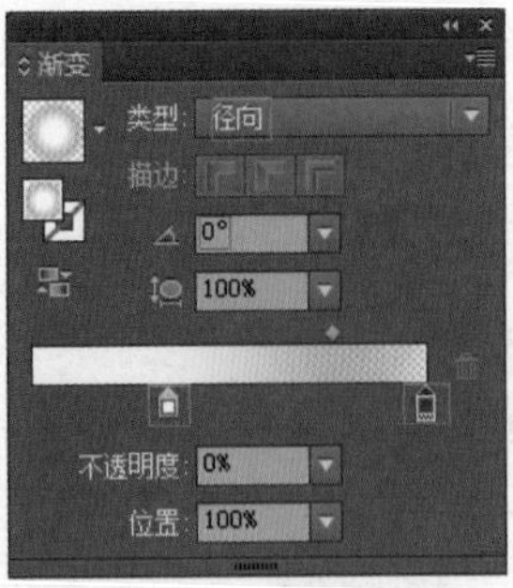

图5-40 “渐变”面板

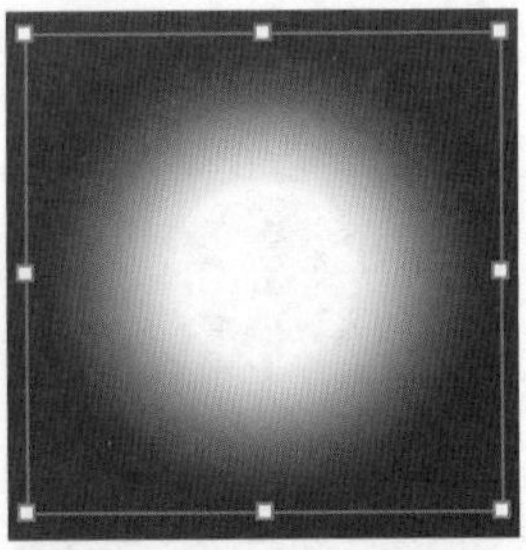

图5-41 径向渐变效果

Step 06 设置填充为白色，描边为无。选择“钢笔工具” ，绘制一个如图5-42所示的形状。

Step 07 选中渐变效果的正圆形和上一步钢笔绘制的形状，如图5-43所示。

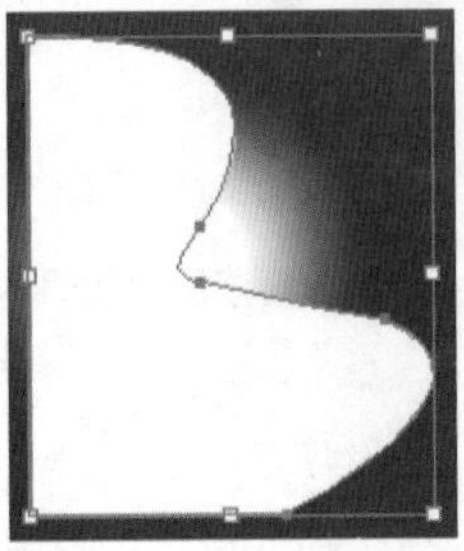

图5-42 绘制形状

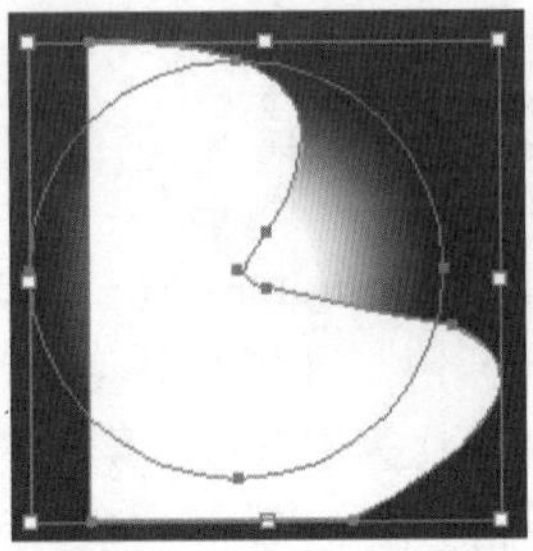

图5-43 选中图形

Step 08 将鼠标指针停留在选中的图形上并右击，在弹出的菜单中选择“建立剪切蒙版”命令，如图5-44所示（关于蒙版的知识，将在单元7具体讲解，这里能够运用即可）。剪切蒙版效果如图5-45所示。

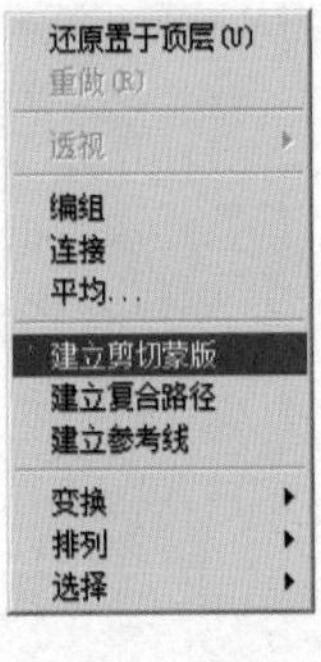

图5-44 选择“建立剪切蒙版”命令

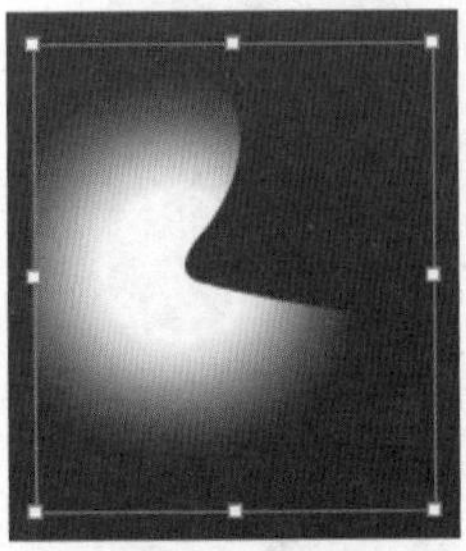

图5-45 剪切蒙版效果

Step 09 选中图5-45所示的图形，执行“窗口→透明度”命令，在弹出的“透明度”面板中，设置混合模式为“叠加”，如图5-46所示。效果如图5-47所示。

Step 10 执行“对象→变换→对称”命令，在弹出的“镜像”对话框中，设置对称轴为“水平”，单击“复制”按钮，复制一个形状，如图5-48所示。

Step 11 选中两个图形，按【Ctrl+G】组合键，进行编组，移至图5-49所示的位置。

Step 12 选中Step11中的组合图形，再次执行“对象→变换→对称”命令，复制一个垂直对称的图形，移至图5-50所示的位置。

图5-46　“透明度”面板

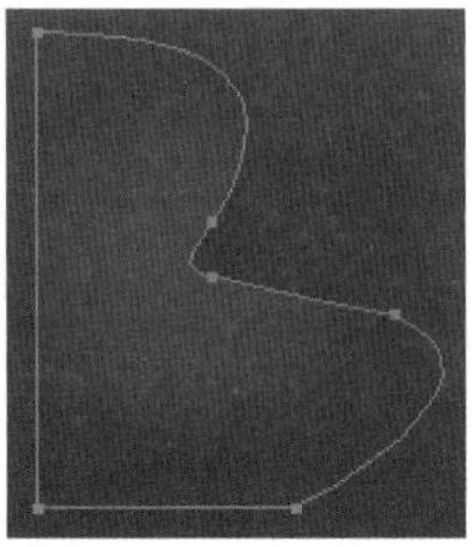

图5-47　叠加效果

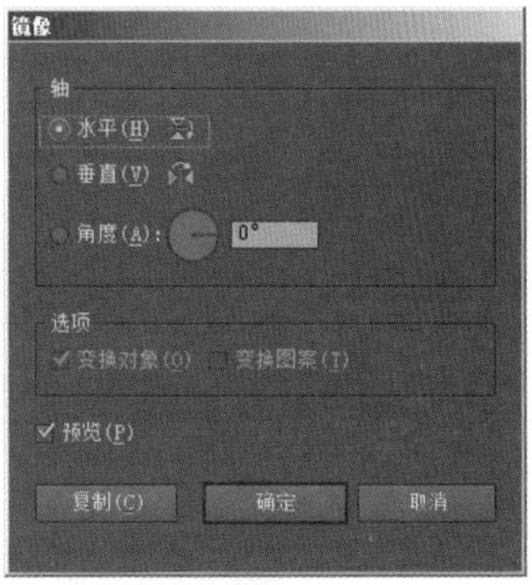

图5-48　“镜像”对话框

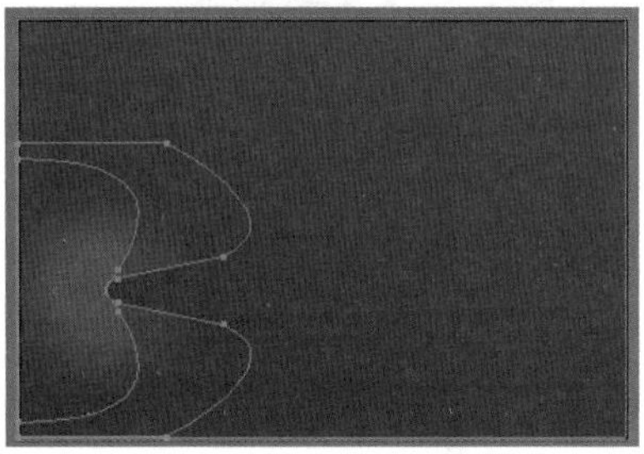

图5-49　图形编组

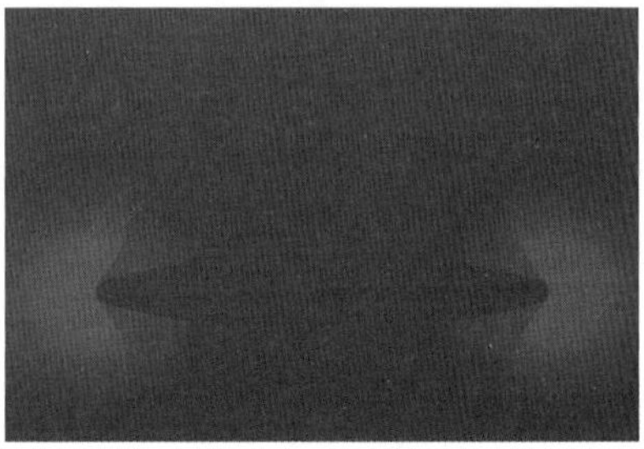

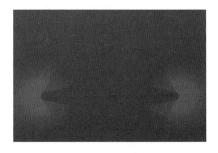

图5-50　复制编组图形

2. 制作主题元素

Step 01 选择“椭圆工具”，绘制一个小的椭圆形，如图5-51所示。

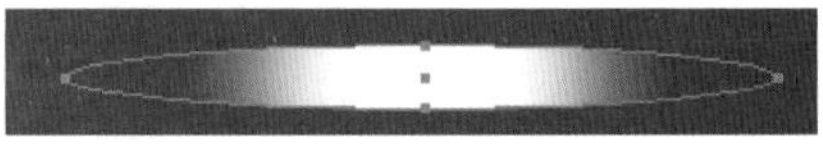

图5-51　绘制椭圆形

Step 02 执行“窗口→透明度”命令，在弹出的“透明度”面板中，设置混合模式为“叠加”。

Step 03 选中叠加模式的图形，双击“比例缩放工具”或执行“对象→变换→缩放”命令，在弹出“比例缩放”对话框中，设置等比缩放为90%，如图5-52所示。单击“复制”按钮，复制一个缩放图形。

Step 04 连续多按【Ctrl+D】组合键，再次复制图形，使显示效果更明显，如图5-53所示。

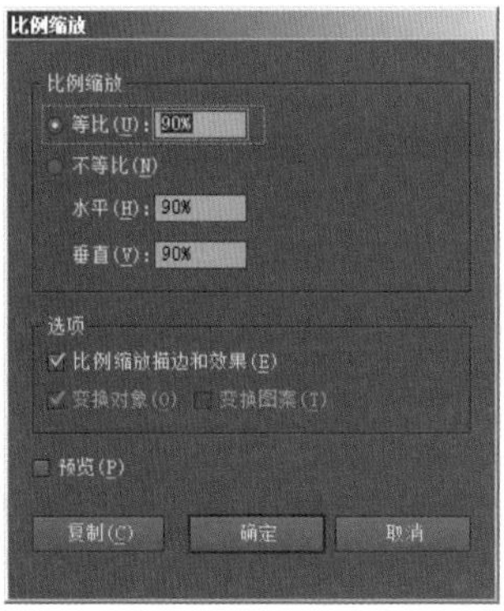

图5-52　“比例缩放”对话框

图5-53　多次复制图形后的效果

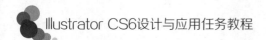

Step 05 运用“钢笔工具” 绘制一个梯形，按照图5-54“渐变”面板所示的参数，为梯形添加渐变填充，效果如图5-55所示。

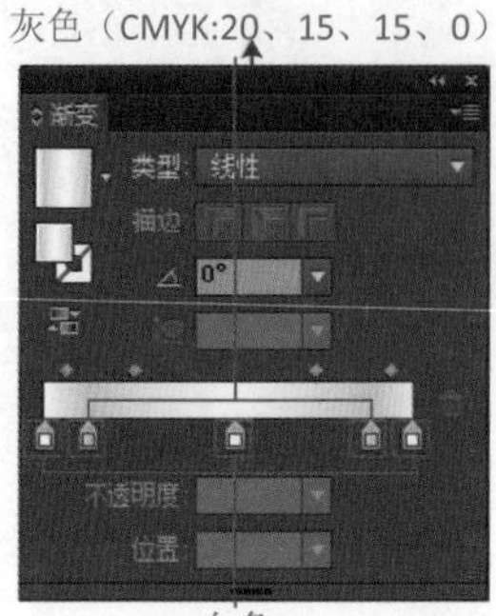

图5-54 “渐变”面板

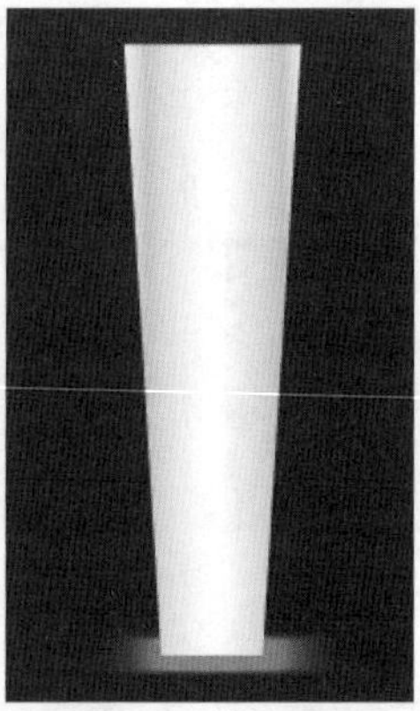

图5-55 渐变效果

Step 06 运用“钢笔工具”绘制三条路径，如图5-56所示。

Step 07 执行“对象→路径→分割下方对象”命令，将梯形分成四部分，如图5-57所示。

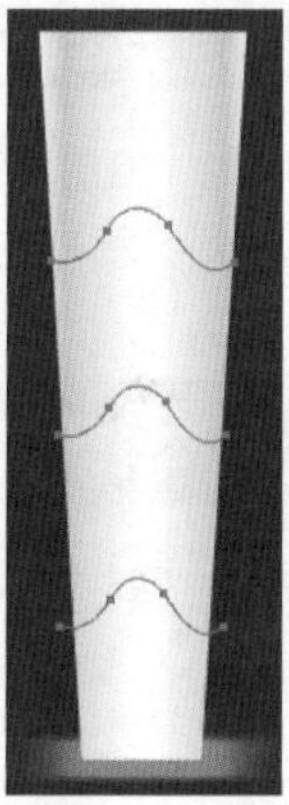

图5-56 创建路径

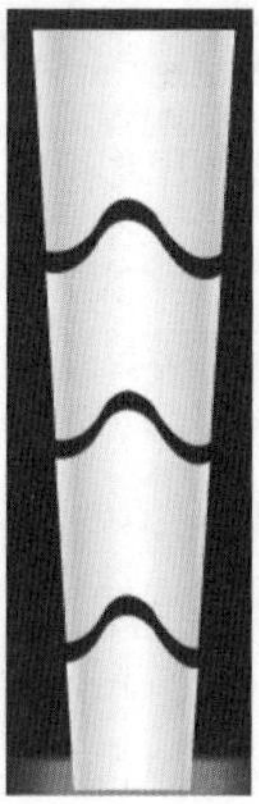

图5-57 分割梯形后的效果

Step 08 选择“钢笔工具” ，绘制一个不规则六边形。按照图5-58“渐变”面板所示的参数，为梯形添加渐变填充，效果如图5-59所示。

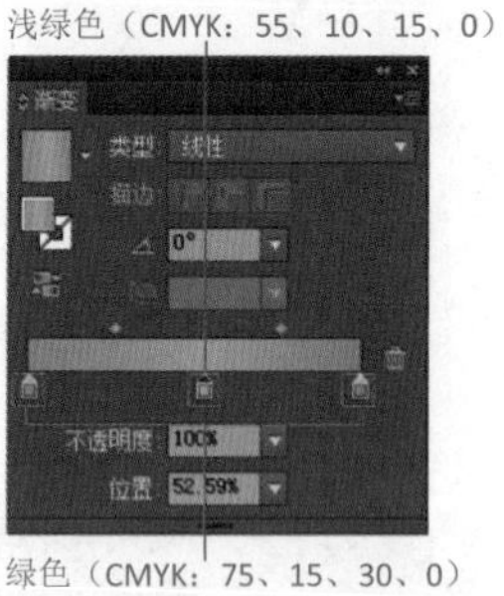

图5-58 “渐变”面板

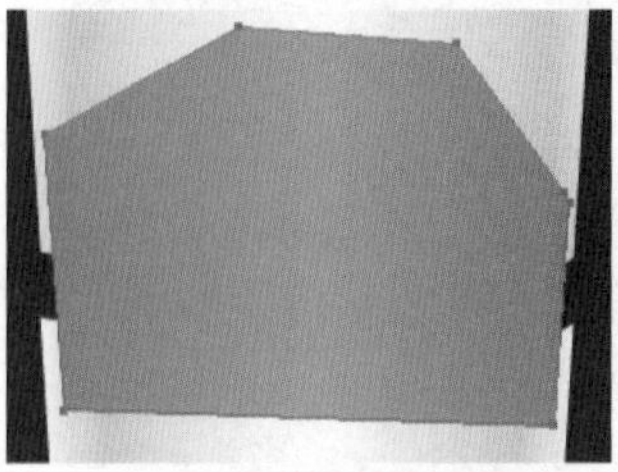

图5-59 渐变填充效果

Step 09 按【Ctrl+[】组合键将填充渐变的六边形置于火炬手柄下方，如图5-60所示。

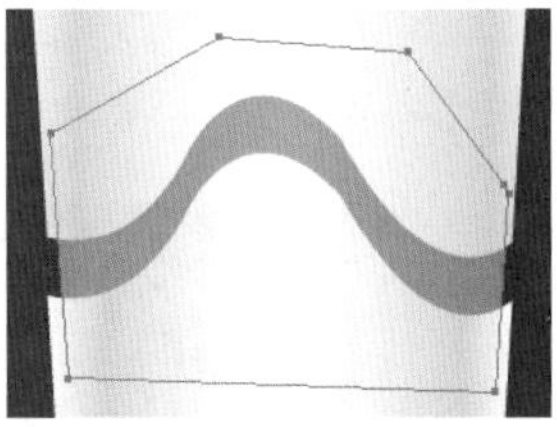

图5-60　移动六边形

Step 10 重复运用Step08至Step09的步骤，为第二个和第三个间隙添加渐变填充图形，如图5-61所示。

Step 11 选中第二个渐变填充图形，如图5-62所示。

Step 12 执行“窗口→颜色”命令，在弹出的“色板”面板中单击“隐藏菜单”按钮，如图5-63所示，在弹出的“隐藏菜单”中选择“新建颜色组”命令，在弹出的对话框中单击“确定”按钮，完成颜色组的创建。此时“色板”会显示一组新创建的颜色组，如图5-64所示。

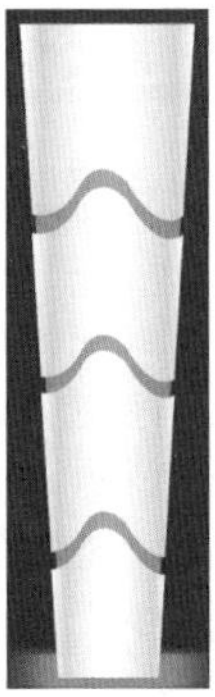

图5-61　渐变填充图形

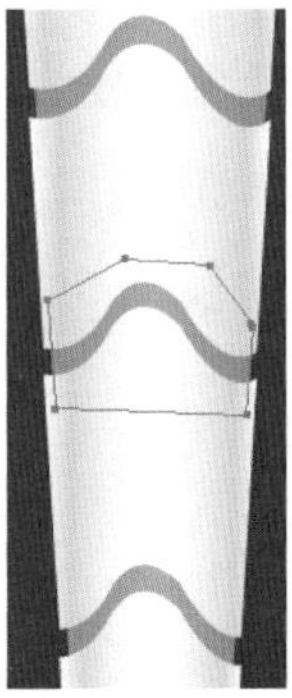

图5-62　选中图形

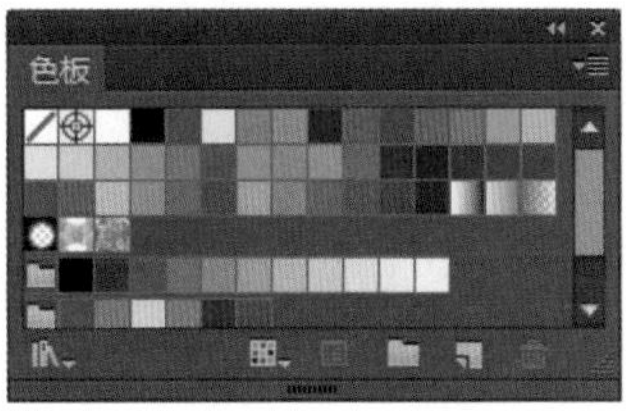

图5-63　“色板”面板

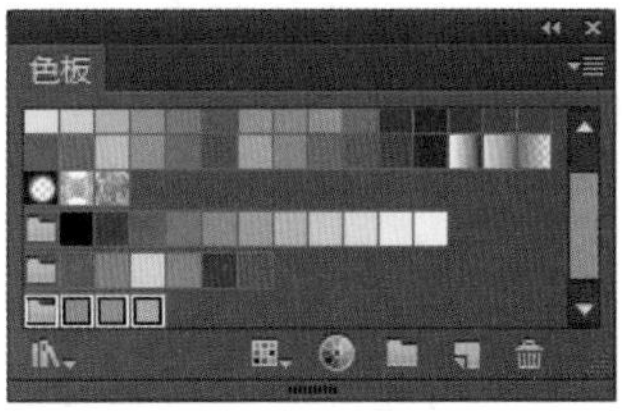

图5-64　新建颜色组

Step 13 在“色板”面板中选中新建的颜色组，单击“编辑或应用颜色组”按钮，在弹出的“重新着色图稿”对话框中，单击“编辑”按钮，如图5-65所示。

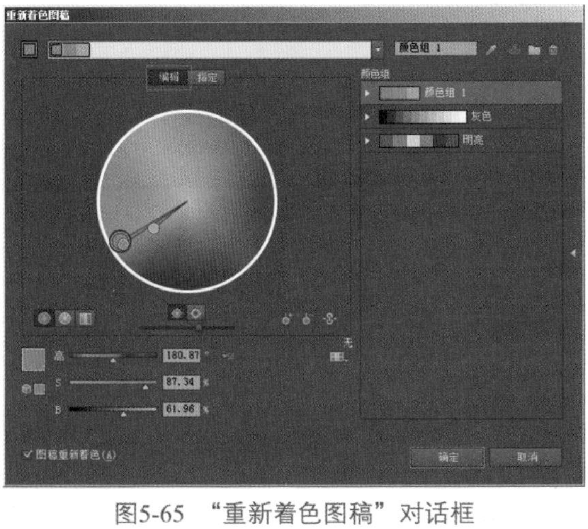

图5-65　“重新着色图稿”对话框

Step 14 用鼠标拖动圆形颜色点（见图5-66），两个色点会在夹角保持不变的情况下同时在色盘上滑动，调整渐变颜色，如图5-67所示。

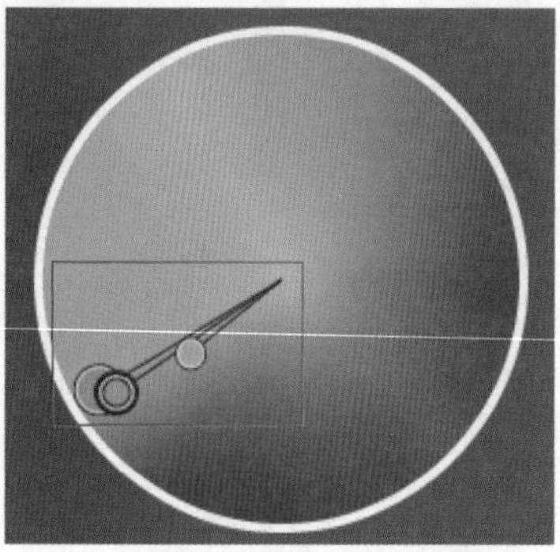

图5-66　拖动颜色点

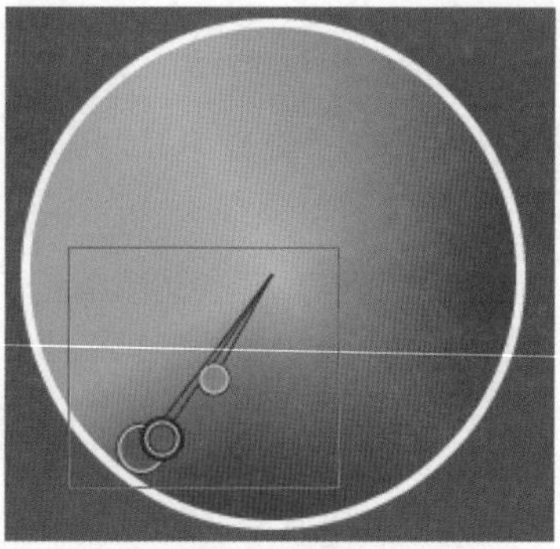

图5-67　调整渐变颜色

Step 15 单击“确定”按钮，在弹出的“对话框”中单击“是”按钮，保存调整后的颜色组，最终效果如图5-68所示。

Step 16 运用Step12至Step15中的方法，将第三个渐变填充图形改变成图5-69所示的颜色。

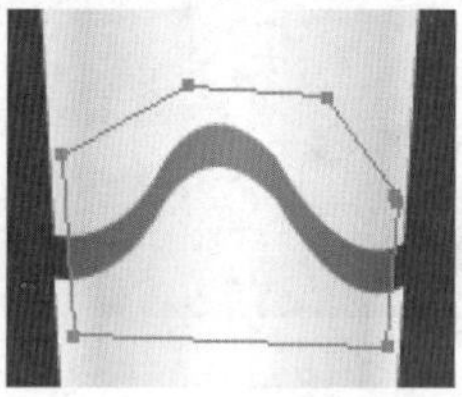

图5-68　整体调整渐变色1

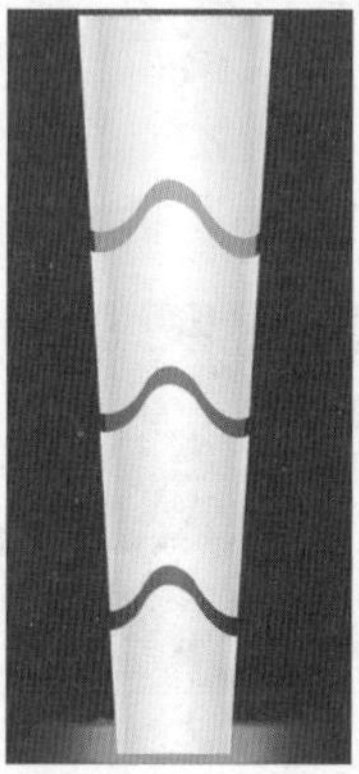

图5-69　整体调整渐变色2

Step 17 打开素材“火焰.ai”，如图5-70所示。将素材拖动到“奥运海报设计”文档中，位置如图5-71所示。

图5-70　火焰

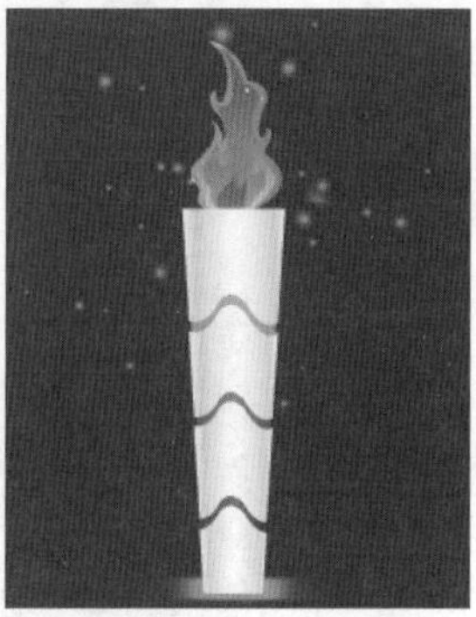

图5-71　移动素材

Step 18 打开素材“奥运主题文字.ai”，如图5-72所示。将素材拖动到“奥运海报设计”文档中，位置如图5-73所示。

图5-72　奥运主题文字

图5-73　移动素材

Step 19 至此“奥运海报设计”绘制完成，执行“文件→存储”命令（或按【Ctrl+S】组合键）将文件保存在指定文件夹。

任务11 制作潮流女装插画

任务描述

服装是一种时尚流行的代号，也是一种个性的体现。每一季，世界各地的各个品牌都会发布自己的流行趋势，无论是高级定制发布，成衣系列发布，还是概念的表现，服装服饰总是有它的魔力，引领着时尚潮流的脚步。本任务是为某潮流女装杂志做一张插画，插画的最终效果如图5-74所示。通过本任务的学习，读者可以掌握图案填充的操作技巧。

图5-74　潮流女装插画

任务分析

图5-75　职场女性

主色调： 该杂志的定位群体是女装，因此在主色调的选择上，可以运用紫红、天蓝等饱和度较高的颜色作为插画的主色调。

背景元素： 可以运用渐变的靓丽色作为背景，搭配节奏变化的图形和时尚女性剪影，彰显潮流文化。

（1）渐变靓丽色：运用“渐变工具”实现。

（2）节奏变化图形：运用“钢笔工具”绘制。

（3）时尚女性剪影：运用相应色素材文件。

主题元素： 主题元素可以运用潮流女装杂志提供的“职场女性”素材，如图5-75所示。但素材中女性的服装以黑色为主，这就需要对素材进行修改，通过一些潮流图案的填充，丰富衣服的色彩，彰显青春和时尚。

知识储备

1. 图案填充

除颜色填充外，Illustrator中还提供了一些常用的图案，用于为图形对象进行填充，使效果看起来更生动、自然。打开“色板”面板，设置显示类型为“显示图案色板”，如图5-76所示。

图5-76　选择“显示图案色板”类型

在默认情况下，图案色板中包含“植物”和“高卷式发型”两种。选择其中一种图案，即可将其应用于选中的对象。打开素材“梦幻.ai”，如图5-77所示。对其进行图案填充，效果如图5-78和图5-79所示。

图5-77　原图

图5-78　植物填充效果

图5-79　高卷式发型填充效果

除了上述两种图形外，用户还可以在“色板”面板中载入其他图案。单击“色板库菜单”按钮，弹出色板库菜单，该菜单中包含“基本图形”“自然”“装饰”三种图案，如图5-80所示。例如，选择“装饰→Vonster图案”命令，弹出“Vonster图案”面板，如图5-81所示，选择其中一种图案，即可将其应用于选中的对象，填充效果如图5-82所示。

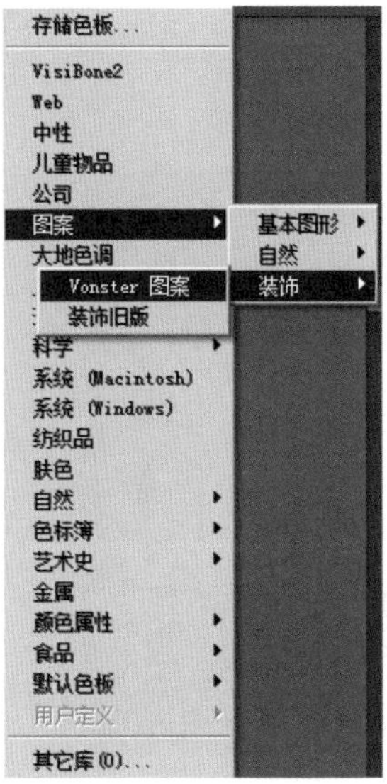

图5-80　色板库菜单

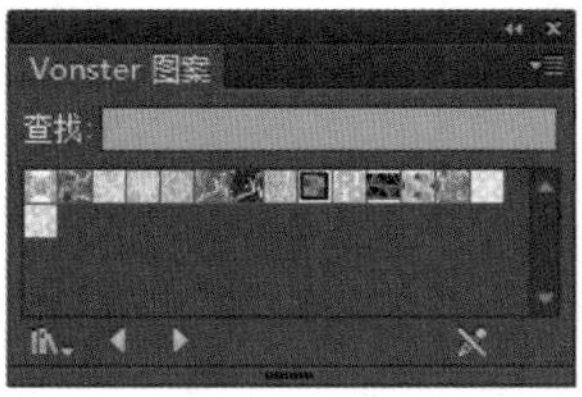

图5-81　Vonster图案

图5-82　“喷溅”图案填充效果

2. 自定义图案

除了使用Illustrator中自带的图案外，用户也可根据需要，将图形或图片自定义为填充图案，以满足不同的设计需求。打开素材“常青藤.ai”，如图5-83所示。将其选中后，执行“对象→图案→建立”命令，默认情况下，会弹出提示框和“图案选项”面板，如图5-84和图5-85所示。

图5-83　常青藤

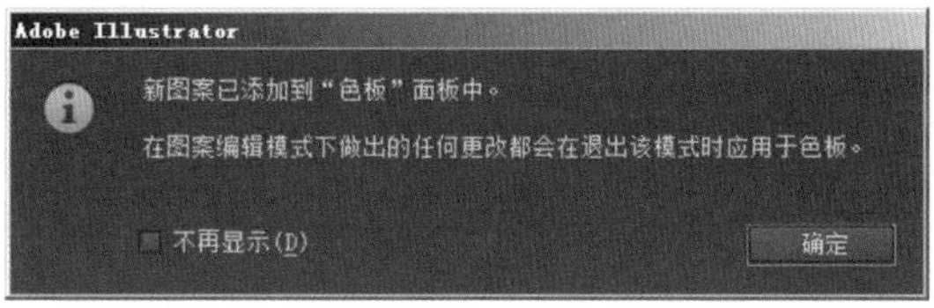

图5-84　提示框

单击图5-84中的“确定”按钮，即可编辑“图案选项”面板。关于“图案选项”面板部分参数选项介绍如下。

（1）图案拼贴工具：单击该工具后，画板中央的原始图案周围会出现定界框，如图5-86所示。拖拽控制点，可调整拼贴间距。

（2）拼贴类型：用于设置拼贴图案的方式。

（3）将拼贴调整为图稿大小：勾选此选项后，可以在“水平间距”和“垂直间距”处输入参数，精确设置拼贴间距。

（4）重叠：将“水平间距”和“垂直间距”设置为负值，图形会产生重叠效果。通过右侧的按钮，可以设置重叠的显示方式。

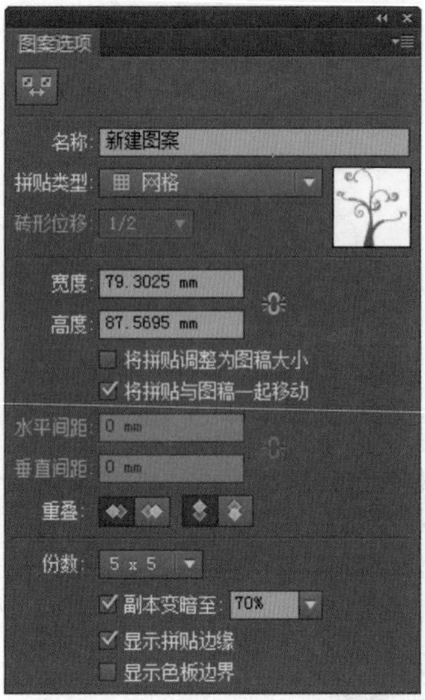

图5-85 “图案选项”面板

图5-86 图案拼贴工具

编辑完成之后，单击画布顶栏的“完成”按钮即完成了图案的自定义。此时“图案色板”中即会显示刚才自定义的填充图案，如图5-87所示。

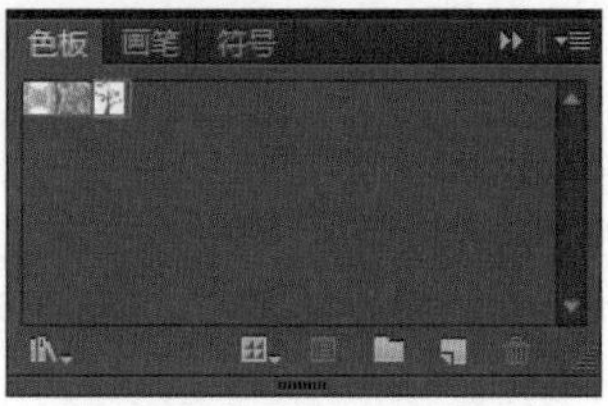

图5-87 自定义填充图案

Note

当用户自定义填充图案时，将选中的图案拖动到“色板”面板中，可以快速新建图案。

任务实现

1. 制作背景

Step 01 打开Illustrator CS6软件，执行“文件→新建”命令（或按【Ctrl+N】组合键），在弹出的“新建文档”对话框中设置名称为“潮流女装插画设计”，设置宽度为“110mm”，高度为“170mm”。单击“确定”按钮，完成文档的创建。

Step 02 选择“矩形工具”，绘制一个宽度为“110mm”，高度为“170mm”的矩形。

Step 03 为矩形设置紫红（CMYK：20、70、0、0）到青绿（CMYK：45、0、5、0）的线性渐变填充，如图5-88所示。

Step 04 设置填充为浅蓝色（CMYK：45、0、15、0），描边为白色，描边粗细为1pt。运用“钢笔工具”绘制如图5-89所示的形状。

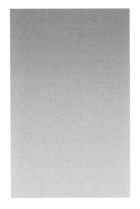

图5-88　线性渐变填充

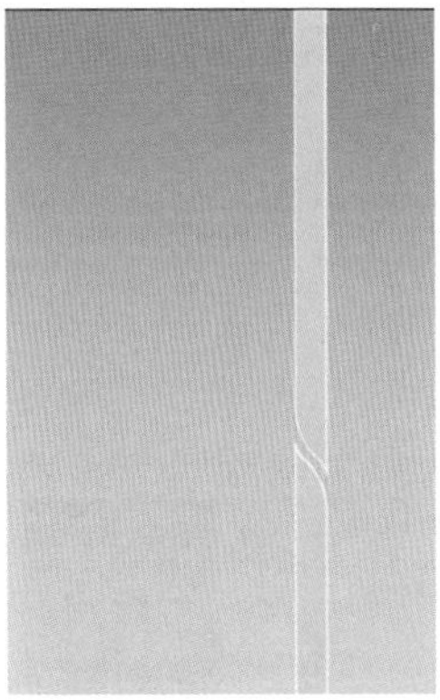

图5-89　绘制形状

Step 05 复制Step04中绘制的形状，排列成图5-90所示的样式。

Step 06 分别为后两个图形填充改为黄色（CMYK：10、40、45、0）和紫红色（CMYK：10、60、0、0），如图5-91所示。

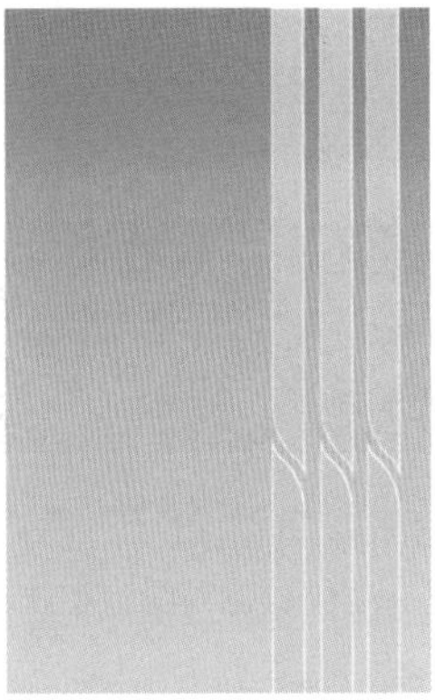

图5-90　复制形状

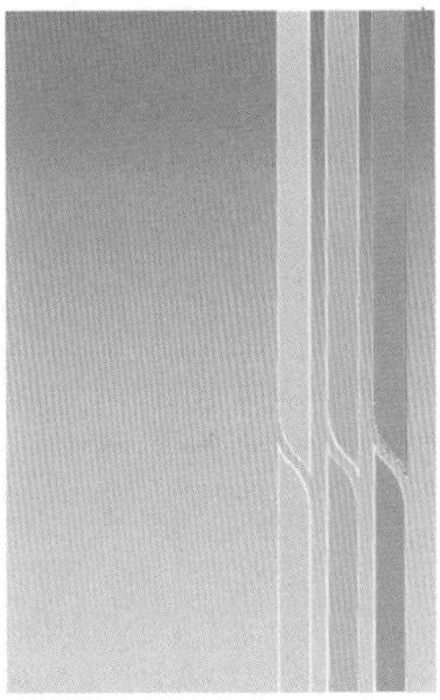

图5-91　更改填充颜色

Step 07 将图5-91所示的三个图形的不透明度调整至60%。

2. 置入素材和填充图案

Step 01 打开素材“职场女性.ai”，如图5-92所示。将其拖动到“潮流女装插画”文档中，如图5-93所示。

图5-92　职场女性

图5-93　移动素材

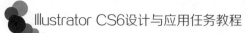

Step 02 执行“窗口→色板”命令，打开“色板”面板。单击“显示色板类型菜单”按钮，在弹出的菜单中选择“显示图案色板”命令，如图5-94所示。此时色板只显示图案色板。

图5-94 选择“显示图案色板”命令

Step 03 单击“色板库菜单”按钮，在弹出的菜单中选择“图案→自然→自然_叶子”命令（见图5-95），弹出“自然_叶子”色板，如图5-96所示。

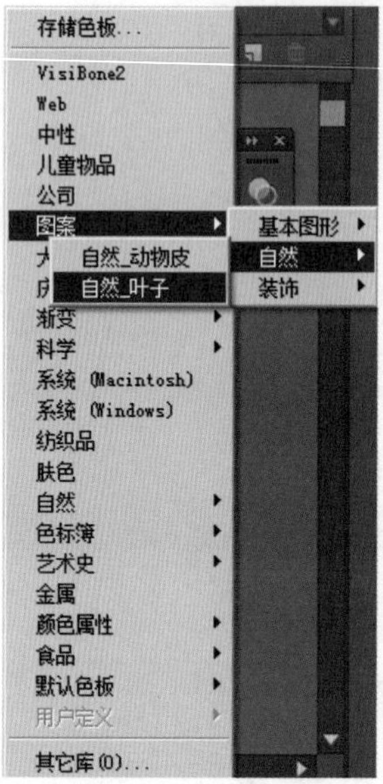

图5-95 选择“自然_叶子”命令

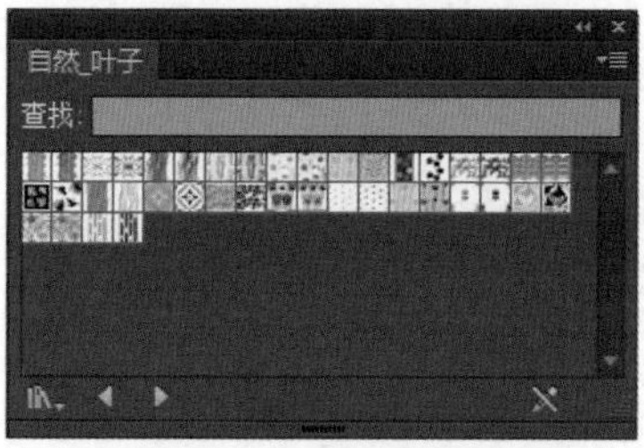

图5-96 “自然_叶子”色板

Step 04 选择“叶子图形颜色”图案，单击即可将其应用于选中的对象。将人物的黑色上衣进行图案填充，填充效果如图5-97所示。

Step 05 打开素材“花纹.png”，如图5-98所示。将其拖动到“潮流女装插画”文档中，如图5-99所示。

图5-97 图案填充

图5-98 花纹

Step 06 将选中的“花纹”位图拖动到“色板”面板中（运用此方法可快速新建图案），如图5-100所示。

图5-99　嵌入花纹素材

图5-100　加载图案

Step 07 选中模特的黑色裤子图形，单击“色板”面板中新建的图案，即可将其应用于选中的对象。填充效果如图5-101示。

Step 08 打开素材“人物剪影.ai”，如图5-102所示。将其拖动到“潮流女装插画”文档中，如图5-103所示。

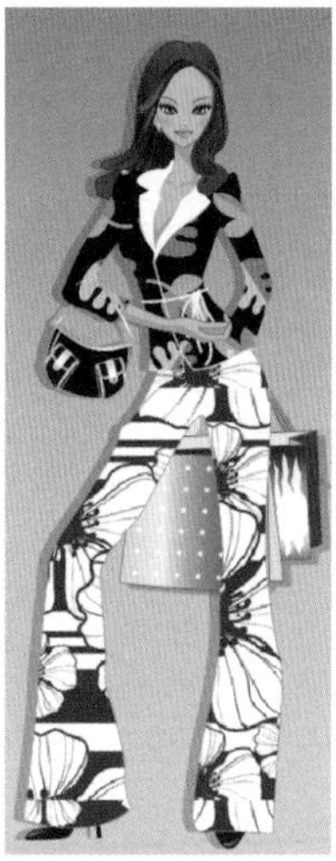

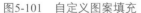

图5-101　自定义图案填充

图5-102　人物剪影

图5-103　移动素材

Step 09 将人物剪影的不透明度调整为50%。

Step 10 打开“文字.ai”，如图5-104所示。将其拖动到“潮流女装插画”文档中，如图5-105所示。

图5-104　文字

图5-105　移动素材

Step 11 至此“潮流女装插画”绘制完成，执行“文件→存储”命令（或按【Ctrl+S】组合键）将文件保存在指定文件夹。

任务12　制作元宵节宣传海报

任务描述

为了庆祝元宵佳节，丰富员工的文娱生活，营造喜庆和谐的节日气氛，某互联网公司举办了一场“元宵赏灯会”活动。为了提高员工的参与热情，做好活动宣传，该公司的行政部门准备制作一张宣传海报，加大宣传力度。海报的最终效果如图5-106所示。通过本任务的学习，读者可以掌握“渐变网格填充”和符号工具的操作技巧。

图5-106　元宵节海报

任务分析

背景颜色：元宵灯会通常在晚上举行，因此可以运用深蓝色、黑色等明度较低的颜色，作为背景颜色。

背景元素：可以运用如月桂树、星星、建筑物等图形，构建一幅夜晚城市星空的场景。

（1）月桂树：运用“钢笔工具”绘制。

（2）星星：运用“符号工具”中的符号示例。

（3）夜幕的城市：运用“矩形工具”绘制，其中外形用深蓝色矩形，窗格用黄色正方形。

主题元素：海报以 “元宵赏灯会”为主题，因此可以选用花灯作为主题元素，配合主题文字素材，完成海报的制作。

（1）花灯：运用“矩形工具”和“圆角矩形工具”绘制。

（2）主题文字：运用相关的素材。

知识储备

1. 渐变网格填充

渐变网格填充可以帮助设计者在复杂图形的表面展现光影的效果，创作出像照片般真实的作品，如图5-107所示。

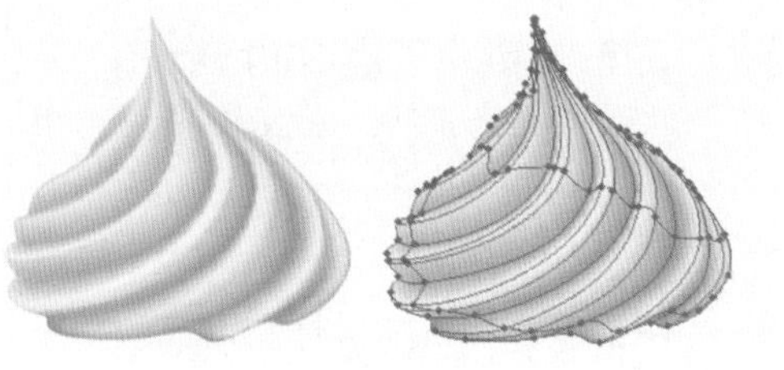

图5-107　渐变网格和效果

在Illustrator中，使用“网格工具” 可以对图形对象进行渐变网格填充，被填充的图形对象称为“网格对象”。网格对象看似复杂，但它的构成却很简单，只有“网格点”“网格线”“网格片”“控制手柄”等四部分，如图5-108所示。对它们的具体介绍如下。

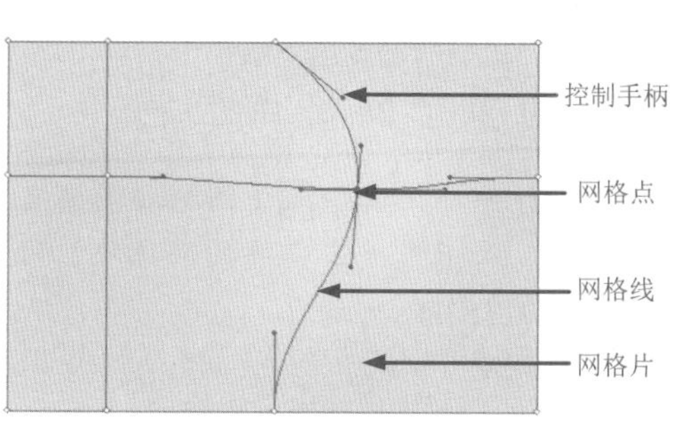

图5-108　网格对象组成

① 网格点：每个网格点均可以指定不同的颜色。

② 网格线：用于控制当前网格点和色彩的渐变形态。

③ 网格片：有4个锚点组成，各锚点的色彩会影响该网格片的色彩过渡及组成。

④ 控制手柄：用于改变网格线的形态，进而控制色彩的过渡。

了解了网格对象的构成，下面介绍网格对象的基本操作。

（1）创建渐变网格

选择“网格工具”（或按快捷键【U】），在图形上单击，即可将图形转换为渐变网格对象，同时还会以单击点为网格点建立交叉的网格线，如图5-109所示。

继续在图形上单击可以创建新的网格线。需要注意的是，如果在网格片上单击，会创建两条网格线（水平和垂直各一条），如果在图形的路径上单击，则只会创建一条网格线，如图5-110所示。

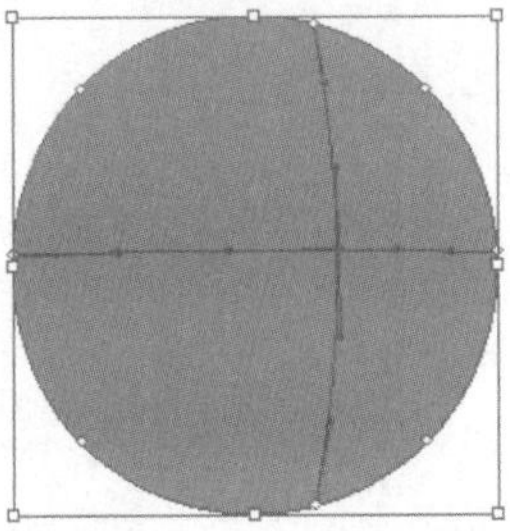

图5-109　创建渐变网格

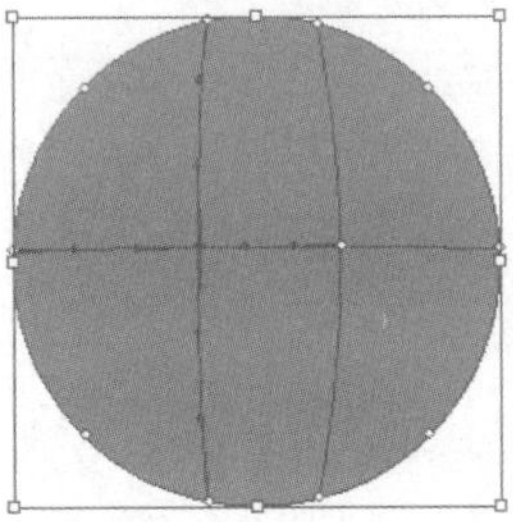

图5-110　创建一条网格线

（2）删除网格点

使用“网格工具”或“直接选择工具”选中网格点，按【Delete】键即可将网格点删除。或者按住【Alt】键不放，运用“网格工具”单击网格点，也可将其删除。

（3）移动网格点

使用“网格工具”选中网格点，并按住鼠标左键拖动，可以移动网格点。拖动网格点的控制手柄可以调节网格线。

（4）编辑网格颜色

使用“网格工具”或“直接选择工具”选中网格点，然后在“色板”面板中单击需要的颜色块，可以为网格点填充颜色，如图5-111所示。

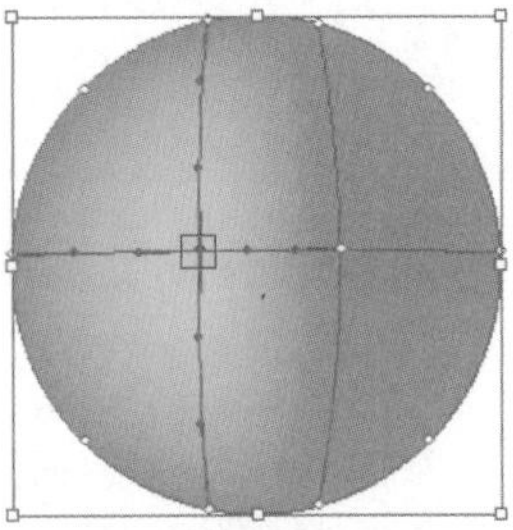

图5-111　编辑网格颜色

多学一招　同时为多个网格点上色

按住【Shift】键，运用“直接选择工具”（网格工具不可以）选中多个网格点，在“色板”面板中单击需要的颜色块，可以同时为多个网格点填充颜色，如图5-112所示。

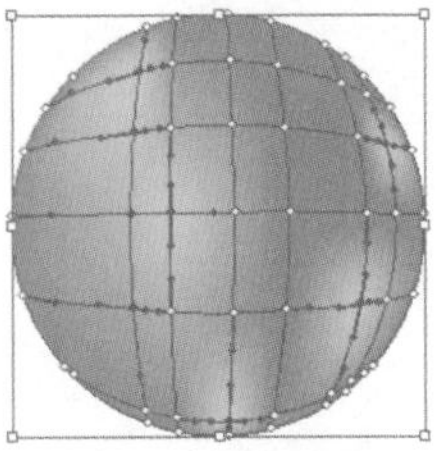

图5-112　多个网格点上色

2. “符号”工具

在设计工作中，经常要绘制大量重复的图形，如地图、花草等，这在无形中增加了设计的工作量和时间成本，为此Illustrator提供了“符号工具”。使用者可以将一个对象定义为符号，然后通过“符号工具”生成大量相同的对象（即“实例”）。下面将从“符号”的特点、“符号”面板、创建与应用等几个方面对“符号工具”进行详细讲解。

（1）符号的特点

符号是Illustrator的一个特色功能，具有以下特点。

① 符号可以重复使用、易于编辑且不会增加文件大小。

② 应用到文件中的符号对象称之为“实例”，“实例”和符号之间存在链接，如果编辑符号，“实例”将随之更新。

（2）“符号”面板

“符号”面板具有创建、编辑和存储符号的功能。执行“窗口→符号”命令（或按【Shift+Ctrl+F11】组合键），弹出“符号”面板，如图5-113所示。

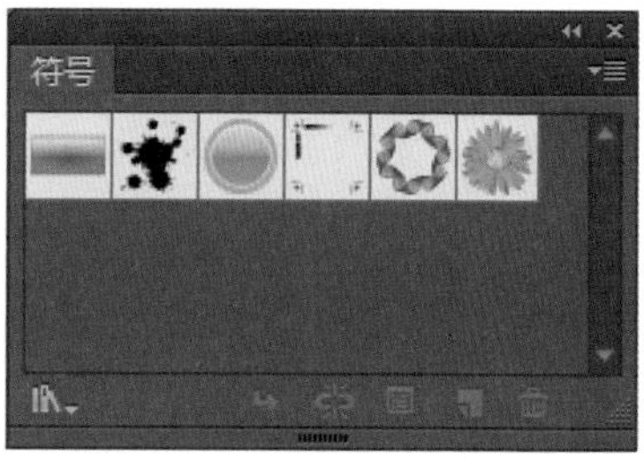

图5-113　“符号”面板

在“符号”控制面板下边有6个按钮，分别表示不同的功能，具体介绍如下。

① 符号库菜单：包含了多种符号库，可以根据需要选择调用。

② 置入符号实例：将当前选中的一个符号范例放置在页面中心。

③ 断开符号链接：用于断开符号实例和符号样本的链接，将符号实例变成一个可单独编辑的对象。

④ 符号选项：单击可打开“符号选项”对话框，并进行设置。

⑤ 新建符号：可以将选中的对象作为定义的符号添加到“符号”面板中。

⑥ 删除符号：用于删除面板中被选中的符号。

（3）创建“符号”

打开素材“花纹.ai”，如图5-114所示。选中该图形，单击“新建符号”按钮，在弹出的“符号选项”对话框中单击“确定”按钮，即可将选中的对象作为符号添加到“符号”面板，如图5-115所示。

图5-114　花纹素材

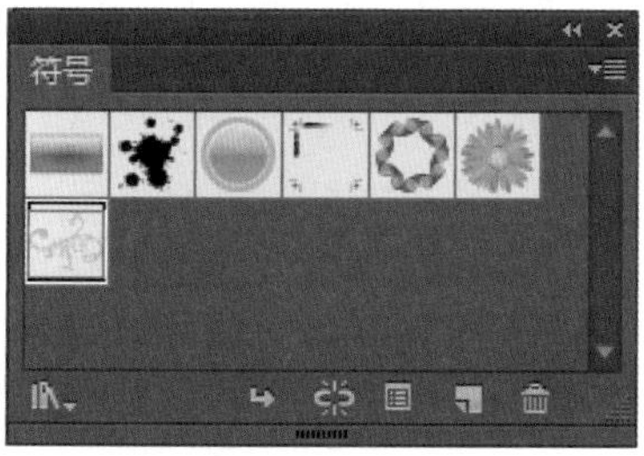

图5-115　新建符号

（4）应用“符号”

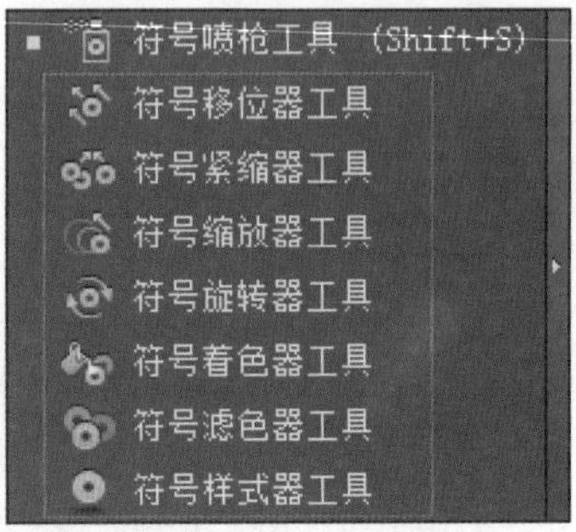

图5-116　符号工具组

在“符号”面板中选中所需要的符号，直接将其拖动到当前插图中，即可得到一个符号实例。此外选择“符号喷枪”工具（或按【Shift+S】组合键），可以同时创建多个符号实例。除了“符号喷枪”工具外，在符号工具组中还包含了七种符号编辑工具，展开符号工具组，如图5-116所示。

对图5-116中的符号编辑相关工具介绍如下。

① 符号移位器工具：可以在页面中移动应用的符号实例。

② 符号紧缩器工具：可以将页面中的符号实例向鼠标指针所在的点聚集，按住【Alt】键可使符号实例远离鼠标指针所在的位置。

③ 符号缩放器工具：用于调整符号实例的大小。直接在选择符号图形上单击，可以放大图形；按住【Alt】键在选择符号上单击，可以缩小图形。

④ 符号旋转器工具：用于旋转页面中的符号实例。

⑤ 符号着色器工具：可以用当前颜色替换页面中符号实例的颜色。

⑥ 符号滤色器工具：可以降低符号实例的透明度，按住【Alt】键，可增加符号实例的透明度颜色。

⑦ 符号样式器工具：可以为符号实例应用“图形样式”面板中选择的样式，按住【Alt】键可以取消样式（关于“图形样式”将在单元7具体讲解，这里了解即可）。

任务实现

1. 绘制背景

Step 01 打开Illustrator CS6软件，执行“文件→新建” 命令（或按【Ctrl+N】组合键），在弹出的“新建文档”对话框中设置名称为“元宵节宣传海报”，设置宽度为“400mm”，高度为“530mm”。单击“确定”按钮，完成文档的创建。

Step 02 设置填充为蓝色（CMYK：100、90、50、15），描边为无。运用“矩形工具”绘制一个宽度为“400mm”、高度为“530mm”的矩形，如图5-117所示。

Step 03 执行“窗口→符号”命令（或按【Shift+Ctrl+F11】组合键），弹出“符号”面板，如图5-118所示。

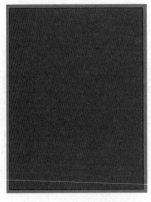

图5-117　绘制矩形

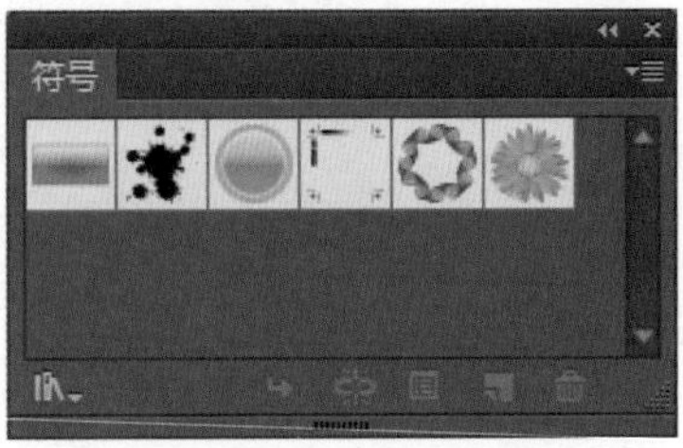

图5-118　“符号”面板

Step 04 单击“符号库菜单”按钮，在弹出的菜单中选择“庆祝”，弹出图5-119所示的“庆祝”面板。选择“五彩纸屑”，如图5-120所示，将符号载入“符号”面板。

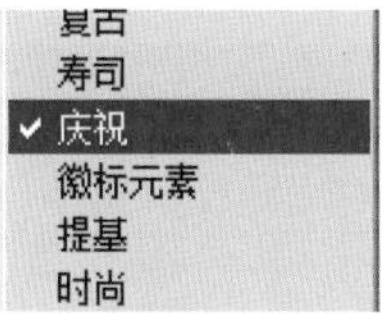

图5-119　选择“庆祝”命令

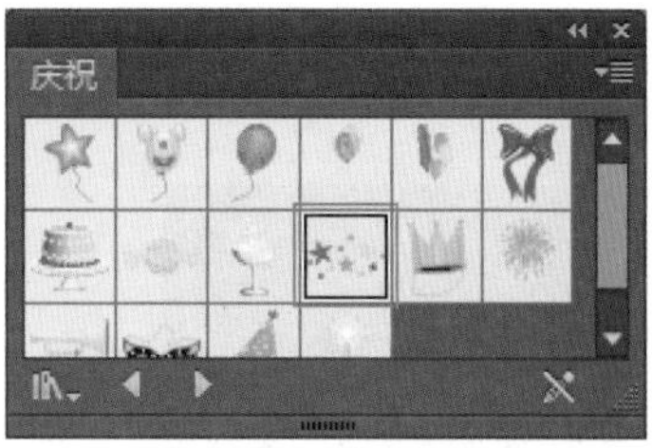

图5-120　“庆祝”面板

Step 05 选中“符号”面板中的“五彩纸屑”，拖动到文档中。单击“断开符号链接”按钮，将符号实例变成一个可单独编辑的对象，如图5-121所示。

Step 06 在断开链接的符号上右击，在弹出的菜单中选择“取消编组”命令。

Step 07 运用“选择工具”将图形分散开，如图5-122所示。

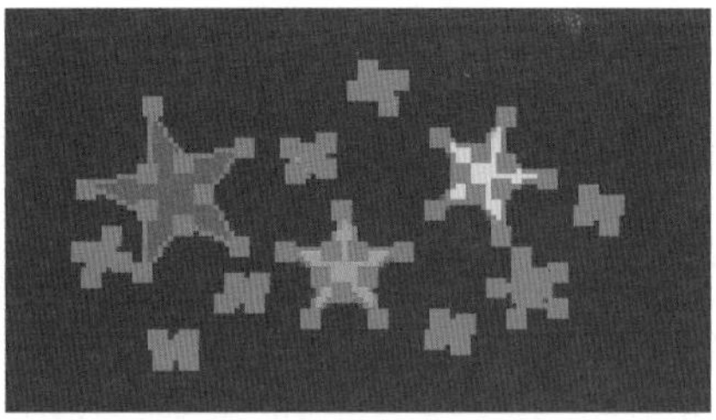

图5-121　断开符号链接

图5-122　分散图形

Step 08 重复运用Step05至Step07的步骤，绘制图5-123所示的图形效果。

Step 09 设置填充为棕色（CMYK：75、85、95、70），运用“钢笔工具”绘制如图5-124所示的形状。

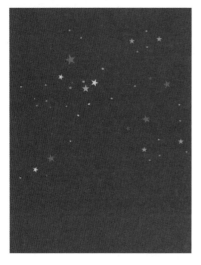

图5-123　绘制五彩纸屑

图5-124　绘制图形

Step 10 设置颜色为深红色（CMYK：40、100、100、10），运用“椭圆工具” 绘制四个正圆，拼合成图5-125所示的形状。

Step 11 运用“椭圆工具” 再次绘制一个正圆，设置填充为橘红色（CMYK：10、90、85、0），放置在图5-126所示的位置。

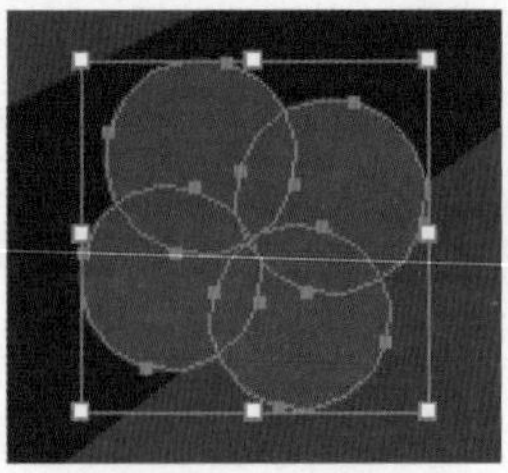

图5-125 绘制正圆形1

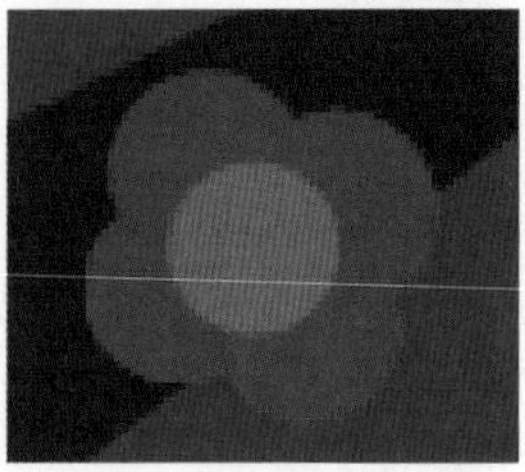

图5-126 绘制正圆形2

Step 12 选中Step10和Step11绘制的正圆形，按【Ctrl+G】组合键编组。复制几个图形组，调整大小和位置，排列至图5-127所示的样式。

Step 13 运用“矩形工具” ，绘制深蓝色（CMYK：90、90、70、65）和黄色（CMYK：10、25、90、0）填充的方形作为背景建筑，如图5-128所示。

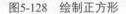

图5-127 复制排列图形组

图5-128 绘制正方形

2. 绘制主题元素

Step 01 选择“圆角矩形工具” ，绘制一个宽度为“90mm”、高度为“145mm”、圆角半径为“30mm”的圆角矩形。设置圆角矩形的填充为红色（CMYK：5、100、90、0）、描边为无，如图5-129所示。

Step 02 选择“网格工具” （或按快捷键【U】），在图形上单击，将图形建立为渐变网格对象，如图5-130所示。

Step 03 使用“网格工具”选中标示的网格点（见图5-131），为第一个网格点填充深橘黄色（0、80、95、0），为第二个和第三个网格点填充橘黄色（CMYK：0、35、85、0），填充后的效果如图5-132所示。

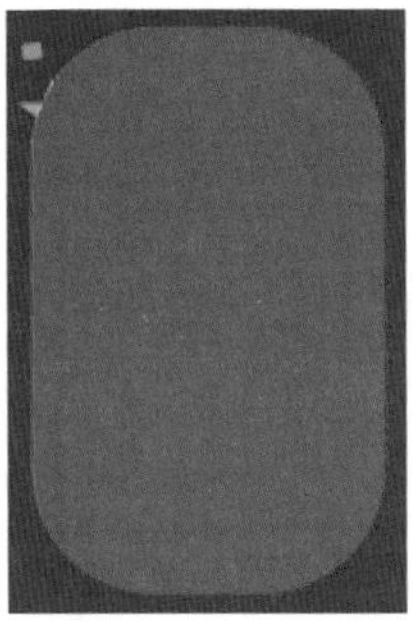
图5-129　绘制圆角矩形

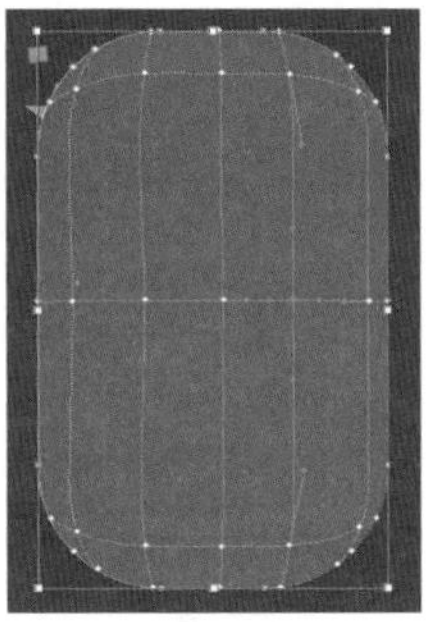
图5-130　网格工具

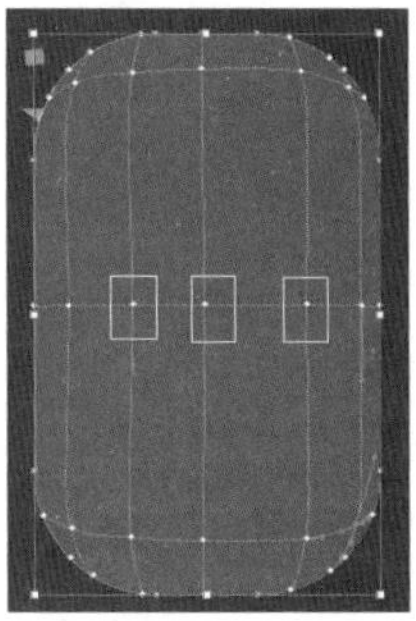
图5-131　选择网格点

Step 04 选择“矩形工具”，设置填充为深红色（CMYK：40、100、90、5）、描边为无，绘制图5-133所示的矩形，完成灯笼的主体部分。

Step 05 选择“矩形工具”，绘制三个深棕色（CMYK：80、80、80、70）矩形，大小和位置如图5-134所示。

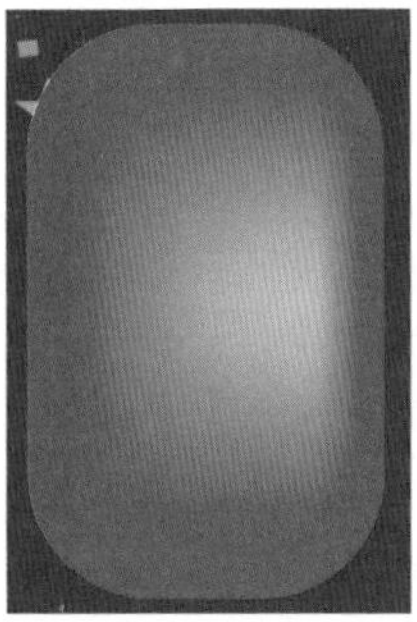
图5-132　编辑网格颜色

图5-133　绘制矩形

图5-134　绘制矩形

Step 06 打开素材“文字.ai”，如图5-135所示。拖动到“元宵节宣传海报”文档中，如图5-136所示。

图5-135　文字

图5-136　移动素材

Step 07 至此“元宵节宣传海报”绘制完成，执行“文件→存储”命令（或按【Ctrl+S】组合键）将文件保存在指定文件夹。

巩固与练习

一、判断题

1. 渐变颜色是指在同一个对象中填充两种或两种以上的颜色。（　　）

2. 在Illustrator中，通过“正片叠底”模式可以将图形对象的原有颜色与混合色复合，得到较亮的结果色。（　　）

3. 在Illustrator中，“吸管工具”只可以用来吸取图形对象的颜色。（　　）

4. 在Illustrator中，通过“色板”可以更直观地选择和查看颜色，并且在修改“色板”时，还可以同时修改所有应用了此“色板”的对象。（　　）

5. “符号”是Illustrator的一个特色功能，不可重复使用、易于编辑且不会增加文件大小。（　　）

二、选择题

1. 关于“颜色”面板的描述，下列选项正确的是（　　）。

A. 运用“颜色”面板可以精确设置所需要的颜色

B. 颜色面板只能设置CMYK颜色

C. 颜色面板可以设置描边色和填充色

D. 执行“窗口→颜色”命令，会弹出“颜色”面板

2. 关于渐变的描述，下列选项正确的是（　　）。

A. 在Illustrator中的渐变类型，包括线性渐变和径向渐变两种

B. 在同一对象中只能设置两种渐变颜色

C. 在同一对象中可以设置两种或两种以上渐变颜色

D. 双击“渐变工具”即可填充渐变

3. 下列选项中，用于选择吸管工具的快捷键是（　　）。

A.【L】　　B.【B】　　C.【M】　　D.【W】

4. 默认情况下，图案色板中包含以下（　　）图案。

A. 植物　　B. 高卷式发型　　C. 天空　　D. 海洋

5. 下列选项中，属于”符号“面板功能选项的是（　　）。

A. 再次变换符号　　B. 符号库菜单

C. 断开符号链接　　D. 置入符号实例

单元 6

文字创建与编辑技巧

知识学习目标	☑ 掌握文字的创建方法，能够快速创建文字对象。 ☑ 掌握区域文字的操作技巧，能够在特定的区域内创建文字。 ☑ 掌握图文混排的操作技巧，能够将文字围绕图形进行排列。 ☑ 理解文本转换为轮廓的应用原理，能够制作特殊形状的文字。
技能实践目标	☑ 运用文字的创建方法制作“冰淇淋海报”。 ☑ 运用区域文字工具和区域文字选项命令制作“宣传册封面设计”。 ☑ 运用图文混排和文本转换为轮廓命令制作“母亲节海报”。

在很多设计作品中，尤其是商业类的作品中，文字是不可或缺的一部分，文字效果将直接影响设计作品的视觉传达效果，恰当的文字甚至可以起到画龙点睛的作用。在Illustrator中，提供了非常丰富的文字创建与编辑功能，本单元将通过“冰淇淋海报”“宣传册封面设计”和“母亲节海报”三个案例对文字的创建与编辑技巧进行详细讲解。

任务13 制作冰淇淋海报

任务描述

炎热的夏季正是销售意式冰淇淋最火爆的季节，很多店铺经营者都希望借此时机提升销售业绩。乐淇冰淇淋甜品店的老板为了加大宣传力度，现委托某设计公司制作一款宣传海报，图6-1所示为最终制作效果图。通过本任务的学习，读者可以掌握“文字工具”“路径文字工具”的操作方法和字符属性的设置。

图6-1　冰淇淋海报

任务分析

针对“冰淇淋海报”的设计，可以从以下几方面着手进行分析。

背景元素：海报背景可选用深蓝色和深红色搭配，使整个画面看起来大气和谐。

主题元素：主题元素可通过插入一些商品素材图、文字元素和LOGO图来进行设计。由于该店推出的冰淇淋主要为巧克力口味，海报所选用的冰淇淋素材计划以巧克力色为主。

（1）商品素材图：结合店家推出的商品，选用商品素材图。为了增强商品在海报中的视觉效果，可为商品添加适当的背景元素。

（2）文字元素：通过“文字工具”和“路径文字工具”插入文字内容，并通过“字符”面板调整字体样式。

（3）LOGO图：通过“钢笔工具”绘制背景，通过“文字工具”添加LOGO文字。

知识储备

1. 文字工具

“文字工具” T 用于输入横排文字。选择“文字工具”（或按【T】键），将光标移至文档页面上的适当位置并单击，确定插入文本的位置，然后输入文字，如图6-2所示。输入完成后，按【Esc】键或选择其他任意工具，即可确认文本输入。通过这种方法创建的文本不能自动换行，必须按【Enter】键才能执行换行操作。

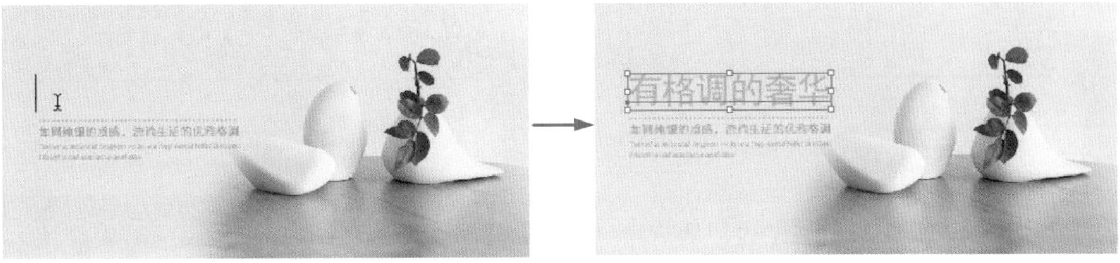

图6-2 “文字工具”的使用1

选择“文字工具”，在文档中单击并拖出一个矩形框，定义文字区域，松开鼠标，输入文字，文字会限定在矩形框内并能自动换行，如图6-3所示。输入完成后，按【Esc】键或选择其他任意工具，即可确认文本输入。

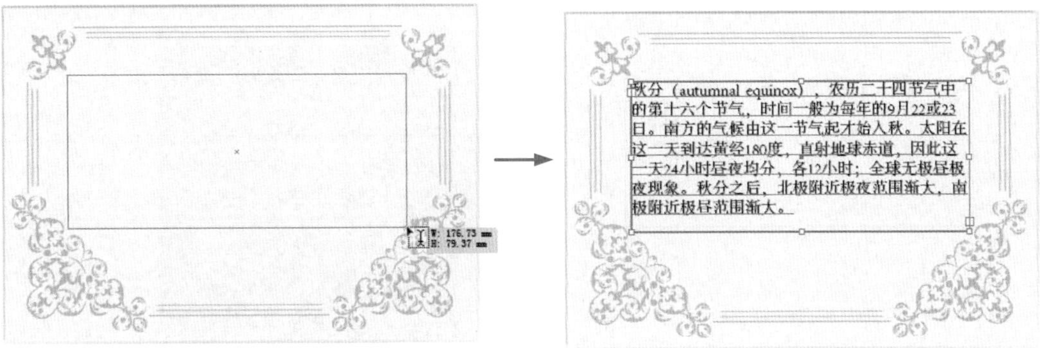

图6-3 “文字工具”的使用2

2. 路径文字工具

使用“路径文字工具”可以在开放路径或闭合路径上输入文字，使文字沿路径的形状排列。首先在工作区中绘制出文本路径，如图6-4所示。选择“路径文字工具”，在路径上的适当位置单击，确定插入文本点的位置，然后输入文字，文字将自动沿着路径排列，如图6-5所示。

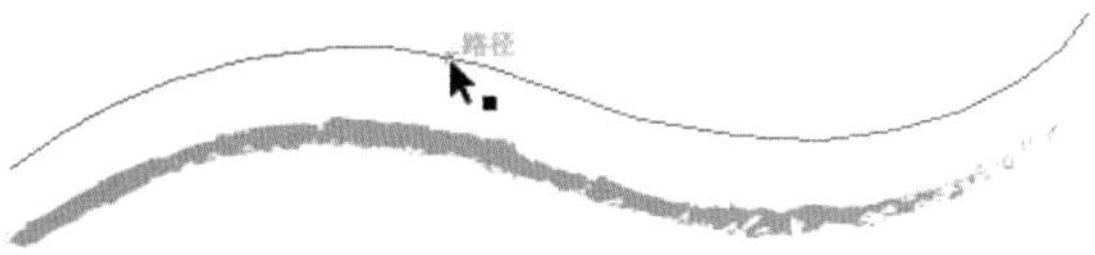

图6-4　绘制文本路径

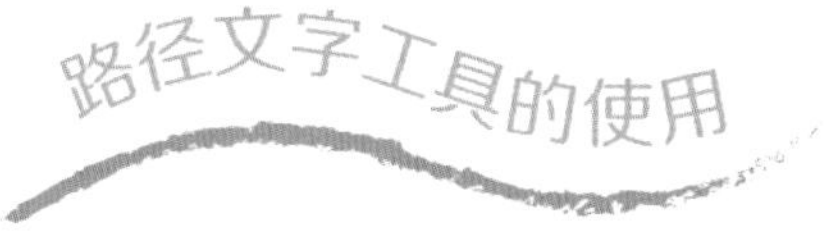

图6-5　路径文字效果

3. 直排文字工具

“直排文字工具”的使用方法和“文字工具”的使用方法相同，区别是通过“文字工具”输入的文字为水平方向排列，而通过“直排文字工具”输入的文字为垂直方向排列，如图6-6所示。

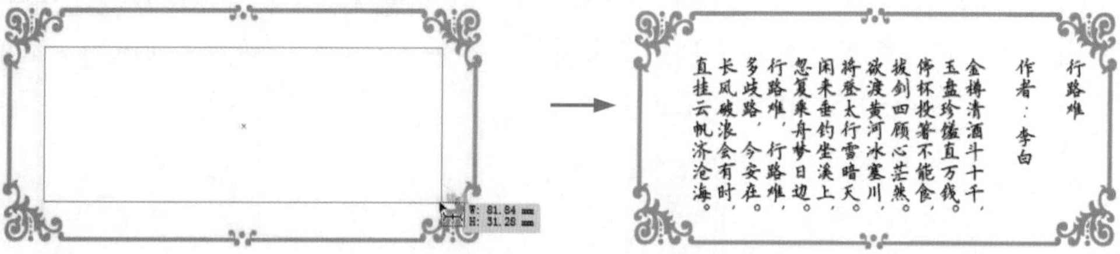

图6-6　直排文字效果

4. 字符

在Illustrator中，通过“字符”面板可以设置文本对象的相关属性。执行“窗口→文字→字符”命令（或按【Ctrl+T】组合键），即可打开“字符”面板，如图6-7所示。

图6-7　“字符”面板

通过“字符”面板，可以设置字体系列、字体样式、字体大小、行距、间距、缩放等参数。在默认情况下，“字符”面板中只显示常用选项。单击按钮，在弹出的菜单中选择“显示选项”命令（见图6-8），会显示全部选项，如图6-9所示。

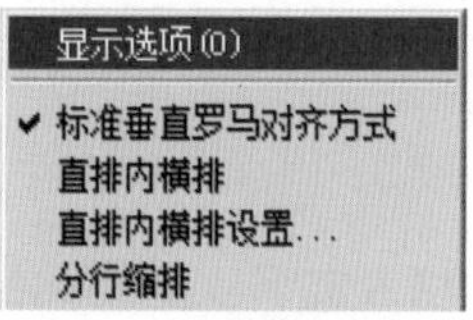

图6-8　显示选项

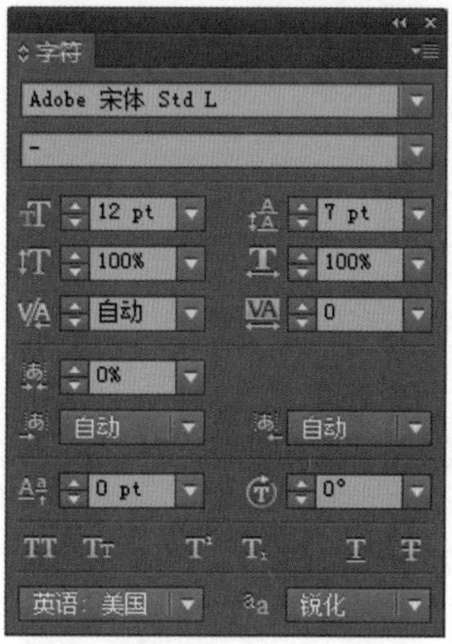

图6-9　“字符”面板

任务实现

1. 制作背景元素

Step 01 打开Illustrator CS6软件，执行“文件→新建”命令（或按【Ctrl+N】组合键），在弹出的“新建文档”对话框中设置名称为“冰淇淋海报”，设置“宽度”为“420mm”，高度为“570mm”，出血为“3mm”，单击“确定”按钮，完成文档的创建。

Step 02 选择“矩形工具”，在文档中绘制一个宽“420mm”、高“570mm”的矩形，并添加深蓝色填充（CMYK：85、65、40、5），按【Ctrl+2】组合键将其锁定。

Step 03 选择“钢笔工具”，设置填充色为暗红色（CMYK：40、90、75、5），绘制图6-10所示的三角形。

Step 04 选择“椭圆工具”，设置深蓝色填充（CMYK：85、65、40、5），暗红色描边（CMYK：40、90、75、5），描边粗细为6pt，绘制图6-11所示的椭圆。

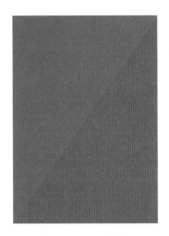

图6-10　三角形

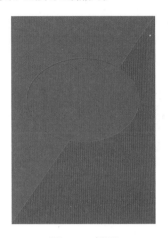

图6-11　椭圆

2. 制作主题元素

Step 01 选择“椭圆工具”，设置径向渐变填充由橘黄色（CMYK：15、65、95、0）到棕色（CMYK：45、85、100、50），黑色描边（CMYK：0、0、0、100），描边粗细为6pt，绘制一个椭圆，如图6-12所示。

Step 02 选择“矩形工具”，设置白色填充，结合“自由变换工具”绘制一个梯形，如图6-13所示。

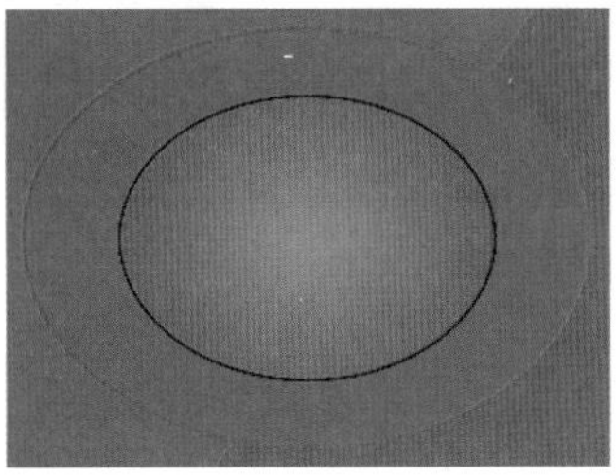

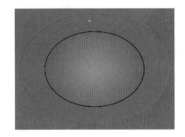

图6-12　渐变椭圆

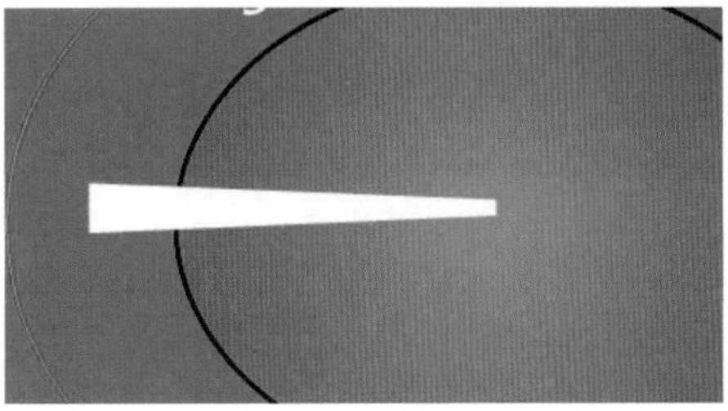

图6-13　绘制梯形

Step 03 选中上一步中绘制的梯形，选择“旋转工具”，结合“再次变换”命令，绘制光线效果。选中所有光线，按【Shift+Ctrl+F9】组合键，打开“路径查找器”面板，单击“联集”按钮，将所有光线合并成一个图形，移动到图6-14所示的位置。

Step 04 选择“椭圆工具”，设置白色填充，绘制如图6-15所示的椭圆。选中该椭圆和光线执行“交集”命令，并设置图形的不透明度为50%，效果如图6-16所示。

图6-14　光线

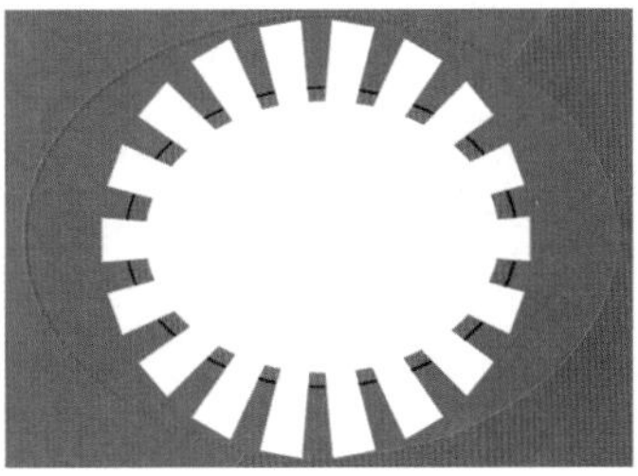

图6-15　椭圆

Step 05 打开素材文件“冰淇淋.ai”，将其移动到当前文档中，如图6-17所示。

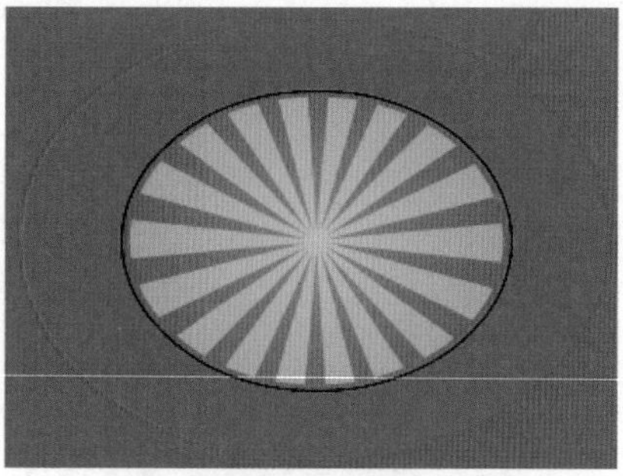

图6-16　交集

图6-17　椭圆

Step 06 选择“钢笔工具”，绘制图6-18所示的文字路径，将鼠标指针停留在“文字工具”上，按住左键不放，在弹出的工具组列表中选择“路径文字工具”，在路径上的适当位置单击，确定插入文本点的位置，设置填充色为棕色（CMYK：60、75、95、40），然后输入文字内容，如图6-19所示。

图6-18　绘制文字路径

图6-19　输入文字

Step 07 选中文字后，按【Ctrl+T】组合键，打开“字符”面板，设置参数如图6-20所示。选择“选择工具”，将文字移动到合适位置，如图6-21所示。

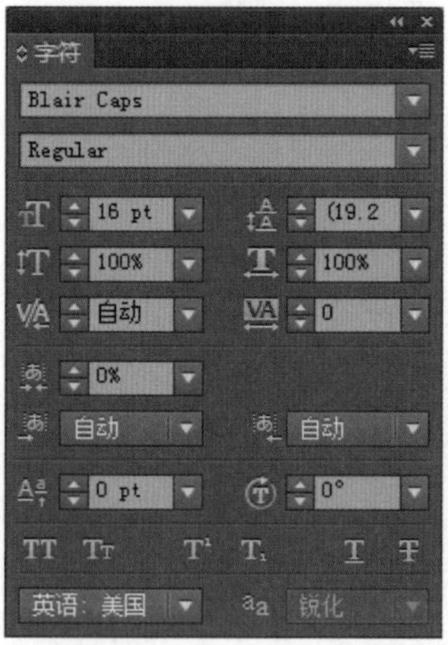

图6-20　参数设置

图6-21　移动文字

Step 08 重复Step06和Step07，输入图6-22所示的路径文字。

Step 09 选择“钢笔工具”，设置填充色为暗红色（CMYK：40、90、75、5），绘制图6-23所示的LOGO文字背景。

图6-22　绘制路径文字

图6-23　绘制LOGO文字背景

Step 10 选择“文字工具”，将光标移至工作区页面上的适当位置并单击，确定插入文本点的位置，打开“字符”面板，设置字体为“方正正大黑简体”，然后输入LOGO中的文字内容，并调整文字大小，如图6-24所示。

Step 11 用Step10中同样的方法输入其他文字内容，如图6-25所示。

图6-24　输入文字

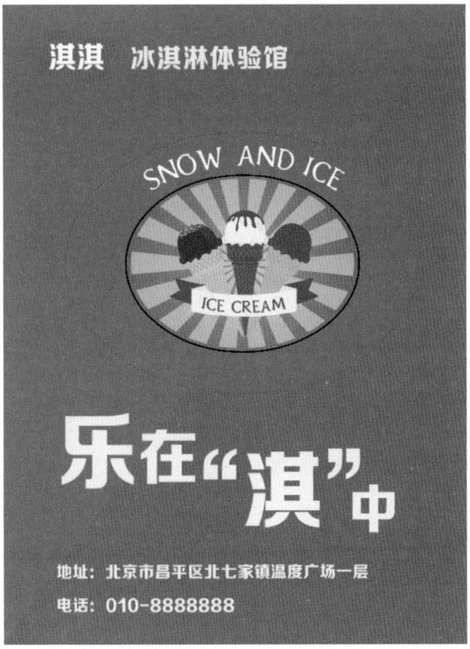

图6-25　制作其他文字

Step 12 至此“冰淇淋海报”绘制完成，按【Ctrl+S】组合键将文件保存在指定文件夹。

任务14 制作宣传册封面设计

任务描述

随着经济的发展，人们对生态环境的破坏日益严重，环保已成为现代生活中人类面临的最大问题。本次任务为某环保组织设计一款宣传册封面，呼吁人们爱护地球，保护环境。图6-26为最终设计效果图，通过本任务的学习，读者可以掌握“区域文字工具”和区域文字选项等操作技巧。

图6-26 宣传册封面设计

任务分析

关于“宣传册封面设计”，可以从以下几方面着手分析。

选择开本：在进行宣传册封面设计时，首先要确定封面的开本尺寸。开本指的就是版面的大小，以全张纸为计算单位，全张纸裁切和折叠多少小张就称多少开本。通常会用几何开切法裁切纸张，它是以2、4、8、16、32、64、128……的几何级数来开切的，图6-27所示即为几何开切法裁切纸张的示意图。

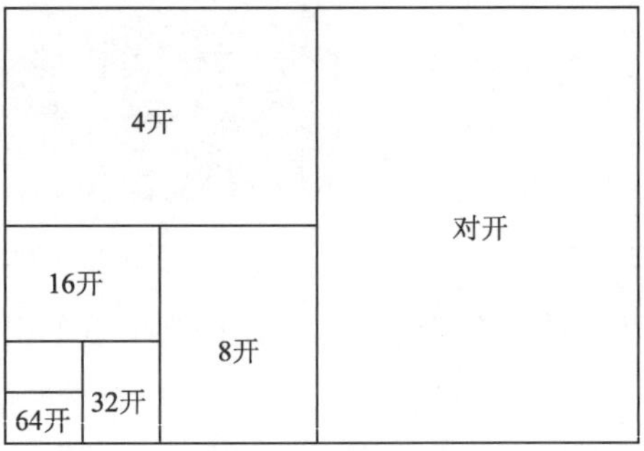

图6-27 几何开切法

常见的开本有32开（多用于一般书籍）、16开（多用于杂志）、64开（多用于中小型字典、连环画），如图6-28至图6-30所示。

图6-28 32开书籍

图6-29 16开书籍

图6-30 64开书籍

印刷纸张的常用开本尺寸如表6-1所示。

表6-1 常用印刷纸张开本尺寸

开 本	正 度	大 度
16开	185 mm×260 mm	210 mm×285 mm
32开	185 mm×130 mm	210 mm×140 mm

表6-1中的正度是国内标准，整张纸尺寸1092×787 mm，例如正度16开尺寸是185×260 mm（接近我们常用B5纸大小）；大度是国际标准，整张纸尺寸1194×889 mm，例如大度16开尺寸是210×285 mm（接近我们常用A4纸大小）。本次任务直接选用正度16开（185 × 260 mm）作为宣传册封面的尺寸。

主色调：该宣传册主题以“环保”为主，因此可以选用绿色作为封面的主色调。

封面元素：封面元素可通过引入一些和环保相关的背景元素和文字元素进行设计。

（1）背景元素：可选用绿色和灰色作为封面的背景色，同时添加一些与环保相关的元素如大树和云朵。

① 大树：主要由“钢笔工具”和“形状工具”绘制。

② 云朵：由“形状工具”结合“偏移路径”绘制。

（2）文字元素：通过“文字工具”和“区域文字工具”输入文字内容。

封底元素：封底元素同样可引入一些和环保相关的背景元素及文字元素。

（1）背景元素：引入与环保相关的边框素材，作为背景元素。

（2）文字元素：通过“文字工具”输入文字内容，由“区域文字选项”命令设置分栏效果。

知识储备

1. 区域文字工具

使用“区域文字工具”可以在指定的区域内创建文本。首先在工作区中绘制一个路径图形，如图6-31所示。选择“区域文字工具”，将光标移至图形的边缘上并单击，图形将成为文本框，此时即可在选定的图形对象区域内输入文本，如图6-32所示。

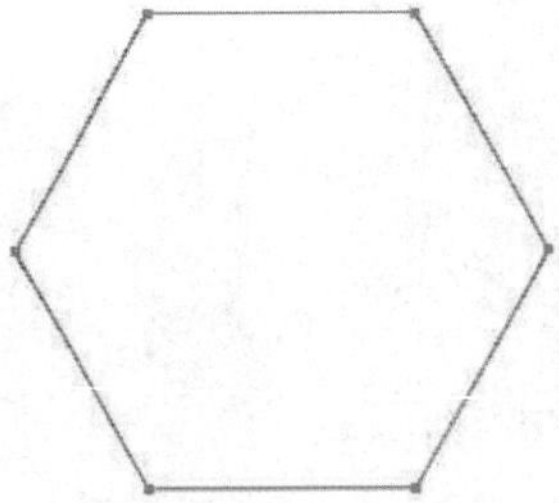

图6-31　绘制路径图形

图6-32　区域文字效果

当输入的文字内容超出文本框的范围时，会在图形下方出现溢出标志，如图6-33所示，此时可通过“直接选择工具”拖动文本框的锚点来调整文本框的大小，显示出所有文字，如图6-34所示。

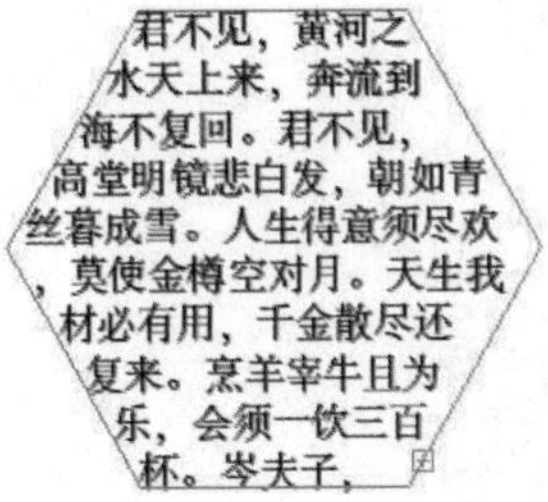

图6-33　出现溢出标志

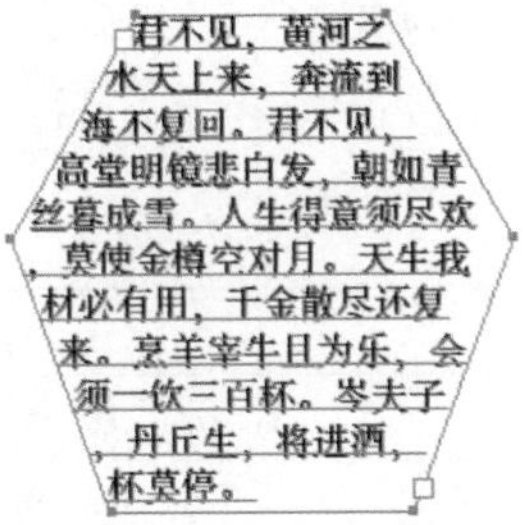

图6-34　调整文本框大小

2. 区域文字选项

在处理一些内容比较多的文本段落时，通过“区域文字选项”命令可以将文本自身分成多个栏与节。使用“选择工具”选中要进行分栏的文本块，如图6-35所示，执行“文字→区域文字选项”命令，弹出“区域文字选项”对话框，在其中可以设置区域文本的宽度、高度、行数、列数、内边距等参数，如图6-36所示。将列数设置为2，效果如图6-37所示。

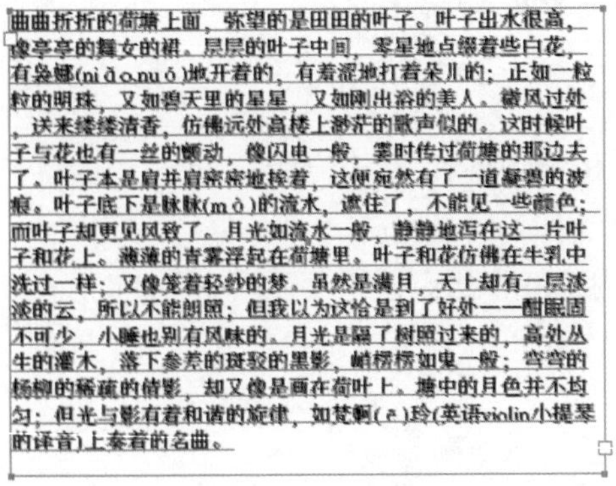

图6-35　绘制路径

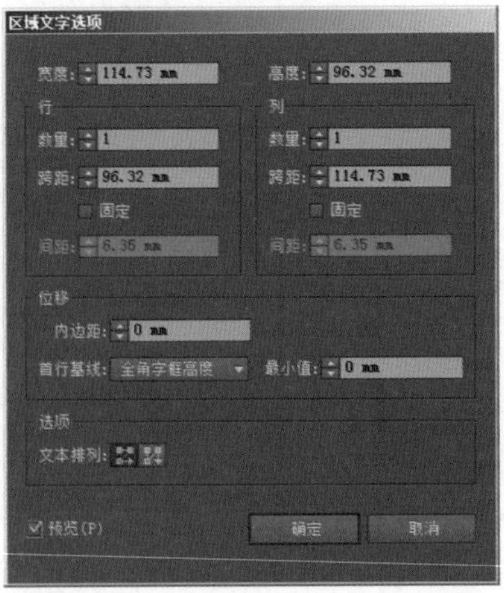

图6-36　“区域文字选项”对话框

3. “段落”面板

在Illustrator中，使用“段落”面板可以精确控制文本段落的对齐方式、缩进、段落间距和连字方式等属性。执行“窗口→文字→段落”命令，弹出“段落”面板，如图6-38所示。

图6-37 分栏效果

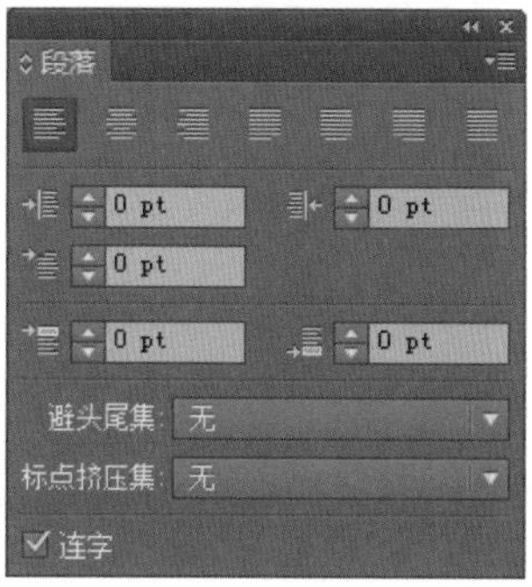

图6-38 “段落”面板

（1）段落对齐方式

选中段落文本，分别单击“左对齐”“居中对齐”“右对齐”按钮，效果如图6-39所示。

图6-39 左对齐、居中对齐和右对齐效果

（2）段落缩进方式

选中段落文本，分别设置左缩进“20pt”、右缩进“20pt”和首行左缩进“20pt”，效果如图6-40所示。

图6-40 左缩进、右缩进和首行左缩进效果

（3）设置段落间距

选中文本中的一个段落，分别设置段前间距“10pt”和段后间距“10pt”，效果如图6-41所示。

图6-41　段前间距和段后间距效果

任务实现

1. 划分封底和封面

Step 01 打开Illustrator CS6软件，执行“文件→新建”命令（或按【Ctrl+N】组合键），在弹出的“新建文档”对话框中设置名称为“宣传册封面设计”，宽度为“420mm”，高度为“285mm”，出血为“3mm”。单击“确定”按钮，完成文档的创建。

Step 02 按【Ctrl+R】组合键显示标尺，在垂直标尺上拖出垂直参考线，在文档中居中显示，将文档划分为左右两部分，分别代表封底和封面，如图6-42所示。

图6-42　划分封底和封面

2. 制作封面

Step 01 选择“矩形工具”，在文档中绘制两个矩形，分别填充绿色（CMYK：50、15、95、0）和灰色（CMYK：0、0、0、65），如图6-43所示。

Step 02 选择“椭圆工具”，设置绿色填充（CMYK：45、0、85、0），绘制图6-44

所示的椭圆，并按【Ctrl+G】组合键进行编组。

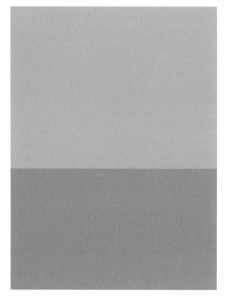

图6-43　矩形

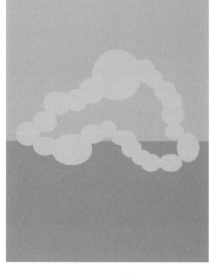

图6-44　椭圆

Step 03 选择“钢笔工具”，设置填充色为绿色（CMYK：45、0、85、0），绘制图6-45所示的图形，用于填充图6-44中的空隙。选中该图形和上一步绘制的椭圆，执行“窗口→路径查找器”命令（或按【Shift+Ctrl+F9】组合键），打开“路径查找器”面板，单击“联集”按钮，将选中的图形合并为一个图形。

Step 04 复制合并后的图形，按【Ctrl+F】组合键进行粘贴，修改填充色为浅绿色（CMYK：20、0、45、0），选择“选择工具”，将其移动到图6-46所示的位置。选中该图形并右击，执行“排列→后移一层”命令，如图6-47所示。

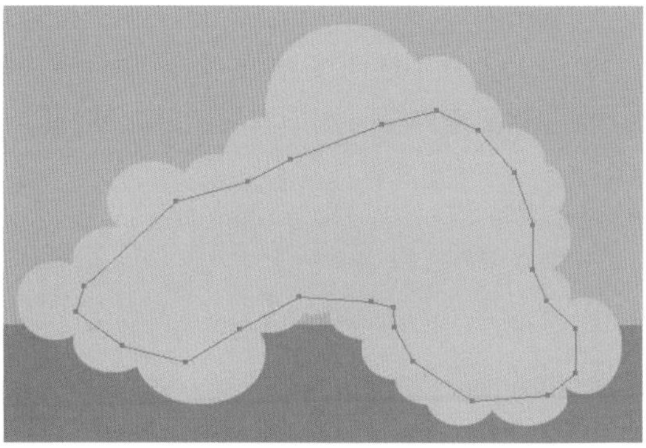

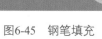

图6-45　钢笔填充

图6-46　移动图形

Step 05 重复Step04中的方法复制图形，并将图形稍微放大，修改填充色为黑色（CMYK：0、0、0、100）且不透明度为100%到黑色（CMYK：0、0、0、100）且不透明度为10%的径向渐变，调节渐变轴的位置，如图6-48所示。

Step 06 选中该图形并右击，执行两次“排列→后移一层”命令，如图6-49所示。

Step 07 选择“钢笔工具”，设置填充色为绿色（CMYK：50、15、95、0），绘制图6-50所示的图形，使树木造型更具有层次感。

图6-47 调整排列顺序

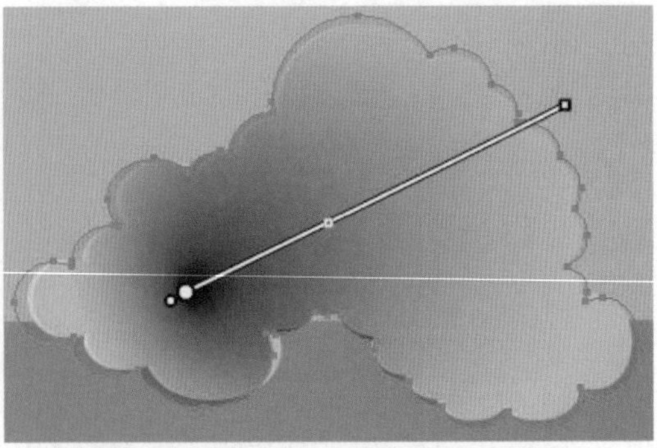

图6-48 渐变填充

图6-49 阴影效果

图6-50 添加层次感

Step 08 选择“钢笔工具”，设置填充色为棕色（CMYK：65、70、100、35），绘制图6-51所示的树干图形，并执行多次“排列→后移一层”命令，将其排列到树叶下方。

Step 09 选择“椭圆工具”，绘制圆形，设置填充色为黑色（CMYK：0、0、0、100）且不透明度为100%到黑色（CMYK：0、0、0、100）且不透明度为10%的径向渐变，如图6-52所示。选择“选择工具”，选中该圆形，通过调整定界框将图形压扁，并排列到树干下方，如图6-53所示。

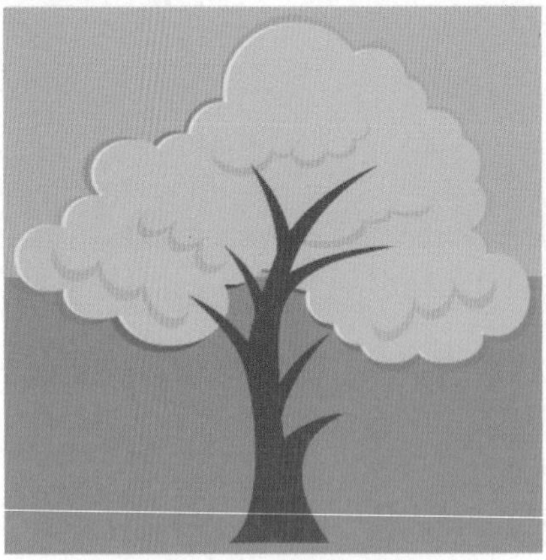

图6-51 绘制树干

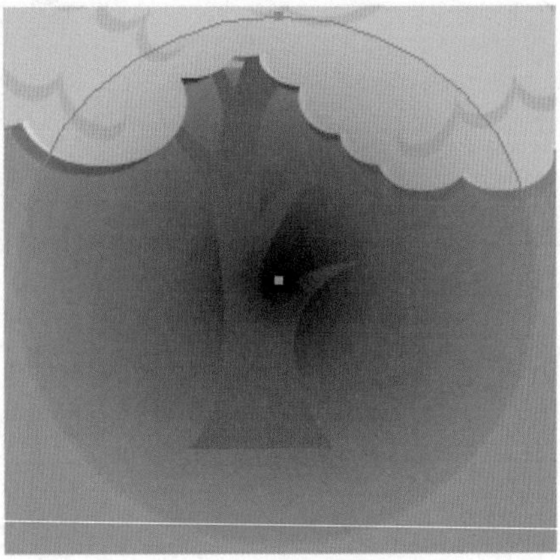

图6-52 渐变圆形

Step 10 分别选择“椭圆工具”和“矩形工具”，设置填充色为白色，拼接成图6-54所示的图形。

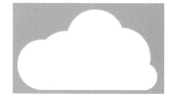

图6-53　调整图形

图6-54　绘制云朵

Step 11 复制上一步中绘制的图形，调整大小，并移动到图6-55所示的位置。选中该图形，执行“对象→路径→偏移路径”命令，弹出“偏移路径”对话框，参数设置如图6-56所示，单击“确定”按钮，效果如图6-57所示。

Step 12 选中偏移后的图形和最先绘制的云朵图形，打开“路径查找器”面板，单击“减去顶层”按钮，并调整图形的不透明度为80%，如图6-58所示。

图6-55　复制云朵

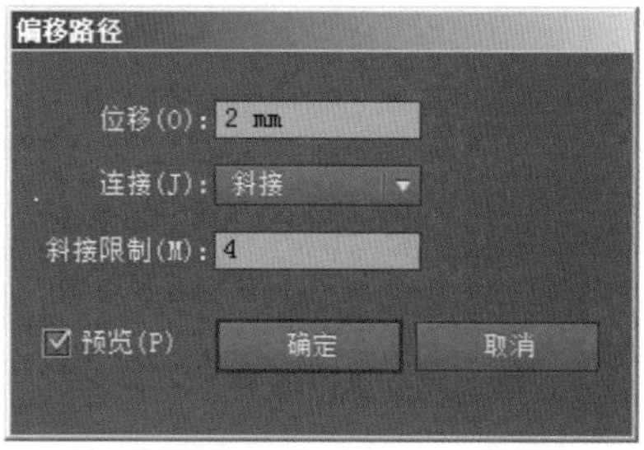

图6-56　“偏移路径”对话框

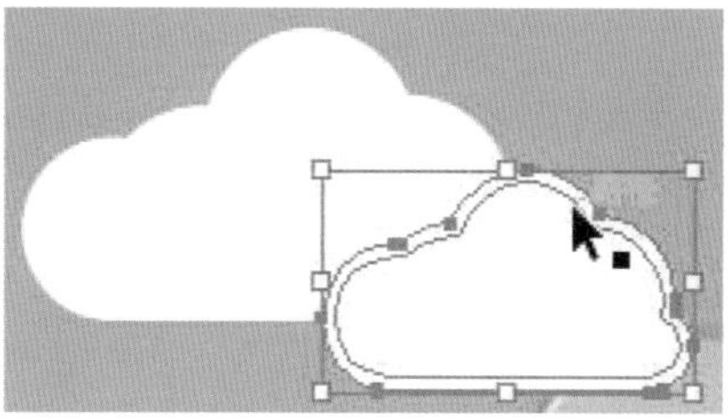

图6-57　偏移路径

图6-58　减去顶层

Step 13 选择“椭圆工具”，绘制白色描边正圆形和绿色（CMYK：75、0、100、0）到深绿色（CMYK：90、30、95、30）径向渐变填充的正圆形，如图6-59所示。

Step 14 选择“钢笔工具”，设置填充色为白色（CMYK：0、0、0、0），绘制图6-60所示的图形。

Step 15 复制该图形，选择“直接选择工具”，调整锚点的位置，并设置渐变填充黑色（CMYK：0、0、0、100）且不透明为0%到黑色（CMYK：0、0、0、100）且不透明为100%，如图6-61所示，调整图形排列顺序到白色图形下方，按【Ctrl+G】组合键进行编组。

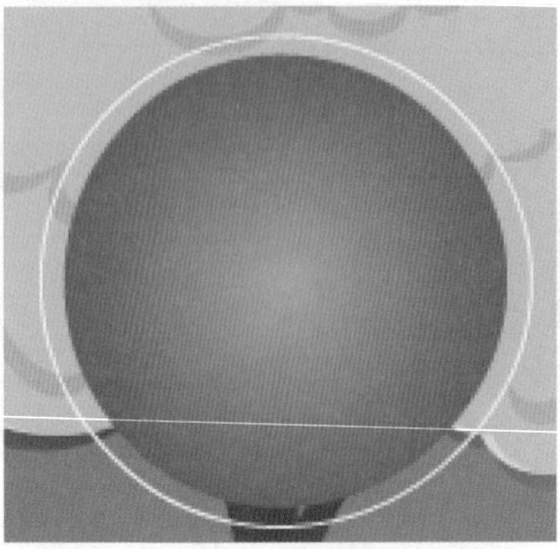

图6-59 描边和渐变

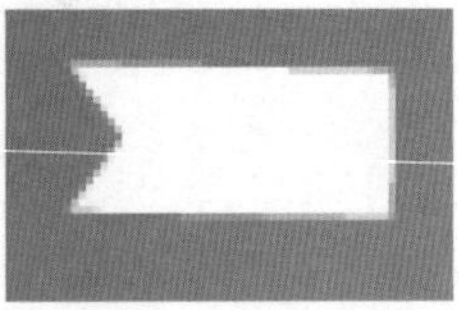

图6-60 钢笔绘制

Step 16 复制上一步中完成的图形，选择“镜像工具”，得到图6-62所示的图形。

图6-61 渐变图形

图6-62 镜像图形

Step 17 选择“文字工具”，设置字体为“方正正黑简体”，然后输入文字内容，并调整文字大小和位置，如图6-63所示。打开素材文件“宣传册素材.ai”，将二维码素材移动到图6-64所示的位置。

图6-63 输入文字

图6-64 插入二维码

Step 18 选择“椭圆工具”，绘制圆形路径，然后选择“区域文字工具”，将光标移至圆形的边缘上并单击，图形将成为文本框，此时即可在选定的图形对象区域内输入文本，并设置字体为“方正正黑简体”，颜色为白色，如图6-65所示。

Step 19 选择“椭圆工具”，绘制灰色填充（CMYK：50、40、40、0），渐变描边白色（CMYK：0、0、0、0）且不透明度为0%到100%的圆形，并将其排列顺序调整到文字下方，充当文字背景，如图6-66所示。

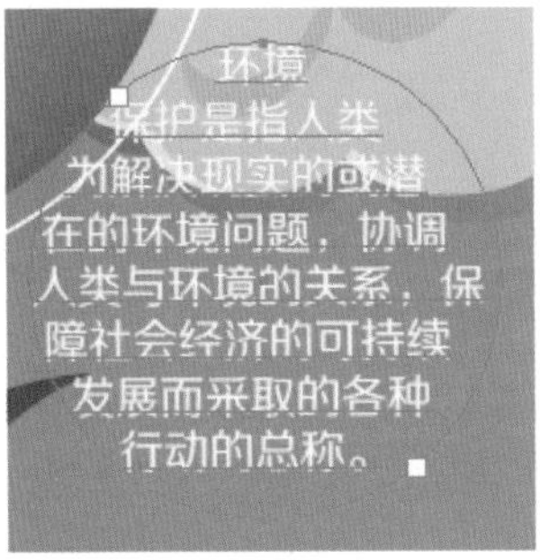

图6-65　输入文字

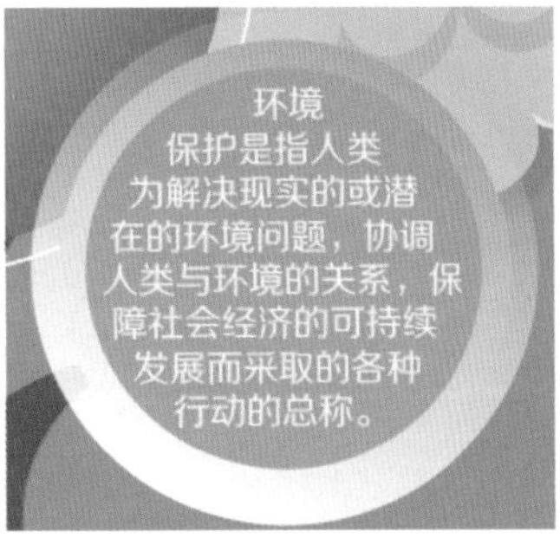

图6-66　绘制圆形

Step 20 选择“钢笔工具”，设置填充色为绿色（CMYK：45、0、85、0），绘制图6-67所示的文字背景。

Step 21 选择“文字工具”，分别输入图6-68中红框所标注的文字内容，并调整大小。

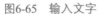

图6-67　绘制文字背景

图6-68　输入文字并调整

3. 制作封底

Step 01 打开素材文件“宣传册素材.ai”，将花边素材移动到图6-69所示的位置。

Step 02 选择“文字工具”，输入标题文字，字体颜色设置为深绿色（CMYK：70、45、100、5），字体为“方正正黑简体”，然后在文档中单击并拖出一个矩形框，定义文字区域松开鼠标，输入文字，文字会限定在矩形框内且自动换行，如图6-70所示。

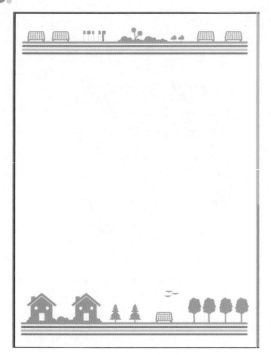

图6-69　插入素材

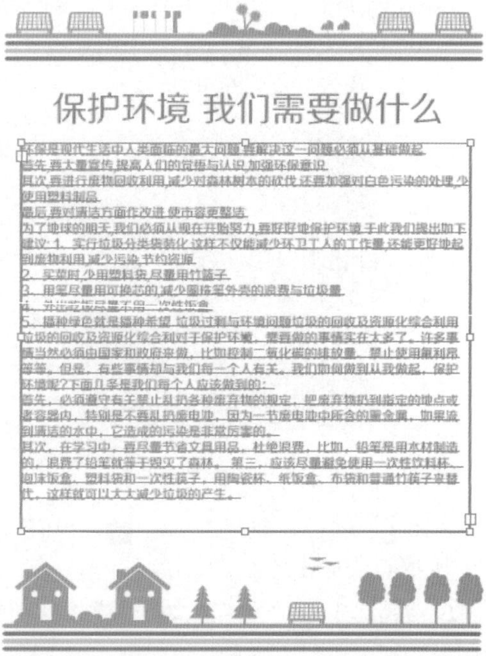

图6-70　输入文字

Step 03 选中该文字块，执行“文字→区域文字选项”命令，弹出“区域文字选项”对话框，参数设置如图6-71所示，单击“确定”按钮，效果如图6-72所示。

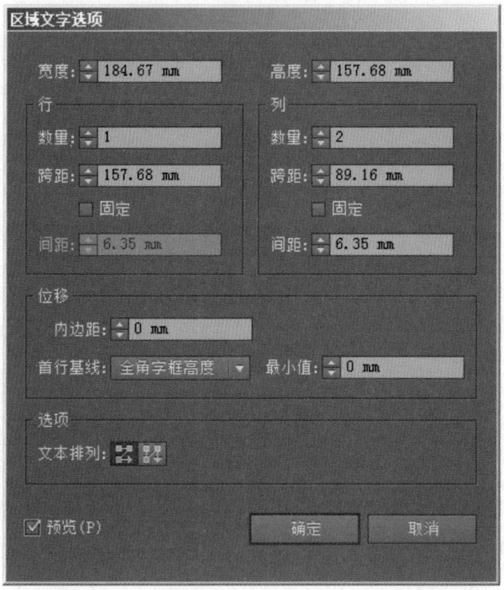

图6-71　“区域文字选项”对话框

Step 04 执行“窗口→文字→段落”命令，弹出“段落”面板，设置左缩进为“20pt”，效果如图6-73所示。

图6-72　设置分栏效果

图6-73　设置左缩进

Step 05 至此“宣传册封面设计”绘制完成，按【Ctrl+S】组合键将文件保存在指定文件夹。

任务15 制作母亲节海报

任务描述

母爱是世界上最伟大的爱，是一个人生命的源泉，对于幼小的孩童而言，因为这些爱，生活才变得如此的柔软和温馨，因为这样的爱，眼中的世界是如此的美好。本任务是设计一款以“庆祝母亲节”为主题的海报，呼吁人们在这个特殊的日子里，给天下所有的母亲送上最好的祝福。海报的最终设计效果如图6-74所示。通过本任务的学习，读者可以掌握设置图文混排的基本方法。

图6-74　母亲节海报

任务分析

关于“母亲节海报”的设计，可以从以下几个方面着手进行分析。

主色调：“母亲节”是女性中具有代表性的节日之一，因此可以运用玫红色等艳丽的颜色，作为海报的主色调。

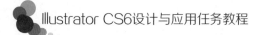

背景元素：为了与海报主题相呼应，可以添加心形的区域文字来充当背景元素，还可通过“符号”工具，添加一些烟花、气球等符号图形来凸显节日氛围。

主题元素：主题元素可通过设计一些特殊造型的文字来增进艺术感。 输入文字内容后，将文本转换为轮廓，通过操作锚点来改变文字形状。通过“钢笔工具”绘制心形，与主题文字创建为复合形状，用于与背景中的区域文字创建图文混排效果，增强整体的美观性。

知识储备

1. 设置图文混排

在使用Illustrator进行设计时，运用图文混排能够更直观地表现设计主题，增强页面的美观度。图文混排就是让文本围绕某个指定的图形进行排列。选中文本和图形，执行“对象→文本绕排→建立”命令，即可实现图文混排效果，如图6-75所示。

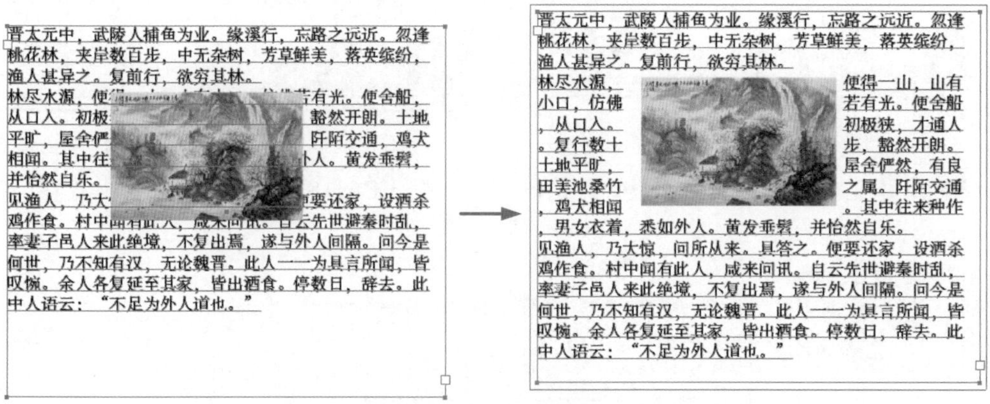

图6-75 图文混排

在执行图文混排的操作时，还可精确地设置图形与文本之间的距离及绕排方式。执行“对象→文本绕排→文本绕排选项”命令，弹出“文本绕排选项”对话框，如图6-76所示。

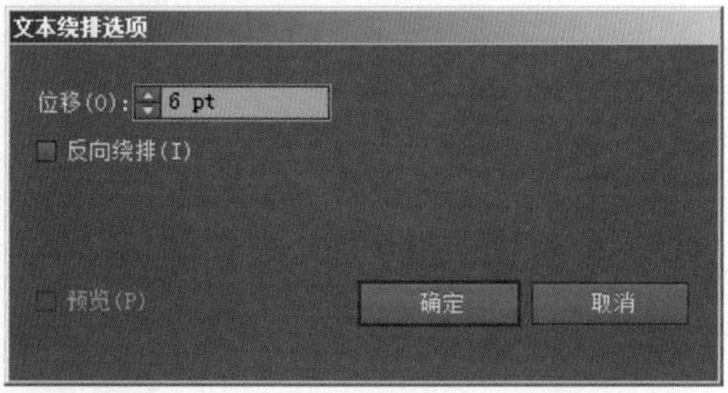

图6-76 “文本绕排选项”对话框

在图6-76所示的“文本绕排选项”对话框中，“位移”选项可设置图形与文本之间的距离，“反向绕排”可围绕对象反向饶排文本。执行“对象→文本绕排→释放”命令，可释放文本绕排的效果。

Note

在进行图文混排时，必须使图形在文本的前面，所选择的文本必须是文本块中的文本，在文本中插入的图形可以是任意形状的图形。

2. 文本转换为轮廓

在设计过程中，设计师经常需要制作一些特殊的文字形态，以满足不同的设计需求。在编辑文字之前，要先将文本转化为路径，才可进行编辑制作。选中要编辑的文字，执行“文字→创建轮廓”命令（或按【Ctrl+Shift+O】组合键）可将文本转换为路径，如图6-77所示。

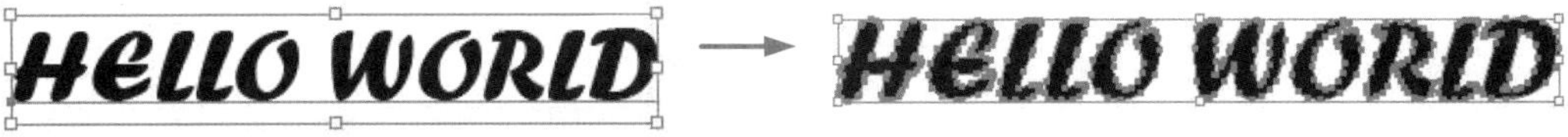

图6-77 将文本转换为轮廓

将文本转换为路径后，可使其具有路径的所有特性，像编辑和处理其他路径那样编辑和处理这些路径，图6-78所示就是一些典型的文本转换为路径后的处理效果。

图6-78 文本转换为路径后的效果

任务实现

1. 制作背景元素

Step 01 打开Illustrator CS6软件，执行“文件→新建”命令（或按【Ctrl+N】组合键），在弹出的“新建文档”对话框中设置名称为“母亲节海报”，设置宽度为“420mm”、高度为“570mm”、出血为“3mm”，单击“确定”按钮，完成文档的创建。

Step 02 选择“矩形工具”，在文档中绘制一个宽“420mm”、高“570mm”的矩形，并设置玫红色（CMYK：0、100、25、0）到深玫红色（CMYK：35、100、45、40）的径向渐变填充。将鼠标指针停留在渐变色条下方，待鼠标指针变为时，单击添加新过渡色（CMYK：20、100、40、0）滑块，滑块位置如图6-79所示。

Step 03 打开素材文件“母亲节海报素材.ai”，将边框素材移入到当前文档中，如图6-80所示。

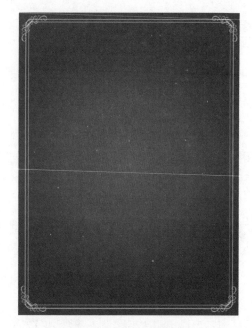

图6-79　添加滑块

图6-80　移入边框素材

Step 04 选择“钢笔工具”，绘制图6-81所示的心形路径。然后选择“区域文字工具”，将鼠标指针移至心形的边缘上并单击，图形将成为文本框，此时即可在选定的图形对象区域内输入文本，并设置字体为“文鼎竹子体”，颜色为白色，不透明度为50%，调整字体大小，如图6-82所示。

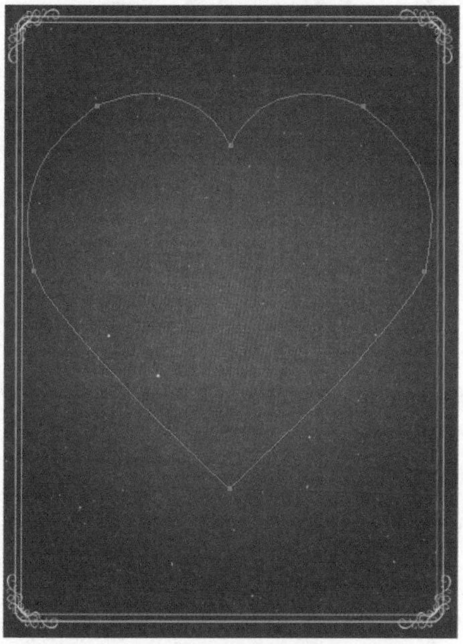

图6-81　绘制心形路径

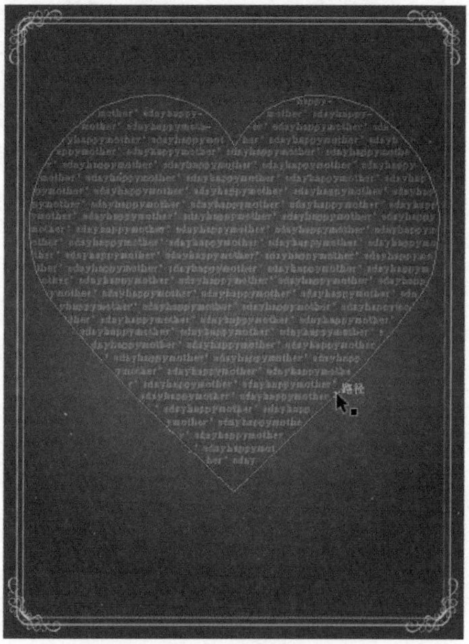

图6-82　插入文字背景

Step 05 执行“窗口→符号”命令（或按【Shift+Ctrl+F11】组合键），弹出“符号”面板，单击“符号库菜单”按钮，选择“庆祝”→“烟火”和“气球1”命令，此时这两种符号将添加到“符号”面板中。

Step 06 在“符号”面板中选中所需要的符号，直接将其拖动到当前文档中，即可插入该符号。图6-83所示即为插入的符号图形。

Step 07 在文档中选中符号，单击“符号”面板下边的“断开符号链接”按钮，即可将符号变成一个可单独编辑的图形对象，此时可修改符号图形的颜色，如图6-84所示。

图6-83 插入符号图形

图6-84 修改符号图形颜色

2. 制作主题元素

Step 01 选择“文字工具”，设置字体为“方正正大黑简体”，单独输入图6-85所示的文字内容。选中文字执行“文字→创建轮廓”命令，将文字转换为轮廓。

Step 02 选择“直接选择工具”，通过调整文字路径来改变文字形状，单独调整“庆”字后的形状如图6-86所示。

图6-85 将文字转换为轮廓

图6-86 调整“庆”字的形状

Step 03 重复Step02中的操作方法，改变其他文字的形状，如图6-87所示。

Step 04 选择“螺旋线工具”，在文档中绘制螺旋线，并通过“宽度工具”调整螺旋线的宽度，如图6-88所示。

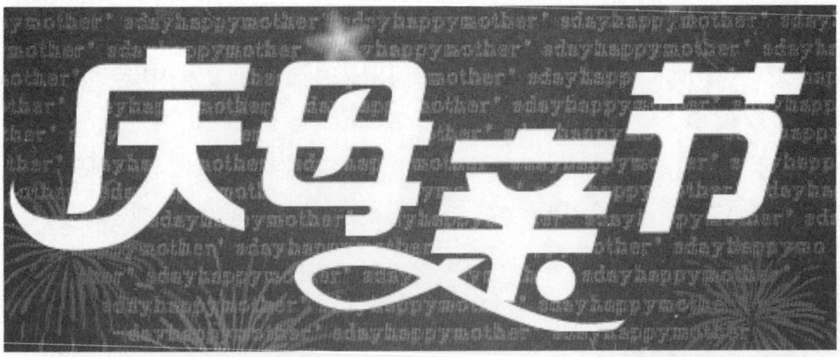

图6-87　改变文字形状

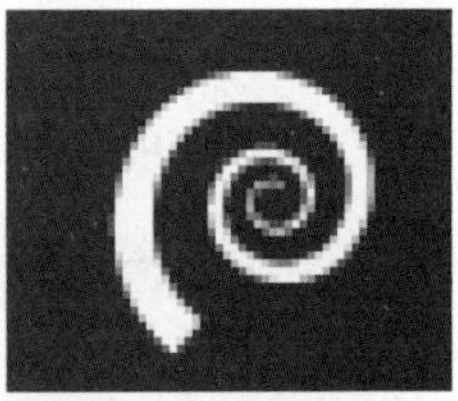

图6-88　调整螺旋线宽度

Step 05 在图6-87所示的文字上添加螺旋线，如图6-89所示。

图6-89　添加螺旋线

Step 06 运用“直接选择工具”对文字做细节修改，如图6-90所示。

图6-90　对文字进行细节修改

Step 07 选择“钢笔工具”，绘制图6-91所示的心形，按【Ctrl+G】组合键将文字和心形创建编组。

图6-91　编组文字和心形

Step 08 选择上一步创建的复合形状和背景区域文字，执行“对象→文本绕排→建立”命令，即可实现图文混排，如图6-92所示。

Step 09 创建完图文混排效果后，图6-92出现了文字溢出标示符，将多余文字删除，溢出标示符即可消失。

Step 10 打开素材文件“母亲节海报素材.ai”，将人物丝带素材移入到当前文档中，如图6-93所示。

图6-92　图文混排

图6-93　插入人物丝带素材

Step 11 选择“文字工具”T，输入图6-94所示的文字内容。

图6-94　插入文字内容

Step 12 至此“母亲节海报”绘制完成，按【Ctrl+S】组合键将文件保存在指定文件夹。

巩固与练习

一、判断题

1．在Illustrator中，使用“路径文字工具”只可以在开放路径上输入文字，使文字沿路径的形状排列。（　　）

2．在Illustrator中，使用“区域文字工具”可以在指定的区域内创建文本，当输入的文字内容超出文本框的范围时，会在图形下方出现溢出标志。（　　）

3．在Illustrator中，通过“区域文字选项”命令可以将文本自身分成多个栏与节，分栏操作适合于所有文本对象。（　　）

4．Illustrator中，在进行图文混排时，必须使图形在文本的前面。（　　）

5．在Illutrator中，只可在输入文本的过程中，设置一些基本的字符属性。（　　）

二、选择题

1．使用“文字工具”在文档中单击，则输入的文本类型为（　　）。

A．点文本　　B．段落文本

C．绕排文本　　D．路径绕排文本

2．下列选项中，可以在“字符”面板中设置的属性是（　　）。

A．文字大小　　B．字体系列

C．首行缩进　　D．文字行距

3．下列选项中，可以在“段落”面板中设置的属性是（　　）。

A．首行缩进　　B．文字的对其方式

C．设置字体大小　　D．文字的行距

4．下列选项中，可以显示或隐藏“字符”面板的快捷键是（　　）。

A．【Ctrl+T】组合键　　B．【Ctrl+M】组合键

C．【Ctrl+S】组合键　　D．【T】组合键

5．“段落”面板中可以设置的对齐方式包括（　　）。

A．左对齐　　B．居中对齐

C．右对齐　　D．朝向书脊对齐

单元 7

图层和蒙版操作技巧

知识学习目标	☑ 掌握蒙版的操作技巧，能够创建剪贴蒙版和不透明度蒙版。 ☑ 熟悉图层的应用原理，能够对图层进行隐藏、创建、删除、锁定等操作。 ☑ 理解混合工具的应用原理，能够创建图形混合效果。
技能实践目标	☑ 运用蒙版和图层制作“亲子学习卡”。 ☑ 运用混合工具和图层样式等制作“十一促销海报”。

在Illustrator中，运用“图层”和“蒙版”可以更轻松地控制和处理图形对象，绘制丰富多彩的图形效果。但在设计中该如何应用图层和蒙版呢？它们又有哪些操作技巧？本单元将通过“亲子学习卡”“十一促销海报”两个案例对图层和蒙版的操作技巧进行详细讲解。

任务16 制作亲子学习卡

任务描述

学习卡是教育机构通过体验或优惠式的学习模式，推广自己教学产品的一种营销手段。借助这种营销模式可以提高消费者对公司教学产品的认可度，实现产品的市场价值。本任务是为某少儿教育公司设计一款学习体验卡。卡片的最终效果如图7-1所示。通过本任务的学习，读者可以掌握图层和蒙版的基本操作技巧。

图7-1 亲子学习卡

任务分析

在进行任务分析时，可以从卡片的正面、反面以及卡片设计基本规范进行分析。

卡片正面：

（1）颜色：考虑到公司产品面向的是少儿这一群体，因此在颜色的运用上，可以选择绿色、蓝色等少儿最易分辨的颜色或黄色、橙色等暖色系。

（2）图形：在图形选择上，考虑少儿的心理成长因素，应尽量用一些圆润、平滑的图形，少用或不用一些锐利或凸起的图形。本任务运用“椭圆工具”绘制卡片正面图形。

卡片背面：因为卡片背面要放置说明文字，因此在设计时尽量使用单一的颜色，避免颜色过多干扰阅读。本任务使用平静的蓝色作为卡片背面的颜色。

卡片设计规范：在制作名片之前，首先需要了解名片的设计规范。

（1）规格尺寸：名片通常分为“横版”和“竖版”两类。其中“横版”标准尺寸为90 mm × 54 mm、90 mm × 50 mm、90 mm × 45 mm；“竖版””标准尺寸为50 mm × 90 mm、45 mm × 90 mm，具体如图7-2所示。

（2）像素和颜色：设计名片时，图像像素必须不小于300像素，才能保证印刷的清晰度。同时要将颜色模式设置为CMYK四色全彩印刷模式。

（3）文字转曲：也就是将文字转换为轮廓，因为在卡片设计中，往往会用到一些特殊的字体，别人的计算机上若没有这种字体，会被替换成常规字体，导致设计作品变动。将文字进行转曲处理，可避免上述情况。

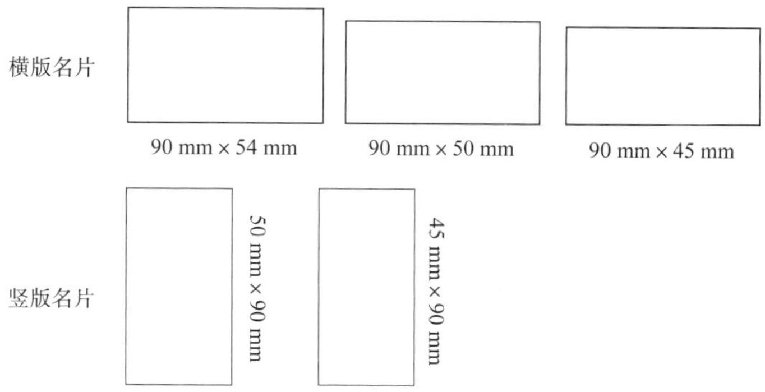

图7-2　规格尺寸

知识储备

1. 图层和“图层”面板

图层就像一个结构清晰的文件夹，使用图层可以有效地选择和管理对象，提高工作效率。在Illustrator中新建文档时，会自动生成一个图层，即“图层1”。在绘图页面上创建的所有对象都存放在这个图层中，被称作是该图层中的子图层，如图7-3所示。

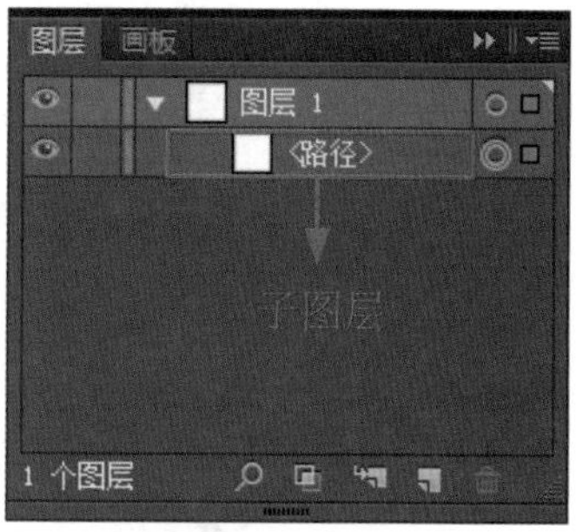

图7-3　子图层

图层是透明的，在每一层中可以放置不同的图像，通过调整图层的堆叠顺序可改变图稿的显示效果。打开图7-4所示图形文件，执行“窗口→图层”命令（或按【F7】快捷键），打开“图层”面板，如图7-5所示。观察“图层”面板，可以发现在该面板中包含多个图层和按钮，对它们的具体介绍如下。

图7-4　图层素材

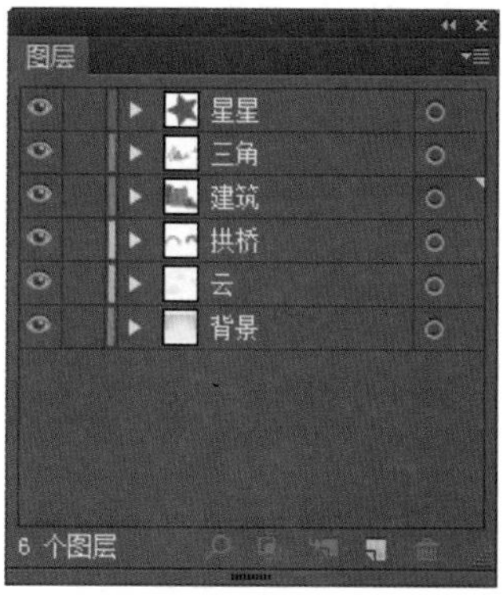

图7-5　“图层”面板

（1）三角形按钮▶：单击此按钮，将展开或关闭图层列表，用于查看图层中包含的子图层。

（2）眼睛图标：用于隐藏当前图层，每一个图层中可以包含若干子图层，对图层进行隐藏和锁定等操作时，子图层也会同时被隐藏和锁定。

（3）“定位对象”按钮：单击此按钮，可以选中所选对象所在的图层。

（4）“建立/释放剪切蒙版”按钮：单击此按钮，可以创建或释放剪切蒙版。

（5）“创建新子图层”按钮：单击此按钮，可以在当前选择的图层内创建一个子图层。

（6）“创建新图层”按钮：单击此按钮，将在当前图层上新建一个图层。

（7）“删除所选图层”按钮：单击此按钮，或将图层拖动到该按钮上，可直接删除图层，删除父图层的同时也将删除子图层。

（8）锁定图标：在眼睛图标右侧单击，将出现锁定图标，锁定该图层。被锁定的图层不能再做任何编辑，如果要解除锁定，可单击该图标。

多学一招　如何调整图层缩览图的大小

单击“图层”面板右上角的按钮，打开面板菜单，选择“面板选项”命令，打开“图层面板选项”对话框，如图7-6所示。在该对话框中可以调整图层缩览图的大小，如图7-7所示。

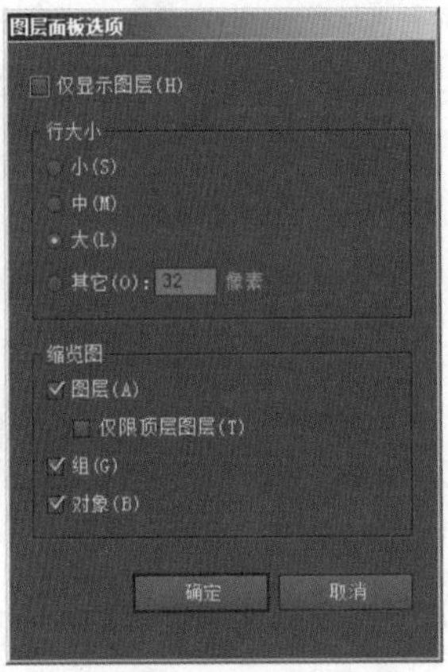

图7-6　“图层面板选项”对话框

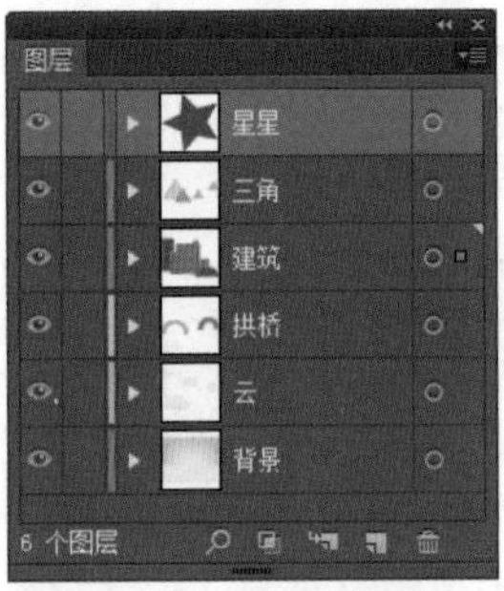

图7-7　“图层”面板

2. 图层的基本操作

在Illustrator CS6中，用户可以根据需要对图层进行一些操作，如新建图层、显示与隐藏图层、锁定图层等。

（1）新建图层

单击“图层”控制面板右上方的图标，在弹出的菜单中选择“新建图层”命令，弹出“图层选项”对话框，如图7-8所示。单击“确定”按钮，即可创建一个新图层。

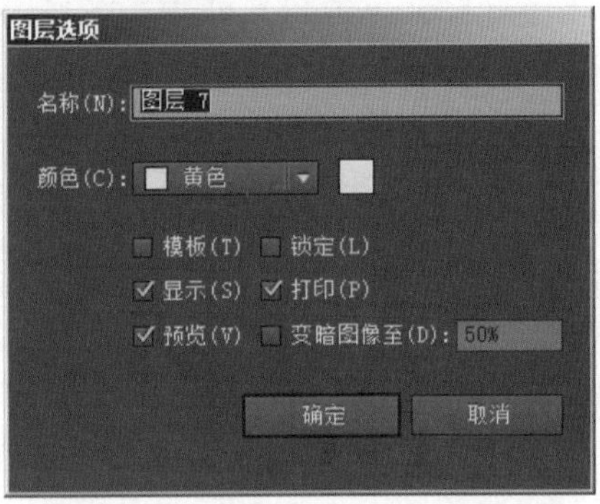

图7-8　“图层选项”对话框

对“图层选项”对话框中常用参数选项介绍如下。

① 名称：用于设定当前图层的名称。

② 颜色：用来设定新图层的颜色。

单击“图层”面板中的“创建新图层按钮”，同样可创建一个新的图层，单击“创建新子图层”按钮，则在选择的图层内创建了一个新的子图层。在新建图层时，有一些操作技巧，具体如下。

① 如果在单击“创建新图层按钮”的同时按住【Ctrl】键，可以在所有现有图层的最顶层创建一个新图层。

② 如果在单击“创建新图层按钮”的同时按住【Alt】键，可以在创建图层的同时弹出“图层选项”对话框，所创建的图层位于当前选中的图层的紧邻上方。

③ 如果在单击“创建新图层按钮”的同时按住【Ctrl +Alt】组合键，弹出“图层选项”对话框，并在当前选择的图层下方新建一个图层。

（2）选择图层

选择一个图层时，直接在图层名称上单击，该图层会高亮显示，并在名称后出现一个当前图层指示图标■，表示此图层被选择为当前图层。在选择图层时，有一些操作技巧，具体如下。

① 按住【Shift】键，分别单击两个图层，即可选择两个图层之间多个连续的图层。

② 按住【Ctrl】键，分别单击想要选择的图层，可以选择多个不连续的图层。

（3）复制图层

复制图层时，会复制图层中所包含的所有对象。常用复制图层的方法有两种，具体介绍如下。

① 选择要复制的图层“星星”，如图7-9所示，单击“图层”面板右上方的图标▾≡，在弹出的菜单中选择“复制‘星星’”命令，效果如图7-10所示。

② 在“图层”面板中选中需要复制的图层并拖动到下方的“创建新图层”按钮上，即可将所选图层复制为一个新图层。

图7-9　选择要复制的图层

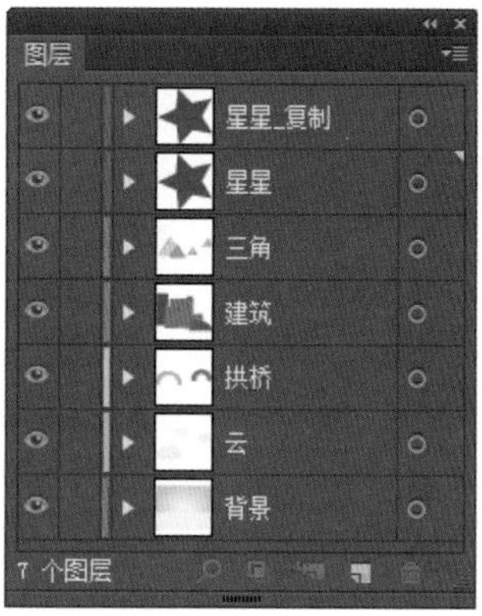

图7-10　复制后的效果

（4）删除图层

对于不需要的图层，可以将其删除。删除图层的方法有以下几种。

① 在“图层”面板中，选择需要删除的图层，单击“删除所选图层”按钮，便可删除图层。

② 将该图层拖动到“删除所选图层”按钮上，进行删除。

③ 选择要删除的图层“星星”，如图7-11所示，单击“图层”面板右上方的图标▾≡，在弹出的菜单中选择“删除‘星星’”命令，即可删除该图层，如图7-12所示。

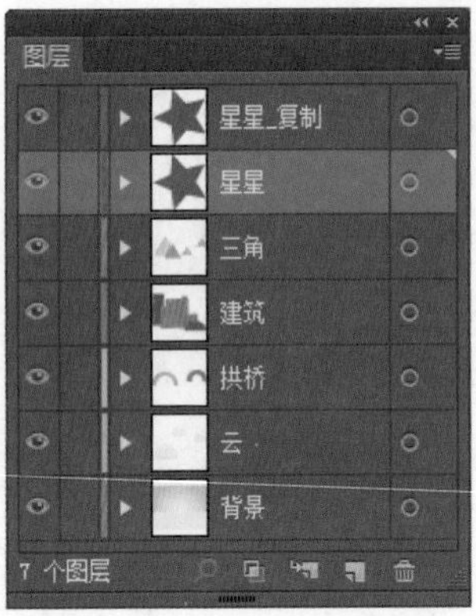

图7-11　选择要删除的图层

图7-12　删除图层

（5）隐藏或显示图层

单击图层左侧的“眼睛图标”，即可隐藏该图层，再次单击眼睛图标所在位置的方框，会重新显示该图层。

（6）锁定图层

在想要锁定的图层左侧的方框中单击，出现锁定图标，图层被锁定；再次单击该图标，图标消失，即可解除对此图层的锁定状态。

（7）合并图层

在“图层”面板中选择需要合并的图层，单击“图层”面板右上方的图标，在弹出的菜单中选择“合并所选图层”命令，所有被选择的图层将合并到最后一个选择的图层或编组中。

3. 蒙版

蒙版用于遮盖对象，但不会删除对象。在Illustrator中可以创建两种蒙版，即剪切蒙版和不透明度蒙版。

（1）剪切蒙版

剪切蒙版是用一个图形的形状来隐藏其他对象，位于该形状内的对象会显示出来，位于该形状外的对象会被蒙版遮盖而隐藏。

剪切蒙版可以通过两种方法来创建，打开素材文件“叶子.ai”，绘制椭圆形，充当蒙版对象。

① 选择蒙版对象，如图7-13所示，单击“图层”面板中的“建立剪切蒙版”按钮，进行创建，此时蒙版会遮盖同一图层中的所有对象，创建后的效果如图7-14所示。

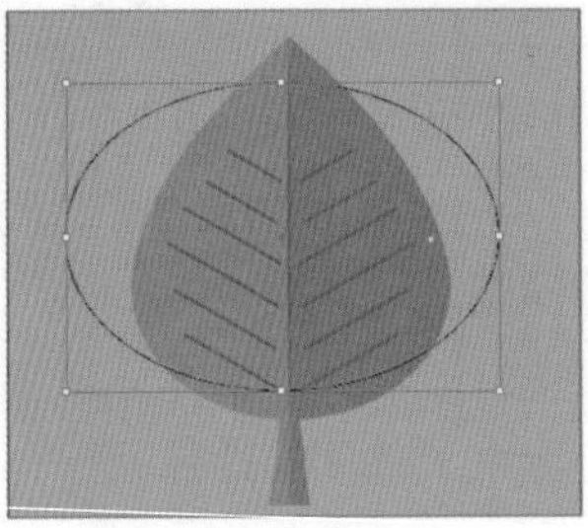

图7-13　选择蒙版对象

图7-14　剪切蒙版效果

② 选择蒙版对象和图形对象，如图7-15所示，执行“对象→剪切蒙版→建立”命令（或按【Ctrl+7】组合键）进行创建，此时蒙版只遮盖所选图形对象，不会影响其他对象，如图7-16所示。

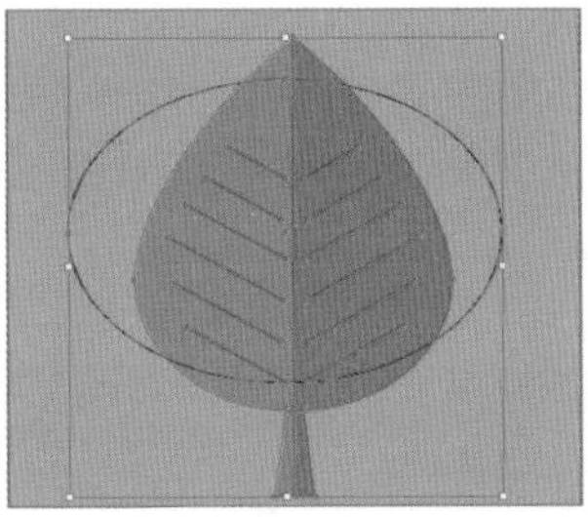

图7-15　选择蒙版对象和图形对象

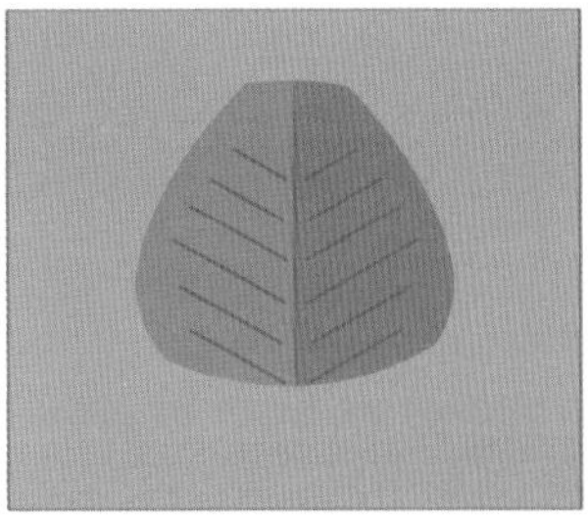

图7-16　剪切蒙版效果

要释放剪切蒙版，可以在选中剪切蒙版对象后，执行“对象→剪切蒙版→释放”命令（或按【Ctrl+Alt+7】组合键）。

Note

在同一图层中制作剪切蒙版时，蒙版对象应位于被遮盖对象的上面。如果图形位于不同的图层中，则制作剪切蒙版时，应将蒙版对象所在的图层调整到被遮盖对象的上层。

（2）不透明度蒙版

制作不透明度蒙版时，同样要具备蒙版对象和被遮盖对象，且蒙版对象需要位于被遮盖对象之上。蒙版对象中的白色区域会完全显示下面的对象，黑色区域会完全遮盖下面的对象，灰色区域会使对象呈现不同程度的透明效果。

执行“文件→置入”命令，置入素材图片“蘑菇.jpg”。使用“椭圆工具”绘制圆形，为椭圆形添加渐变填充，设置渐变类型为“径向”，颜色为白色到黑色，如图7-17所示。将圆形渐变和下面的图片选中，执行“窗口→透明度”命令，打开“透明度”面板，如图7-18所示，单击“制作蒙版”按钮，蒙版效果如图7-19所示。

图7-17　渐变填充

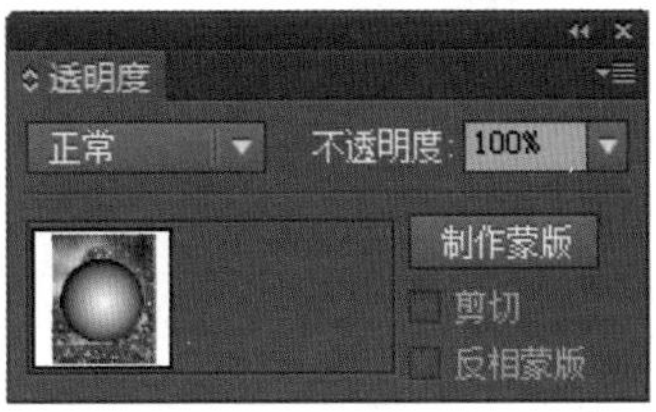

图7-18　“透明度”面板

此时，在“透明度”面板中会出现两个缩览图，左侧是被蒙版遮盖的图片缩览图，右侧是蒙版对象缩览图，如图7-20所示。默认状态下，图片缩览图周围有一个矩形框，表示图片处于编辑状态，当对图片调整大小时，整个蒙版效果会跟着变化。如果只需调整图片，则单击链接图标断开链接即可。

图7-19　不透明度蒙版效果

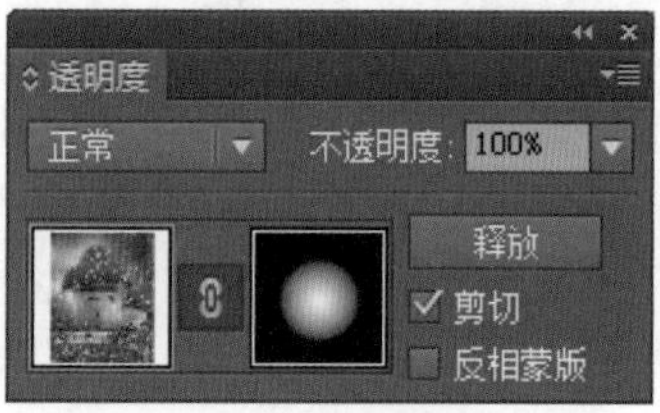

图7-20　“透明度”面板

单击蒙版对象缩览图可进入蒙版编辑状态，矩形框会转移到该缩览图上，此时可修改其形状和位置，也可修改它的填充色来改变蒙版的遮盖效果。要释放不透明度蒙版效果，可以在选中蒙版对象后，单击“透明度”面板中的“释放”按钮，即可使对象恢复到蒙版前的状态。

任务实现

1. 制作学习卡正面

Step 01 打开Illustrator CS6软件，执行“文件→新建”命令（或按【Ctrl+N】组合键），在弹出的“新建文档”对话框中设置名称为“亲子学习卡”，画板数量为“2”，宽度为“90mm”，高度为“54mm”，出血为“3mm”，如图7-21所示。单击“确定”按钮，完成文档的创建。

Step 02 选择“椭圆工具”，分别设置橘黄色（CMYK：0、35、85、0）、黄色（CMYK：20、0、100、0）、蓝色（CMYK：70、15、0、0）填充，绘制图7-22所示的圆形。

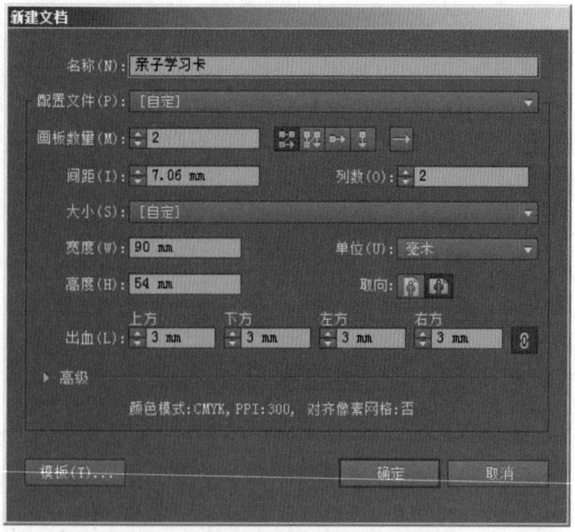

图7-21　“新建文档”对话框

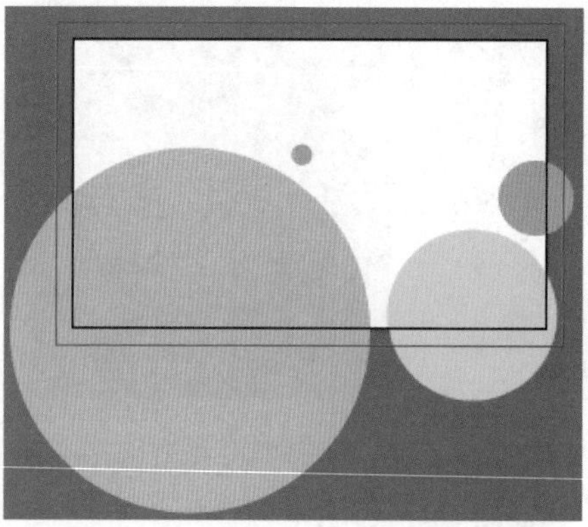

图7-22　绘制圆形

Step 03 继续选择“椭圆工具”，分别设置橘黄色（CMYK：0、35、85、0）、玫红色（CMYK：0、100、0、0）描边，无填充，绘制图7-23所示的圆形描边。

Step 04 选择“矩形工具”，绘制和学习卡正面同样大小的矩形路径，如图7-24所示。单击“图层”面板中的“建立剪切蒙版”按钮，创建剪切蒙版，如图7-25所示。

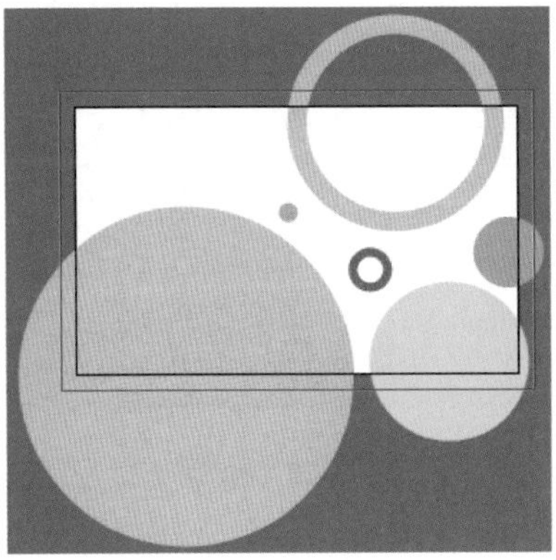

图7-23　绘制圆形描边

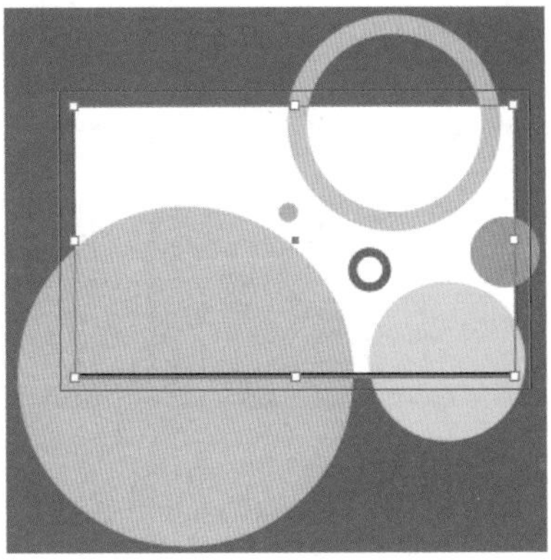

图7-24　矩形路径

Step 05 打开素材文件“LOGO.ai”，将LOGO素材移入当前文档中，如图7-26所示。

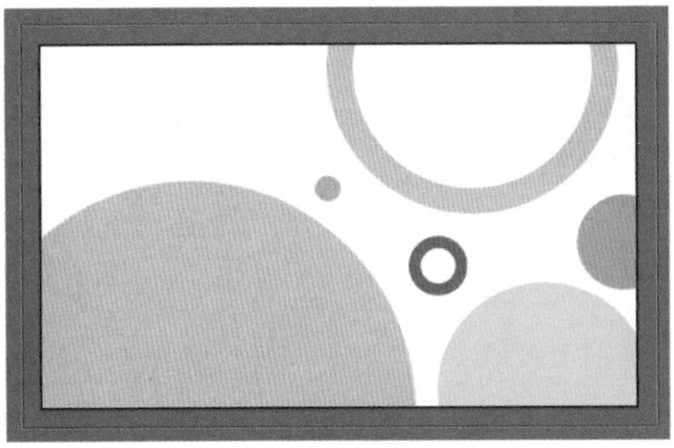

图7-25　创建剪切蒙版

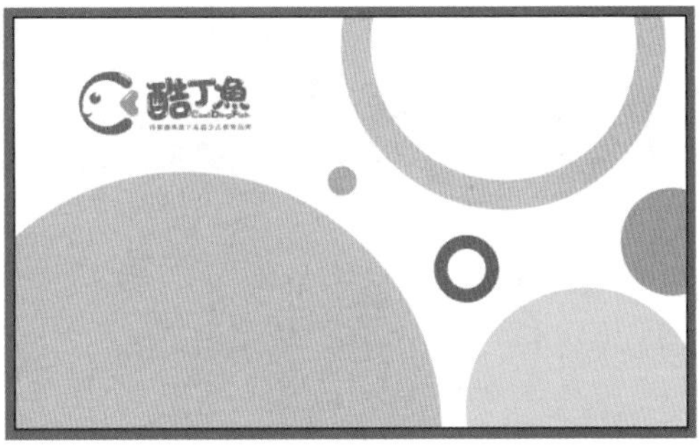

图7-26　移入LOGO素材

Step 06 选择“文字工具”，设置字体为“造字工房朗倩（非商用）”，输入图7-27所示的文字内容。设置字体为“MFXingHei*”，输入图7-28所示的文字内容。设置字体为“微软雅黑”，输入图7-29所标注的文字内容。

图7-27　输入文字1

图7-28　输入文字2

2. 制作学习卡背面

Step 01 单击“图层”面板中的“创建新图层”按钮，新建一个图层，用于添加学习卡反面内容。

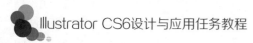

Step 02 选择“矩形工具”，设置蓝色填充（CMYK：70、15、0、0），绘制和学习卡同样大小的矩形。修改填充色为深灰色（CMYK： 0、0、0、90），绘制图7-30所示的矩形。

图7-29 输入文字3

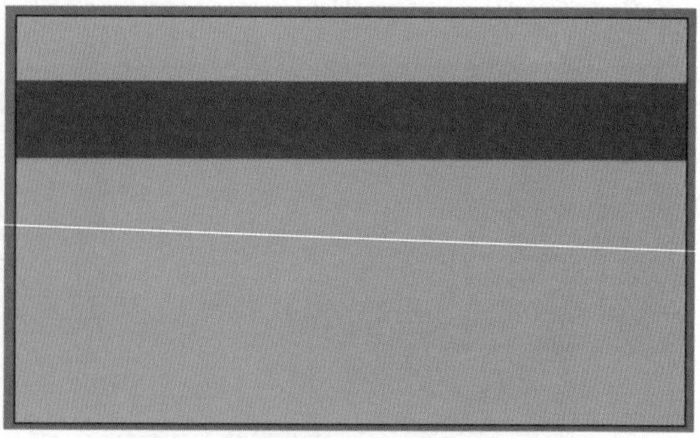

图7-30 绘制矩形

Step 03 选择“文字工具”，设置字体为“微软雅黑”，输入图7-31所示的文字内容。

Step 04 选择“矩形工具”，设置浅灰色填充（CMYK0、0、0、20），绘制图7-32所示的矩形。

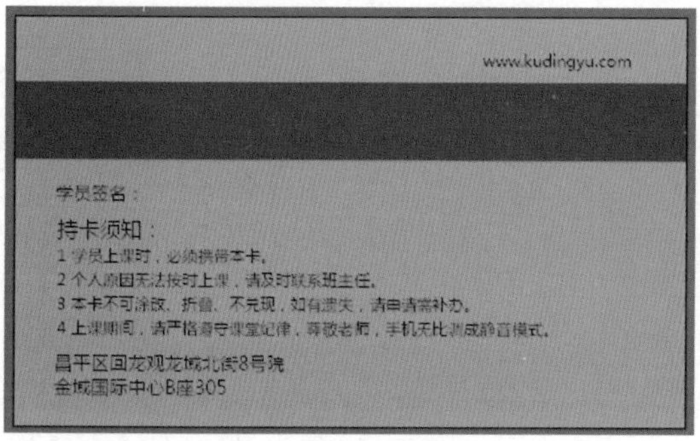

图7-31 输入文字

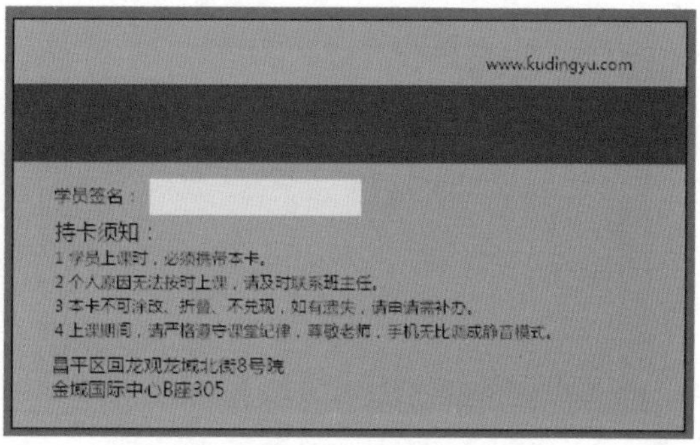

图7-32 绘制矩形

Step 05 至此“亲子学习卡”绘制完成。对文字执行“创建轮廓”命令后，按【Ctrl+S】组合键将文件保存在指定文件夹。

任务17 制作十一促销海报

任务描述

为争取顾客，卖场一般根据节假日、季节、风俗等因素会推出不同的促销方案，让顾客用低价买到既便宜又好的商品。低价促销如能真正做到物美价廉，极易引起消费者的“抢购”热潮。本任务是为某卖场做一款十一促销海报。海报的最终效果如图7-33所示。通过本任务的学习，读者可以掌握混合工具和图层样式的使用技巧。

任务分析

主色调：该海报以促销为主，因此可以选择红色、紫红色、橘黄色等容易引发兴奋、激动、紧张情绪的颜色作为主色调。本任务选择深红色。

图7-33　十一促销海报

背景元素：可以运用一些节奏感较强的线条或图形，突出画面的韵律感。

（1）韵律线条：可以通过“混合工具”和“替换混合轴”命令实现。

（2）变换的正圆形：可以运用“椭圆工具”和“画笔工具”绘制。

（3）五角星：运用“多边形工具”绘制。

主题元素：海报的主题元素力求简单明了、突出核心内容。主题文字和内容文字要做到有主有次（可以通过大小、颜色的变化，整体把握）。

（1）主题文字：运用“文字工具”“混合工具”和“图层样式”制作。

（2）内容文字：可以直接运用卖场提供的素材。

知识储备

1. 封套扭曲

封套扭曲是Illustrator中最灵活、最具可控性的变形功能，它可以使对象按照封套的形状产生变形。封套扭曲的建立包括三种方法：用变形建立、用网格建立、用顶层对象建立。

（1）用变形建立

打开素材文件“南瓜.ai”，选中图形对象，如图7-34所示。执行“对象→封套扭曲→用变形建立”命令，弹出“变形选项”对话框，在“样式”下拉菜单中包含15种封套类型，如图7-35所示。

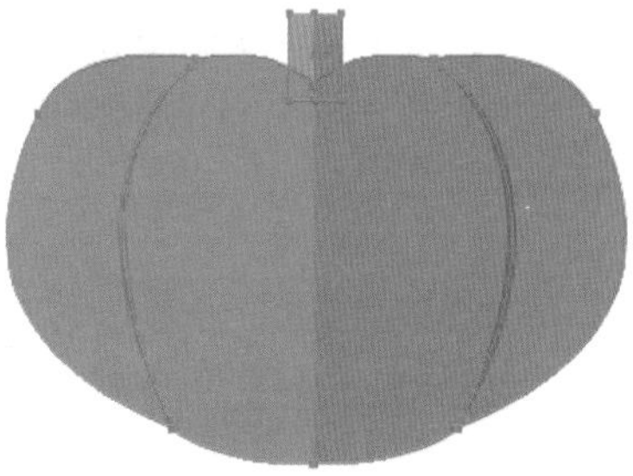

图7-34　选中图形

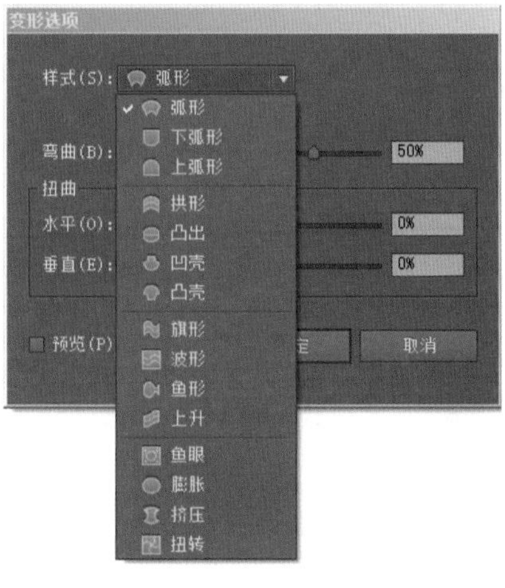

图7-35　“变形选项”对话框

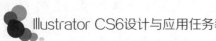

在该对话框中可设置各项参数，拖动“弯曲”选项的滑块可以调整对象的弯曲程度，拖动“扭曲”选项组中的滑块可以调整应用封套类型在水平或垂直方向上的比例，勾选“预览”复选框，能够预览设置好的封套效果，单击“确定”按钮，即可为对象应用封套。图7-36所示为图形应用封套扭曲的效果。

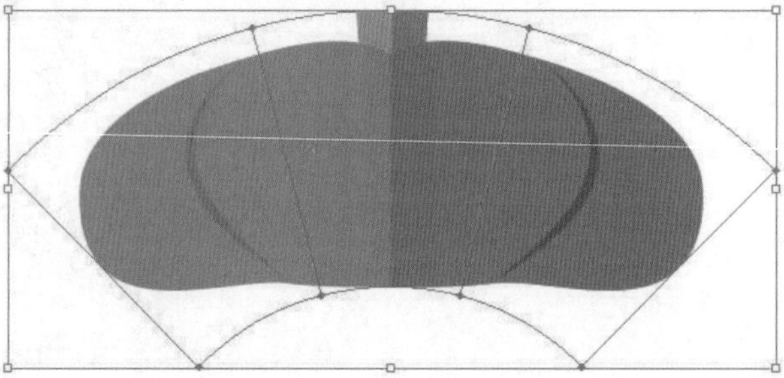

图7-36　用变形建立封套扭曲效果

（2）用网格建立

用网格建立封套扭曲是指在对象上创建变形网格，然后通过调整网格点来扭曲对象。选中图形对象，如图7-37所示，执行“对象→封套扭曲→用网格建立”命令，弹出“封套网格”对话框，如图7-38所示，设置好参数后，单击“确定”按钮，生成变形网格，如图7-39所示。选择“直接选择工具”，单击最下方的网格点，按住鼠标按键向下拖动，效果如图7-40所示。

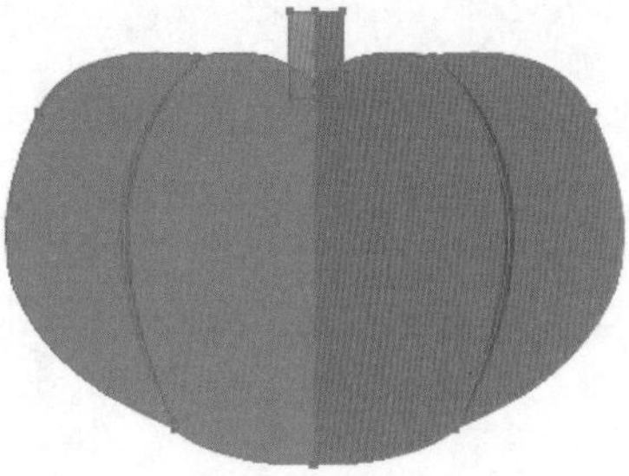

图7-37　选中图形

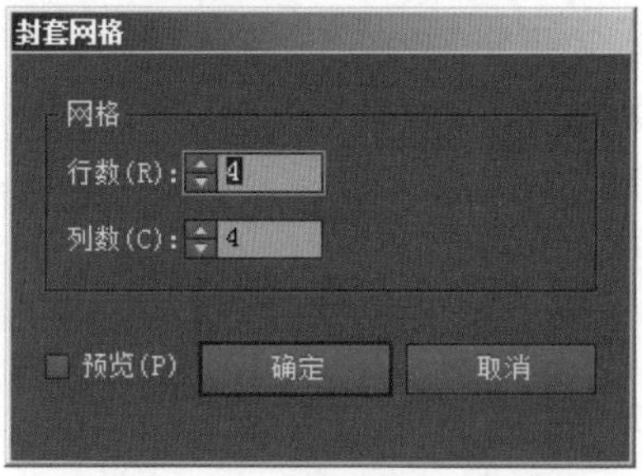

图7-38　“封套网格”对话框

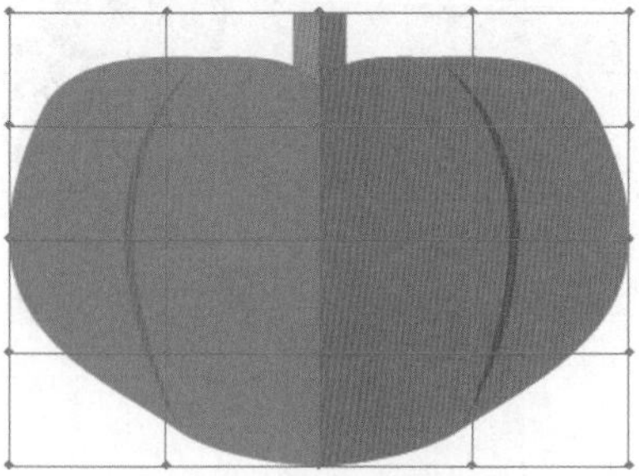

图7-39　生成网格

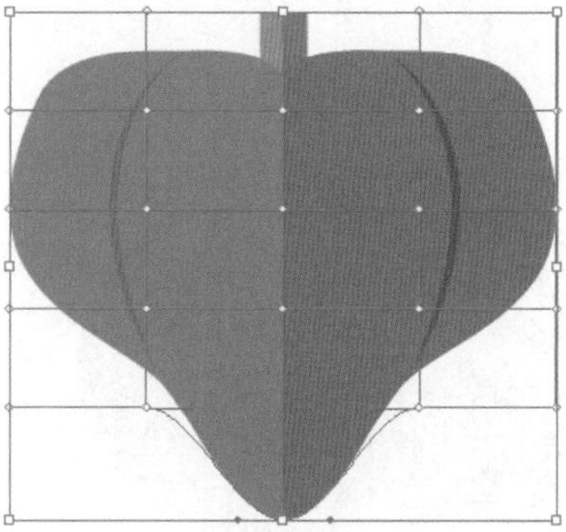

图7-40　用网格建立封套扭曲效果

（3）用顶层对象建立

用顶层对象建立封套扭曲是指在对象上方放置一个图形，用它扭曲下面的图形。在需要进行封套变形的对象上层，绘制出一个星形来作为变形封套，如图7-41所示。选中两个图形，执行“对象→封套扭曲→用顶层对象建立”命令，效果如图7-42所示。

图7-41　选中图形

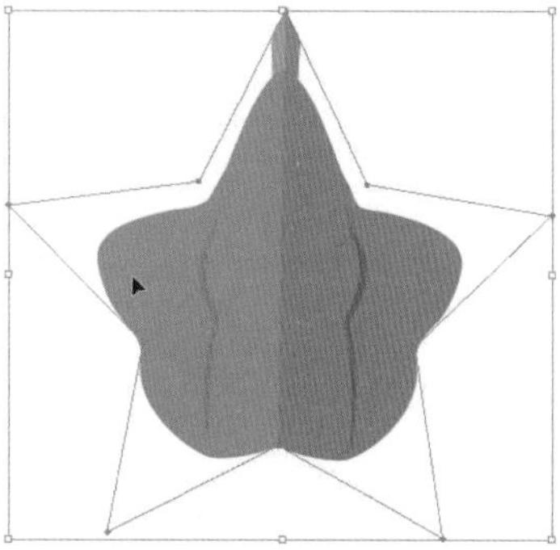

图7-42　用顶层对象建立封套扭曲效果

完成封套变形以后的对象仍然可以进行编辑，以改变封套的形状和各项设置。这里以“用顶层对象建立变形”的效果为例。

① 编辑图形对象。如果要编辑图形对象，执行“对象→封套扭曲→编辑内容”命令，选择“转换锚点工具”，按住鼠标拖动需要修改的锚点，如图7-43所示。

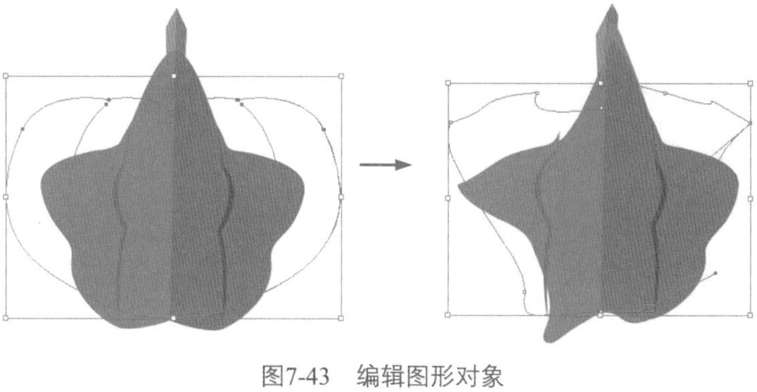

图7-43　编辑图形对象

② 编辑封套对象。如果要编辑封套对象，则执行“对象→封套扭曲→用变形重置（或用网格重置）”命令，弹出“变形选项”（或“重置封套网格”）对话框，根据需要重新设置封套类型和参数，如图7-44所示。

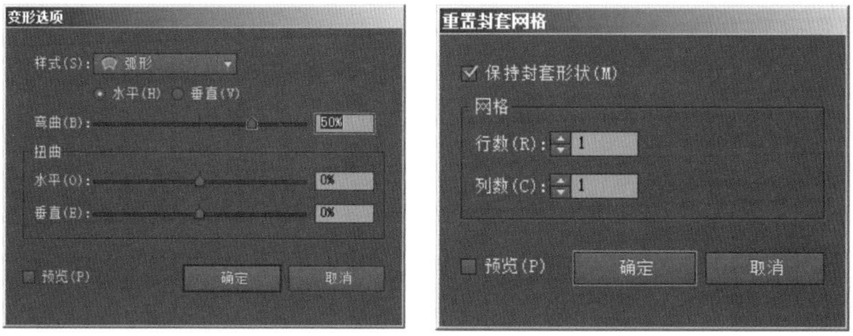

图7-44　编辑封套对象

2. 混合效果

Illustrator中的混合功能是指在两个或多个图形之间生成一系列的中间对象，使之产生从形状到颜色的全面混合效果。用于创建混合的对象可以是图形，可以是路径，也可以是应用渐变或图案填充的对象，但是对图案填充对象只能做形状的混合，填充的部分不能用于混合功能。

（1）混合对象的创建

打开素材文件“混合对象.ai”，如图7-45所示。使用“混合工具”创建混合效果前，首先选中要执行混合的两个对象，然后选择“混合工具”，将鼠标指针移至一个图形对象上单击，则该对象会被设置为混合起始对象，接着再单击另一个对象，该对象设置为混合目标对象，混合效果如图7-46所示。

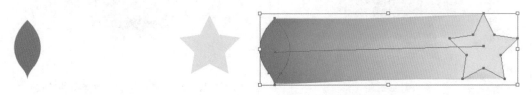

图7-45　混合前

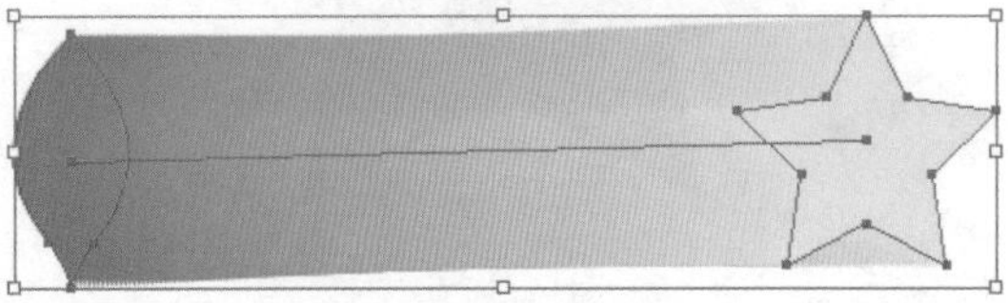

图7-46　混合后的效果

除上述方法之外，还可通过命令创建混合效果，选中要执行混合的两个对象后，执行“对象→混合→建立”命令（或按【Alt+Ctrl+B】组合键），也可创建出混合效果。

（2）混合轴

创建混合后，会自动生成一条连接混合对象的路径，这条路径就是混合轴。默认情况下混合轴是一条直线，如果想更改混合图形的走向，可选择“钢笔工具”绘制一条路径，然后同时选取混合图形和创建的路径，执行“对象→混合→替换混合轴”命令，使混合图形沿着创建的路径变化，如图7-47所示。

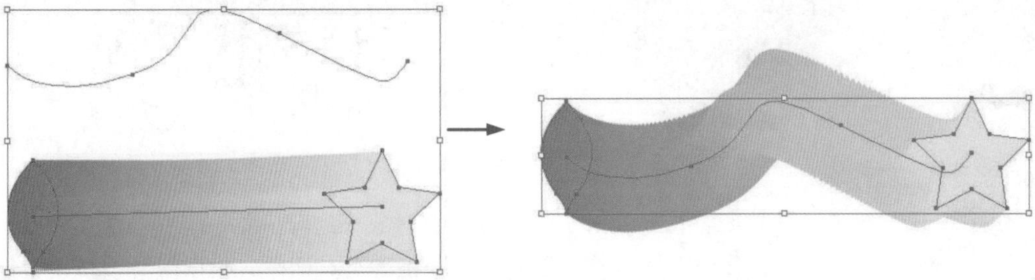

图7-47　替换混合轴效果

（3）混合对象的编辑

双击“混合工具”按钮或执行“对象→混合→混合选项”命令，弹出“混合选项”对话框，如图7-48所示。

图7-48　“混合选项”对话框

① 间距：选择“平滑颜色”可以创建平滑的颜色过渡效果；选择“指定的步数”可以在右侧输入数值，如图7-49所示，混合效果如图7-50所示；选择“指定的距离”可输入中间对象的间距，如图7-51所示，混合效果如图7-52所示。

图7-49　选择“指定的步数”选项

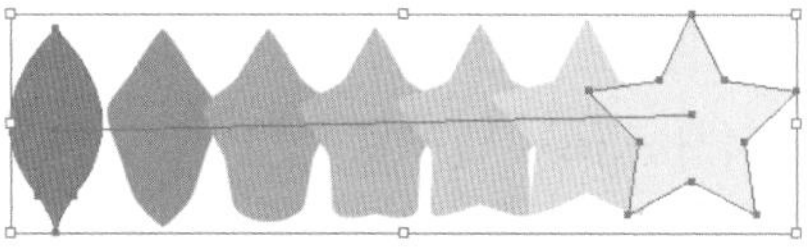

图7-50　混合效果

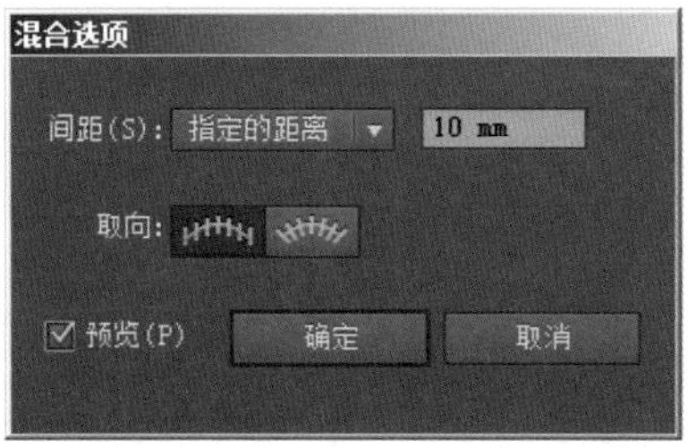

图7-51　选择“指定的距离”选项

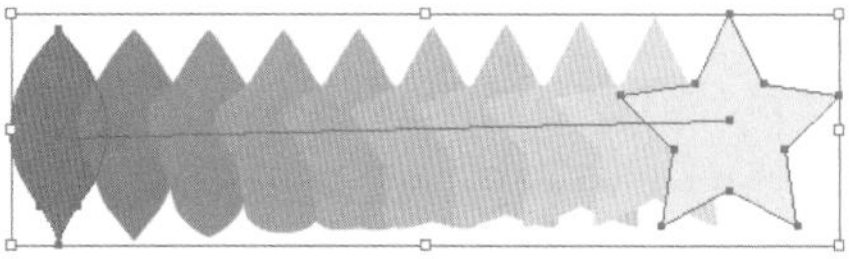

图7-52　混合效果

② 取向：如果混合轴是弯曲的路径，单击“对齐页面”按钮时，混合对象的垂直方向与页面保持一致；单击“对齐路径”按钮时，混合对象垂直于路径显示。

3. 图形样式

图形样式是一系列预设的外观属性的集合，可以快速改变对象的外观。例如，对象的填色和描边颜色、透明度等效果。

（1）创建和删除图形样式

执行“窗口→图形样式”命令，打开“图形样式”面板，默认情况下，它会包含数个自带的图形样式，如图7-53所示。打开素材文件“图案.ai”，如图7-54所示。

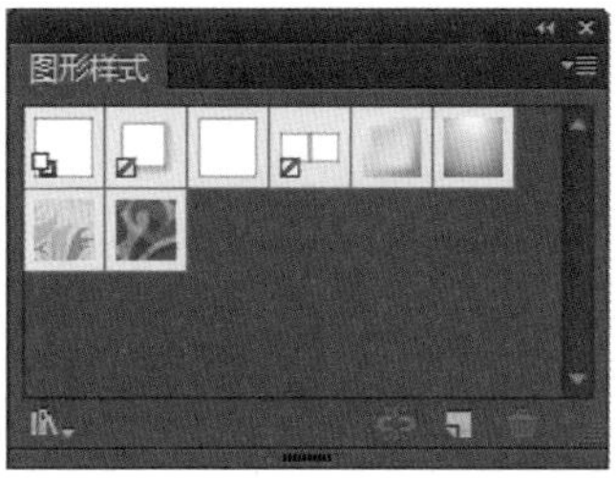

图7-53　“图形样式”面板

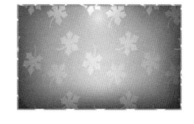

图7-54　图案素材

通过以下方式可将图案素材添加到“图形样式”面板中。

① 选中对象后，单击“图形样式”面板下方的“新建图形样式”按钮。

② 选中对象后，将其直接拖动至“图形样式”面板中。

添加完成后的“图形样式”面板如图7-55所示。值得一提的是，单击“图形样式”面板下方的“图形样式库菜单”按钮，可调出多种图形样式，根据设计需要可直接选用。

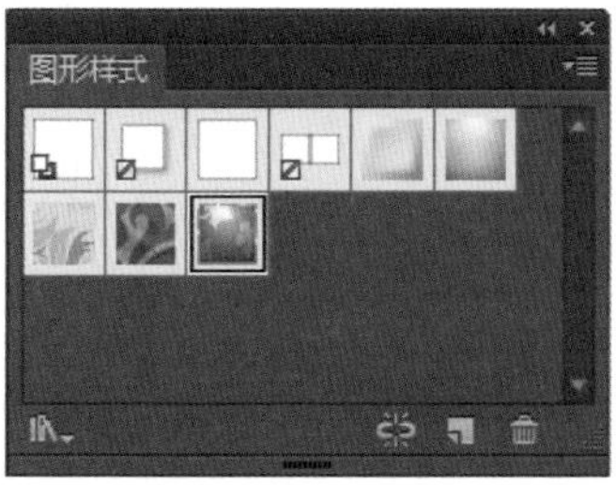

图7-55　添加图案后的“图形样式”面板

如果要删除某个图形样式，只需在“图形样式”面板中选中该样式，单击“删除”按钮 即可将其删除。

（2）使用图形样式

选择要应用样式的对象，在“图形样式”面板中单击要应用的样式即可，也可在未选中对象的情况下将样式拖动到对象上。

（3）断开与图形样式的链接

在选中对象后，“图形样式”面板中也会选中相应的图形样式，两者之间保持着链接关系。若要断开链接，可以单击“图形样式”面板下方的“断开图形样式链接”按钮，或在“图形样式”面板的面板菜单中选择“断开图形样式链接”命令即可。

多学一招 如何清除已填充的图形样式

在设计过程中，有时会遇到需将已填充图形样式的图形对象填充为纯色的情况，选中图形后单击所需的颜色，发现图形样式仍然存在，如图7-56所示，即使单击“断开图形样式链接”按钮也同样不起作用。此时，只需单击“默认图形样式”按钮，然后再填充所需的颜色即可。值得一提的是“默认图形样式”会带有描边效果，可根据设计需求对其进行设置。

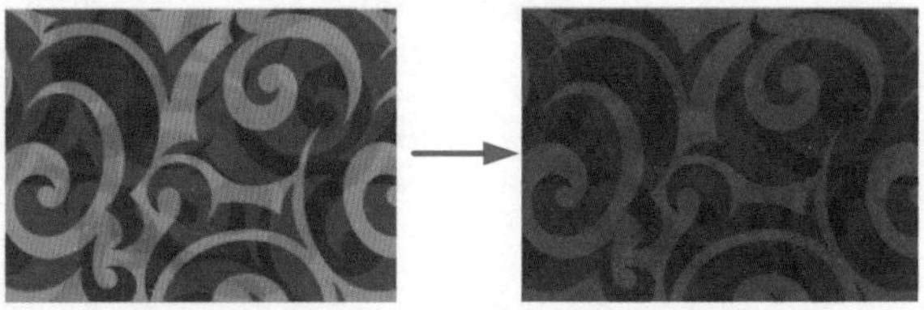

图7-56 已填充图形样式的图形对象填充为纯色

任务实现

1. 制作背景元素

Step 01 打开Illustrator CS6软件，执行“文件→新建”命令（或按【Ctrl+N】组合键），在弹出的“新建文档”对话框中设置名称为“十一促销海报”，宽度为“420mm”，高度为“570mm”，出血为“3mm”，单击“确定”按钮，完成文档的创建。

Step 02 选择“椭圆工具”，设置玫红色描边（CMYK：0、100、0、0）、无填充，绘制图7-57所示的图形。设置填充色为粉色（CMYK：0、100、0、0）、无描边，绘制圆形，如图7-58所示。选中所有图形后按【Ctrl+G】组合键进行编组。

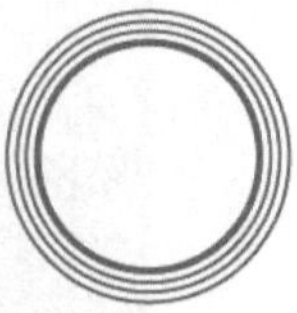

图7-57 绘制描边图形

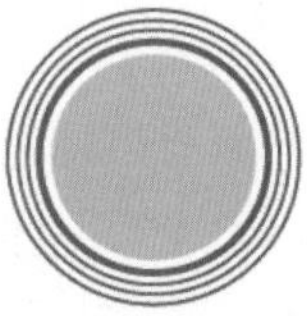

图7-58 圆形

Step 03 选中编组后的图形，单击“画笔”面板下方的“新建画笔”按钮，弹出“新建画笔”对话框，选择“散点画笔”选项，单击“确定”按钮，弹出“散点画笔选项”对话框，参数设置如图7-59所示。

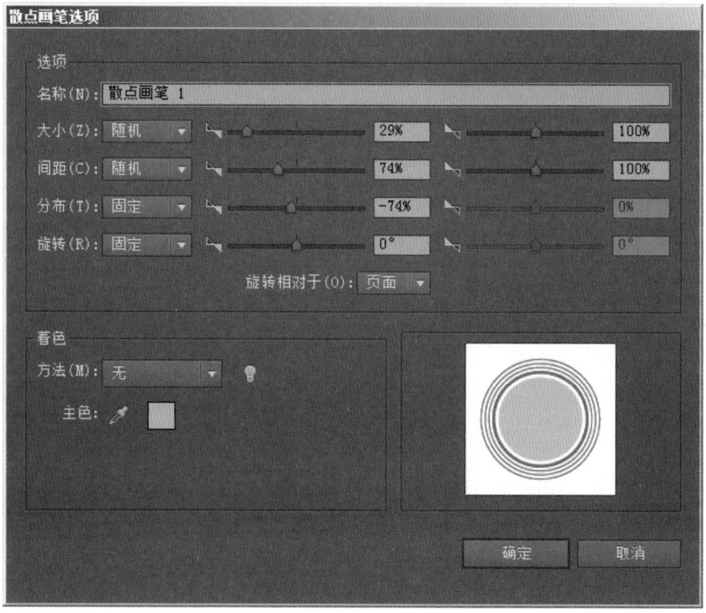

图7-59　“散点画笔选项”对话框

Step 04 选择“画笔工具”，绘制图7-60所示的图形。

Step 05 选择“钢笔工具”，绘制图7-61所示的曲线路径。

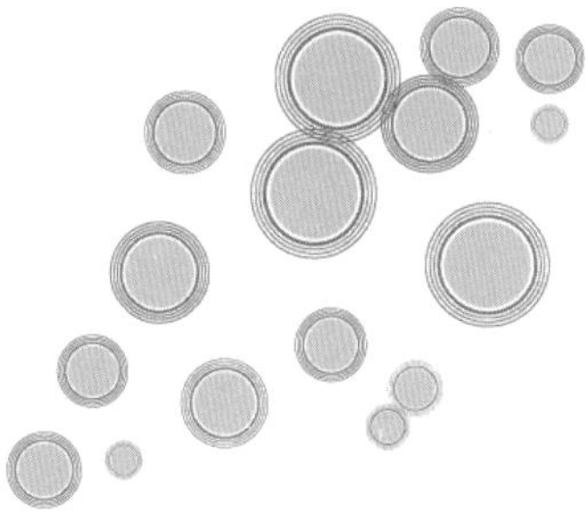

图7-60　画笔绘制图形

图7-61　曲线路径

Step 06 复制上一步绘制的路径，并将其移动到图7-62所示的位置。

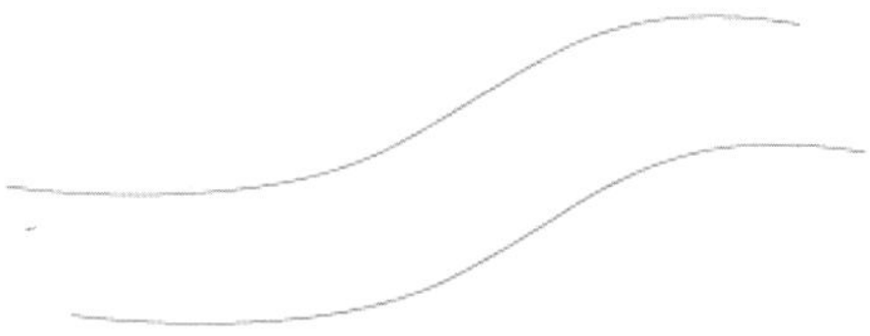

图7-62　复制路径

Step 07 双击“混合工具”，弹出“混合选项”对话框，参数设置如图7-63所示，单击“确定”按钮。将鼠标指针移至一个图形对象上单击，则该对象会被设置为混合起始对象，接着再单击另一个对象，该对象设置为混合目标对象，混合效果如图7-64所示。

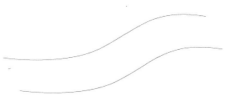

图7-63 “混合选项”对话框

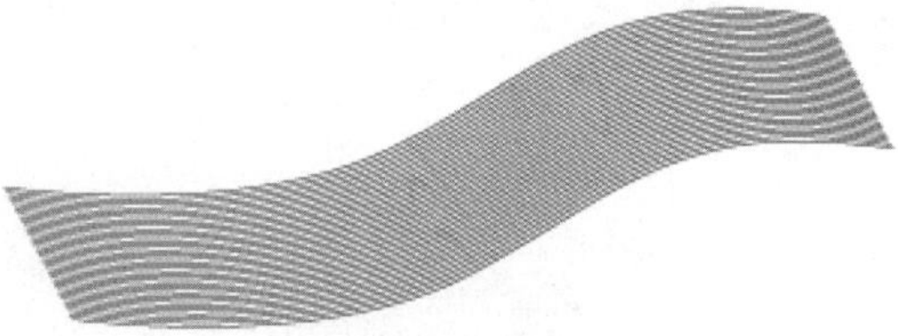

图7-64 混合效果

Step 08 选择“钢笔工具”，绘制一条路径，如图7-65所示。然后同时选取混合图形和创建的路径，执行“对象→混合→替换混合轴”命令，使混合图形沿着创建的路径变化，如图7-66所示。

图7-65 路径

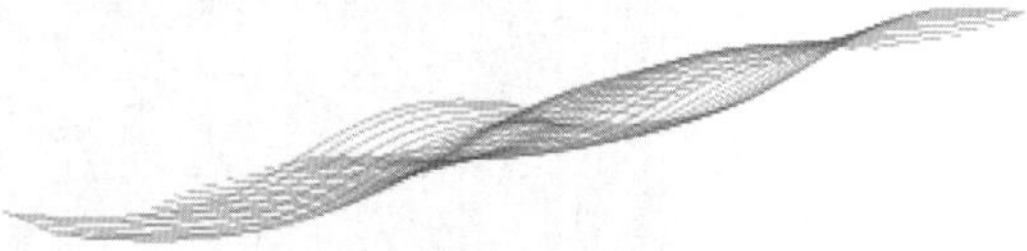

图7-66 混合图形沿路径变化的效果

Step 09 将上一步创建的图形，复制多个，调整为不同的大小，摆放到图7-67所示的位置。

Step 10 选择“矩形工具”，绘制和文档同样大小的矩形路径。单击“图层”面板中的“建立剪切蒙版” 按钮，创建剪切蒙版，如图7-68所示。

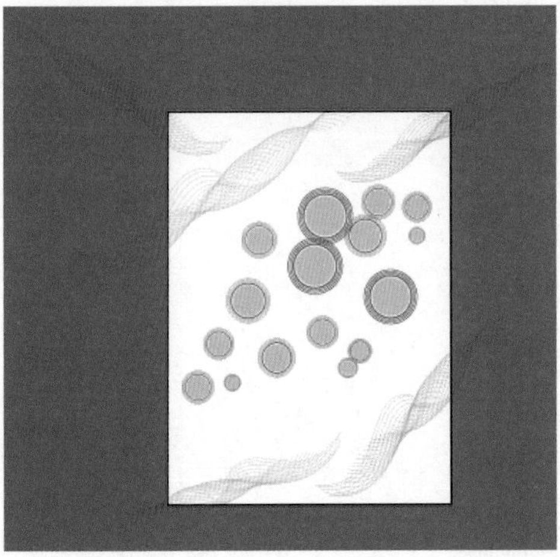

图7-67 复制图形

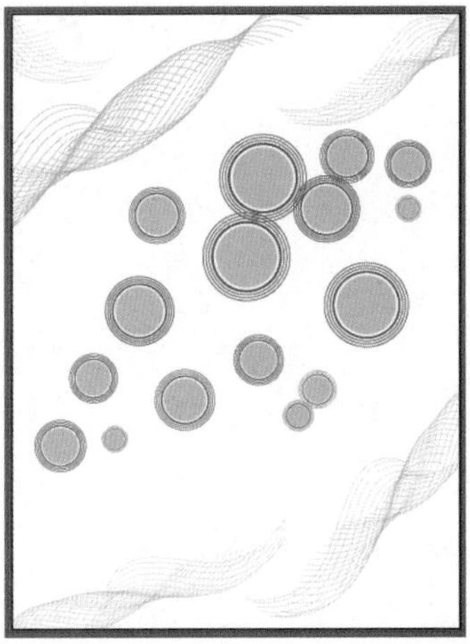

图7-68 创建剪切蒙版

2. 制作主题元素

Step 01 选择“星形工具”，设置玫红色填充（CMYK：0、100、0、0）、白色描边，绘制如图7-69所示的星形。

Step 02 选择“文字工具”，设置灰色填充（CMYK：0、0、0、40），分别设置字体为“Beautiful ES”和“创意简粗黑”，输入文字内容“2”和“/折”，调整字体大小，如图7-70所示。

图7-69　绘制星形

图7-70　输入文字

Step 03 选中文字后右击，选择“创建轮廓”命令，将文字创建为轮廓。

复制该文字轮廓修改填充色为浅灰色（CMYK：0、0、0、5），调整大小，如图7-71所示。

Step 04 选择“混合工具”，分别单击这两组文字对象，则出现图7-72所示的混合效果。

Step 05 重复Step02，创建好文字后，执行“窗口→图形样式”命令，打开“图形样式”面板，单击“图形样式库菜单”按钮，选择“Vonster 图案样式”库中的“羽毛3”样式，将其直接拖动到文字内容上，为文字添加图形样式，如图7-73所示。

图7-71　复制文字

图7-72　混合效果

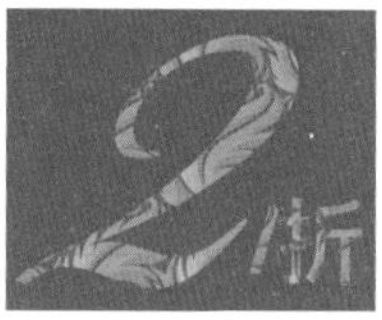

图7-73　添加图形样式后的效果

Step 06 选中上一步中创建的文字，为其添加白色描边（CMYK：0、0、0、0），并将其移动到图7-74所示的位置。

Step 07 打开素材文件“文字素材.ai”，将文字素材移动到图7-75所示的位置。

图7-74　文字效果

图7-75　插入文字素材

Step 08 至此“十一促销海报”绘制完成，按【Ctrl+S】组合键将文件保存在指定文件夹。

巩固与练习

一、判断题

1．在Illustrator中，图层并不是透明的，在每一层中可以放置不同的图像，通过调整图层的堆叠顺序可改变图稿的显示效果。（ ）

2．在新建图层时，如果在单击“创建新图层按钮”的同时按住【Ctrl】键，可以在所有现有图层的最顶层创建一个新图层。（ ）

3．在Illustrator中，蒙版主要用于删除对象。（ ）

4．在Illustrator中，用于创建混合的对象只能是图形或路径。（ ）

5．在Illustrator中，图形样式是一系列预设的外观属性的集合，可以快速改变对象的外观。（ ）

二、选择题

1．下列选项中，可以显示或隐藏”图层“面板的快捷键是（ ）。

A．【F5】键 B．【F6】键 C．【F7】键 D．【F8】键

2．下列选项中，属于“图层”面板的是（ ）。

A．显示/隐藏图层 B．复制图层

C．锁定图层 D．创建新图层

3．下列选项中，属于封套扭曲方法的是（ ）。

A．用变形建立 B．用网格建立

C．用顶层对象建立 D．编辑封套图形

4．关于混合效果的描述，下列说法正确的是（ ）。

A．只有颜色才能建立混合效果

B．只有形状才能建立混合效果

C．必须在两个或多个图形之间才能建立混合效果

D．必须在三个图形以上才可建立混合效果

5．关于混合轴的描述，下列说法正确的是（ ）。

A．混合轴必须是一条直线路径

B．混合轴必须是一条曲线路径

C．混合轴是一条连接混合对象的路径

D．以上说法均正确

单元 8

滤镜效果

知识学习目标	☑ 掌握扭曲和变换滤镜组的使用方法，可以使图形产生各种扭曲变换效果。 ☑ 掌握风格化滤镜组的使用方法，能够为图形添加投影、发光等效果。 ☑ 理解模糊滤镜组的使用方法，能够制作出过渡柔和的边缘效果。
技能实践目标	☑ 运用扭曲和变换滤镜组以及风格化滤镜组制作“猫头鹰插画设计”。 ☑ 运用模糊滤镜组以及像素化滤镜组制作“酷丁鱼易拉宝设计”。

效果是Illustrator中一个非常强大的功能，它包含Illustrator效果和Photoshop效果两部分，用于制作各种不同的图像或图形效果。那么，该如何运用这些效果对图形进行操作呢？本单元将通过“猫头鹰插画设计”“酷丁鱼易拉宝设计”两个案例对滤镜效果的使用方法进行详细讲解。

任务18 制作猫头鹰插画

任务描述

儿童插画是一个充满奇想与创意的世界，能帮助儿童理解文学作品的内容，吸引孩子对文学作品的兴趣，并取得教育和美育的效果。本任务是为某儿童插画册设计一款猫头鹰头像插画。插画的最终设计效果如图8-1所示。通过本任务的学习，读者可以掌握变形、风格化等滤镜效果的操作技巧。

图8-1　猫头鹰插画效果图

任务分析

关于“猫头鹰插画设计”，可以从以下几个方面着手进行分析。

制作毛绒效果：可通过绘制毛绒效果为插画增加立体感，主要通过“扭曲和变换”效果组来完成。

制作五官：针对猫头鹰的外形特质进行绘制，这里主要制作嘴巴、眼睛和眉毛，具体如下：

（1）嘴巴：通过“椭圆工具”绘制，运用“变形”效果组中的“下弧形”命令实现特殊形状。

（2）眼睛：通过“椭圆工具”绘制，运用“风格化”效果组结合“扭曲和变换”效果组添加特殊效果，使眼睛看起来更逼真。

（3）眉毛：通过“钢笔工具”绘制。

知识储备

1. 变形

“变形”可使图形对象产生扭曲或变形的效果。执行“效果→变形”命令，打开“变形”效果组，其中包含15种变形效果，如图8-2所示，这些效果与封套扭曲的变形样式相同，不做具体演示。

Note

如果要再次应用最后一次使用的滤镜效果，可按【Shift+Ctrl+E】组合键；如果要应用最后使用的滤镜并调节参数时，可按【Alt +Shift+Ctrl+ E】组合键。

2. 扭曲和变换

“扭曲和变换”效果组可以快速改变矢量对象的形状。执行“效果→扭曲和变换”命令，打开“扭曲和变换”效果组，它包含七个效果命令，如图8-3所示。

（1）变换：“变换”效果通过重设大小、移动、旋转、镜像和复制等方法来改变对象的形状，该效果与“对象→变换”子菜单中“分别变换”命令的使用方法相同。

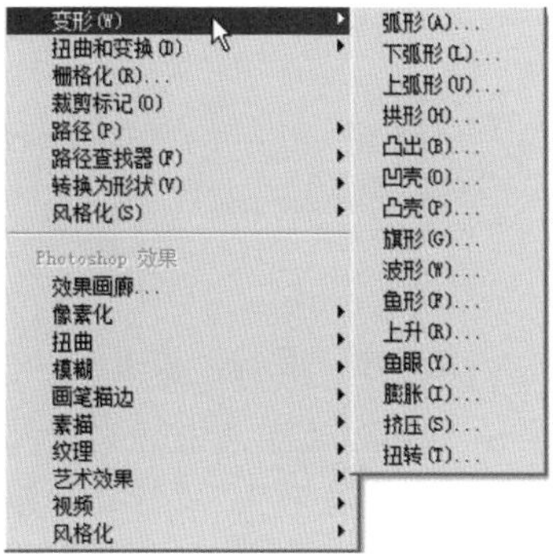

图8-2 “变形”效果组

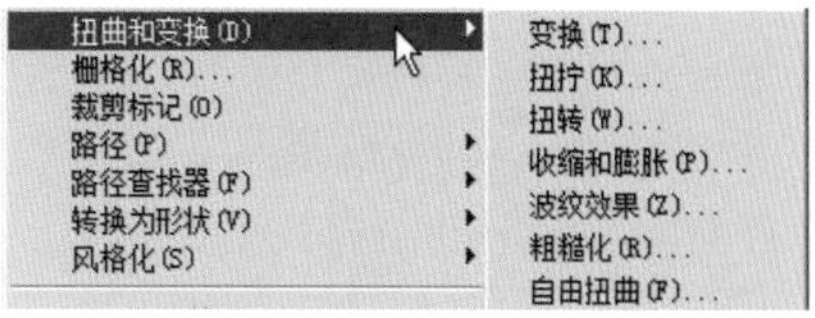

图8-3 “扭曲和变换”效果组

（2）扭拧：“扭拧”效果可以随机的向内或向外弯曲和扭曲路径段。打开素材文件“星形.ai”，参数设置如图8-4所示，“扭拧”效果如图8-5所示。

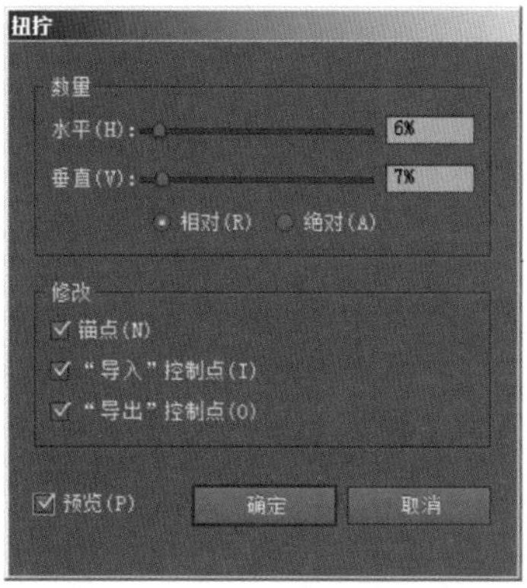

图8-4 “扭拧”对话框

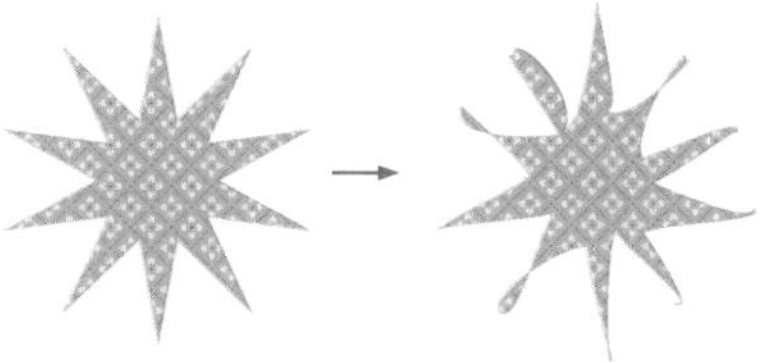

图8-5 “扭拧”效果

（3）扭转：“扭转”效果可以旋转一个对象，在旋转时，中心的旋转程度比边缘的旋转程度大，参数设置如图8-6所示，“扭转”效果如图8-7所示。

图8-6 参数设置

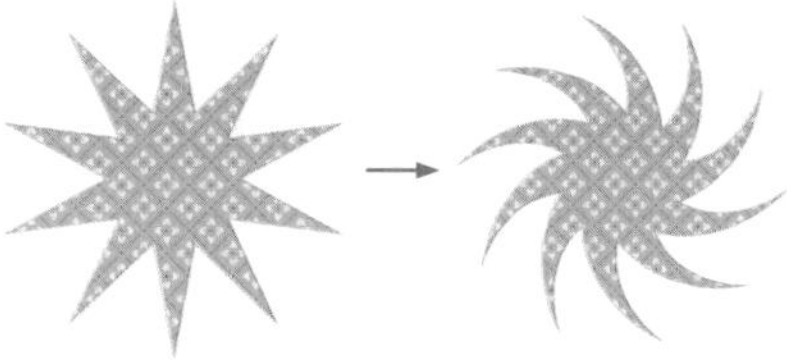

图8-7 “扭转”效果

（4）收缩和膨胀：“收缩和膨胀”效果可以使选择的对象产生以其锚点为编辑点向内凹陷或者向外膨胀的效果，收缩参数如图8-8所示，收缩效果如图8-9所示，膨胀参数如图8-10所示，膨胀效果如图8-11所示。

图8-8 收缩参数设置

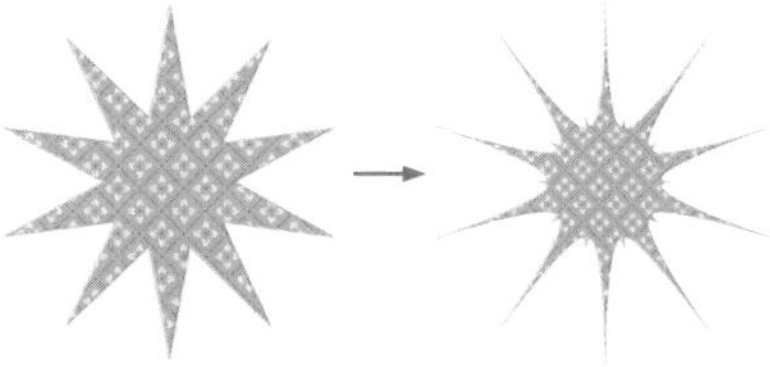

图8-9 “收缩”效果

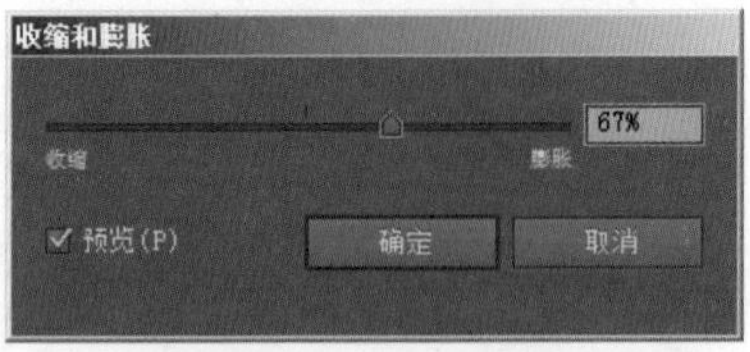

图8-10　膨胀参数设置

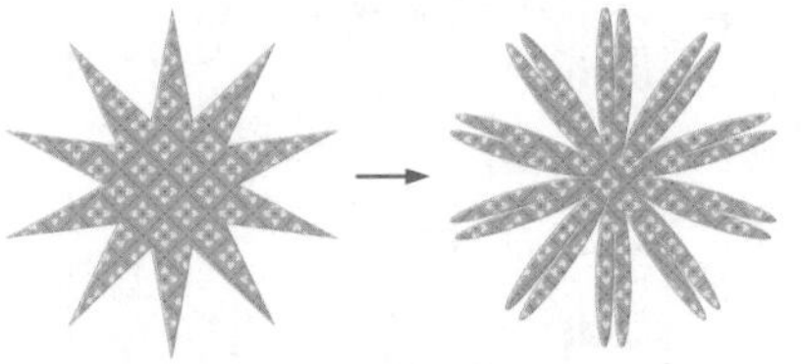

图8-11　“膨胀”效果

（5）波纹效果：“波纹效果”可以将选择对象的路径变换为同样大小的尖峰和凹谷，从而形成带有锯齿和波形的图像效果，参数设置如图8-12所示，“波纹效果”如图8-13所示。

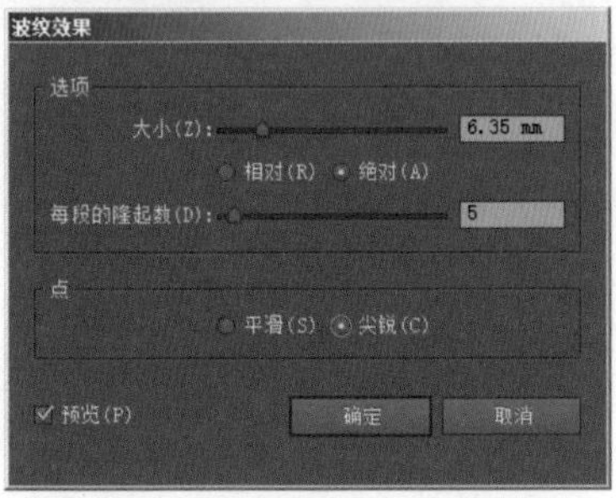

图8-12　“波纹效果”对话框

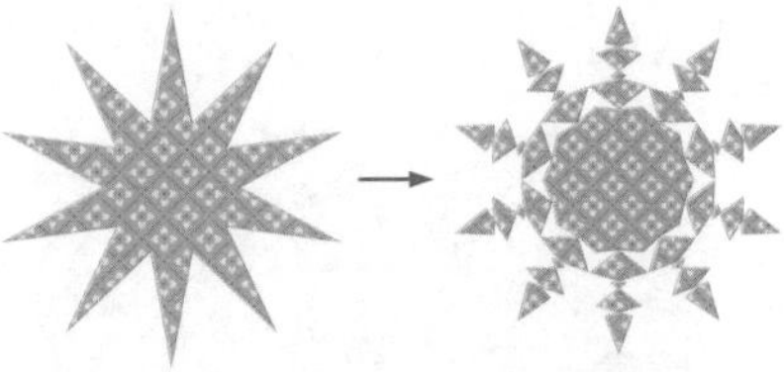

图8-13　“波纹效果”效果

（6）粗糙化：“粗糙化”效果可以对选择的对象进行不规则的变形处理，一般用于将矢量对象的路径段变形为各种大小的尖峰和凹谷的锯齿效果，参数设置如图8-14所示，“粗糙化”效果如图8-15所示。

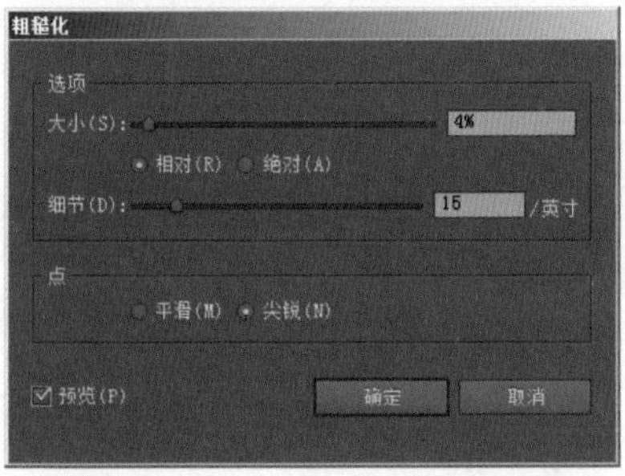

图8-14　“粗糙化”对话框

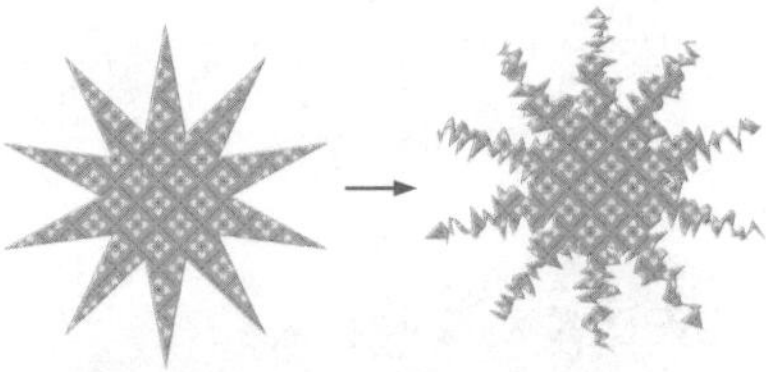

图8-15　“粗糙化”效果

（7）自由扭曲：“自由扭曲”效果是在弹出的对话框中通过拖动四个角的控制点的方式来改变对象形状，拖动控制点如图8-16所示，“自由扭曲”效果如图8-17所示。

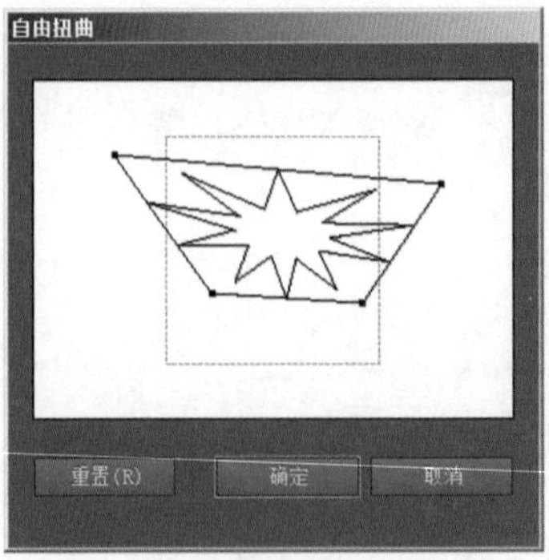

图8-16　“自由扭曲”对话框

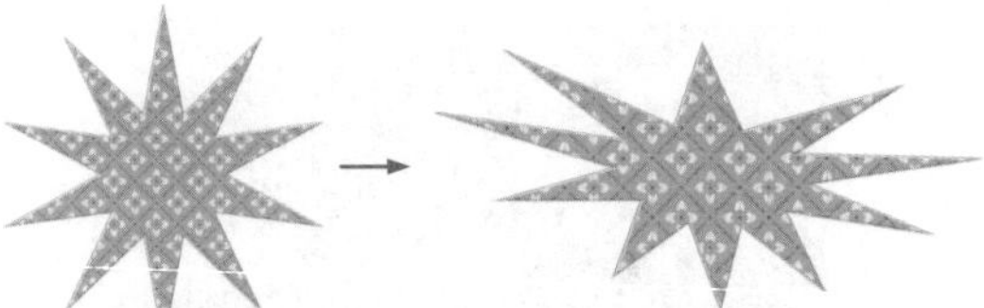

图8-17　“自由扭曲”效果

3. 栅格化

Illustrator 提供了两种栅格化矢量图形的方法，分别为“效果→栅格化”命令和“对象→栅格化”命令。

“效果→栅格化”命令用于创建矢量对象的栅格化外观，即将矢量对象转换为位图图像。使用此“栅格化”效果不会改变对象的结构（选中图形时路径仍存在），如果要永久栅格化对象，可通过执行“对象→栅格化”命令来完成。图8-18所示即为分别使用“效果→栅格化”和“对象→栅格化”所实现的不同效果。

效果→栅格化　　对象→栅格化

图8-18 “栅格化”效果对比

4. 风格化

“效果→风格化”滤镜组包含六种效果，它们可以为对象添加发光、圆角、投影、涂抹、羽化等外观样式。

（1）内发光：“内发光”效果可以在对象内部创建发光效果。打开素材文件“花朵.ai”，参数设置如图8-19所示，“内发光”效果如图8-20所示。

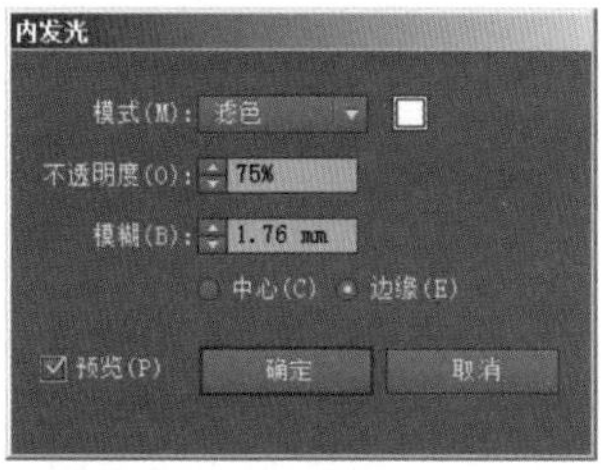

图8-19 “内发光”对话框

图8-20 “内发光”效果

（2）圆角：“圆角”效果可以将矢量对象中的转角控制点转换为平滑控制点，使其产生平滑的曲线。打开素材文件“花瓣.ai”，参数设置如图8-21所示，“圆角”效果如图8-22所示。

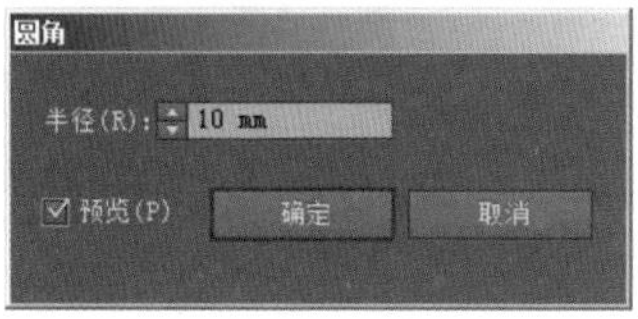

图8-21 “圆角”对话框

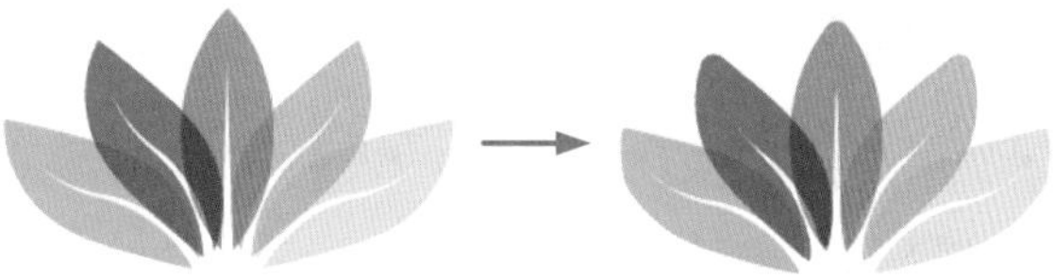

图8-22 “圆角”效果

（3）外发光：“外发光”效果可以在对象的边缘产生向外发光的效果。打开素材文件“花果.ai”，参数设置如图8-23所示，“外发光”效果如图8-24所示。

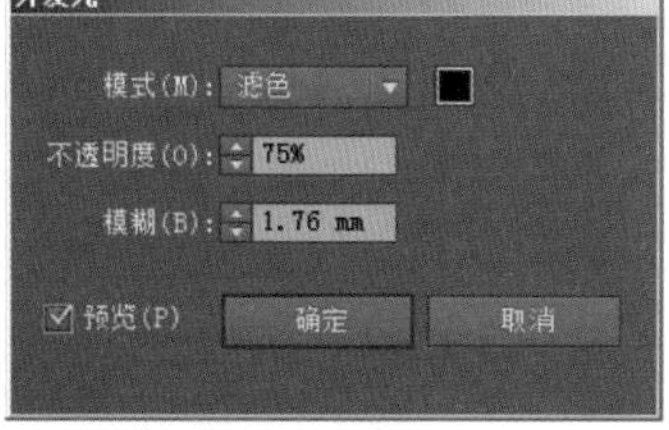

图8-23 “外发光”效果

图8-24 “外发光”效果

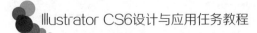

（4）投影：“投影”效果可以为对象添加投影，创建立体效果。打开素材文件“花朵.ai”参数设置如图8-25所示，“X位移”和“Y位移”用来设置投影偏离对象的距离，“投影”效果如图8-26所示。

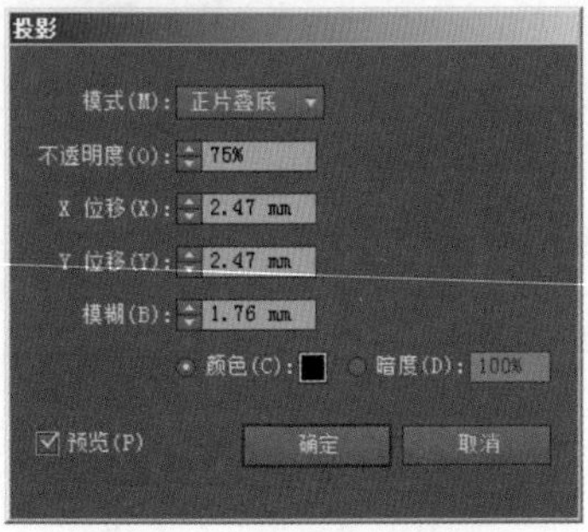

图8-25 “花影”对话框

图8-26 “投影”效果

（5）涂抹：“涂抹”效果可以将图形创建为类似素描般的手绘效果。打开素材文件“花朵.ai”参数设置如图8-27所示，“涂抹”效果如图8-28所示。

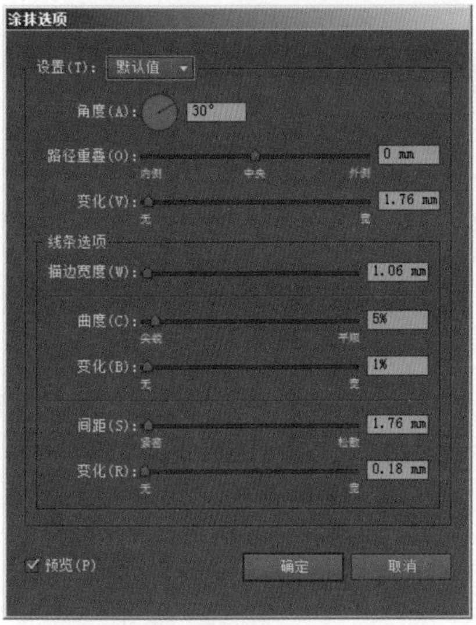

图8-27 “涂抹选项”对话框

图8-28 “涂抹”效果

（6）羽化：“羽化”效果可以柔化对象的边缘，使其产生从内部到边缘逐渐透明的效果。打开素材文件“花朵.ai”，参数设置如图8-29所示，“羽化”效果如图8-30所示。

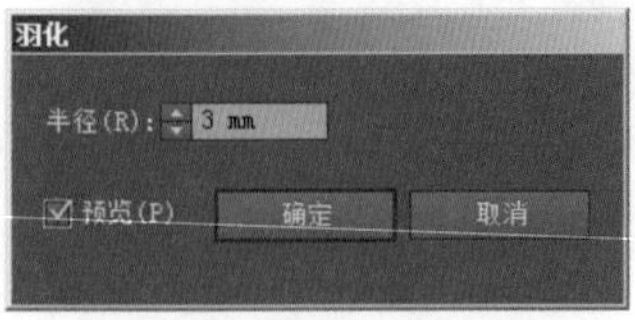

图8-29 “羽化”对话框

图8-30 “羽化”效果

任务实现

1. 制作毛绒效果

Step 01 打开Illustrator CS6软件，执行“文件→新建”命令（或按【Ctrl+N】组合键），在弹出的“新建文档”对话框中设置名称为“猫头鹰插画设计”，宽度为“100mm”，高度为“100mm”，出血为“3mm”，单击“确定”按钮，完成文档的创建。

Step 02 选择“椭圆工具”，设置径向渐变填充由墨绿色（CMYK:50、25、100、0）到白色，并设置白色滑块的不透明度为50%，渐变滑块的位置如图8-31所示，渐变效果如图8-32所示。

图8-31 滑块位置

图8-32 渐变效果

Step 03 选中上一步绘制的渐变图形，执行“效果→扭曲和变换→粗糙化”命令，弹出“粗糙化”对话框，参数设置如图8-33所示。图形边缘出现锯齿效果，如图8-34所示。

Step 04 保持图形的选取状态，执行“效果→扭曲和变换→收缩和膨胀”命令，将“收缩和膨胀”参数设置为32%。图形边缘出现绒毛效果，如图8-35所示。

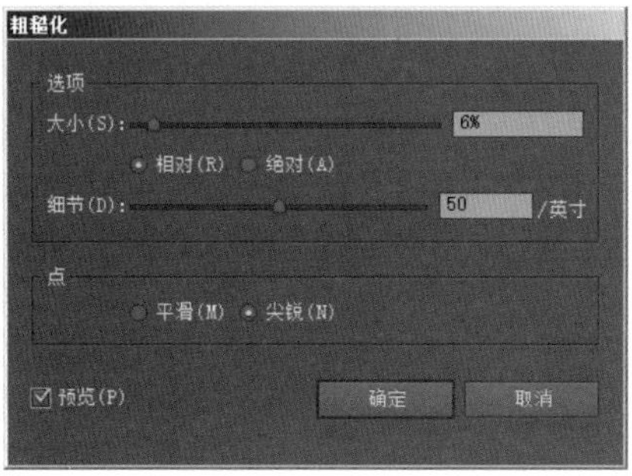

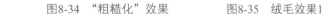

图8-33 “粗糙化”对话框

图8-34 “粗糙化”效果

图8-35 绒毛效果1

Step 05 保持图形的选取状态，执行“效果→扭曲和变换→波纹效果”命令，弹出“波纹效果”对话框，参数设置如图8-36所示。毛绒效果会发生一些变化，如图8-37所示。

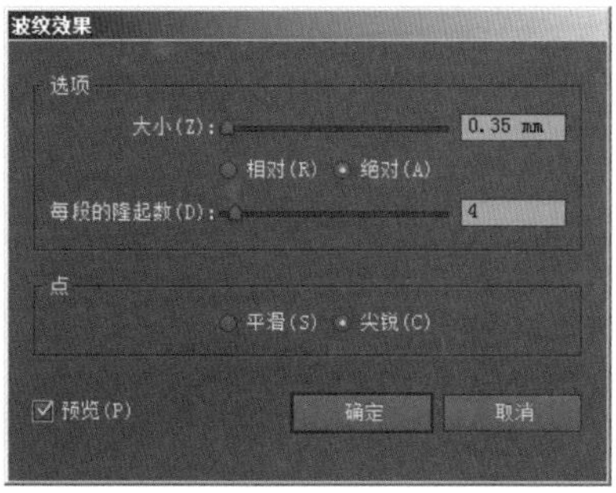

图8-36 “波形效果”对话框

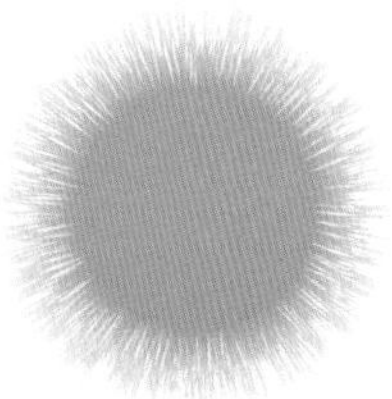

图8-37 绒毛效果2

Step 06 选取上一步绘制的图形，在文档中右击，执行“变换→分别变换”命令，弹出“分别变换”对话框，参数设置如图8-38所示。单击“复制”按钮，变换并复制出一个新的图形，它比原图形小，并且改变了角度，如图8-39所示。

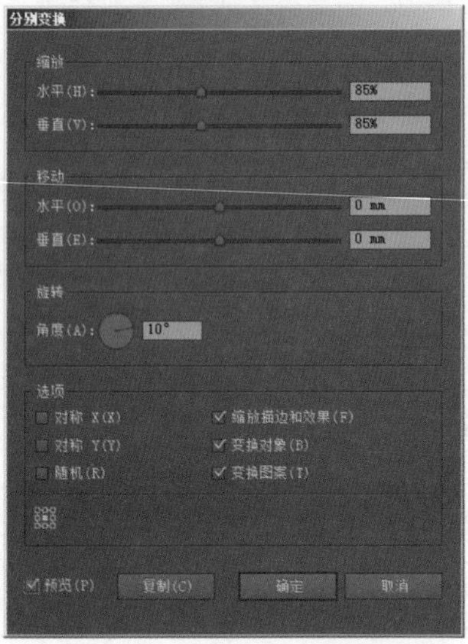

图8-38 “分别变换”对话框

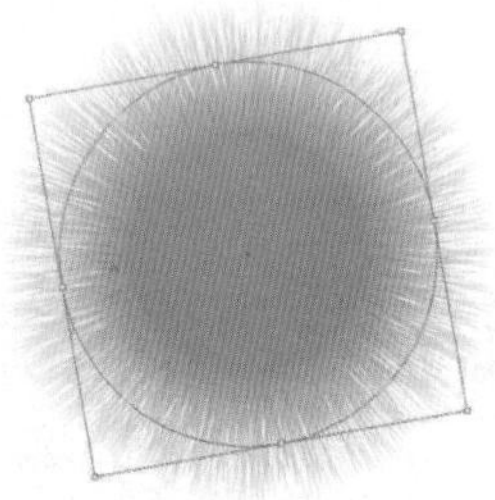

图8-39 变换并复制图形

Step 07 连续多次按【Ctrl+D】组合键，执行“再次变换”命令，效果如图8-40所示。

2. 制作五官

Step 01 选择“椭圆工具”，设置径向渐变填充由白色到黑色（CMYK:0、0、0、100），渐变滑块的位置如图8-41所示，渐变效果如图8-42所示。

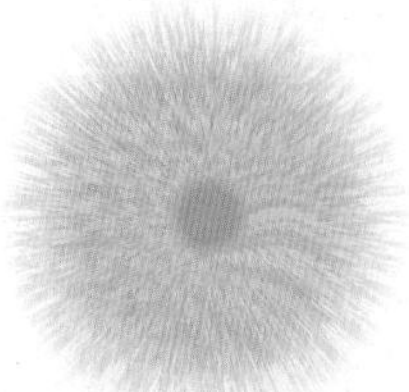

图8-40 再次变换效果

图8-41 滑块位置

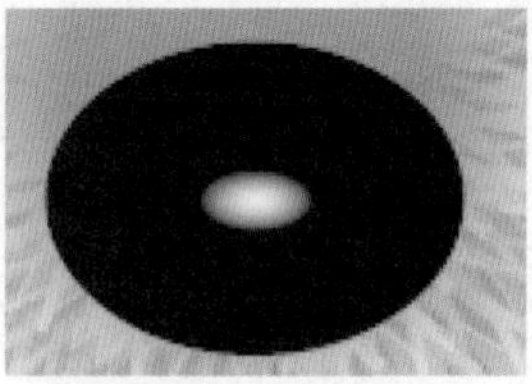

图8-42 渐变效果

Step 02 选中上一步绘制的椭圆，执行“效果→变形→下弧形”命令，弹出“变形选项”对话框，参数设置如图8-43所示，效果如图8-44所示。

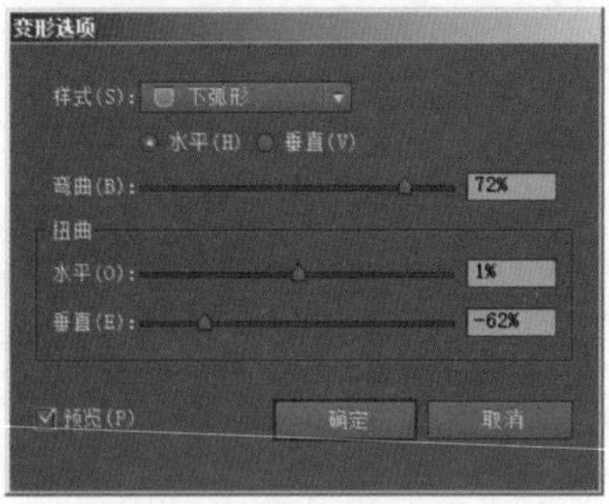

图8-43 “变形选项”对话框

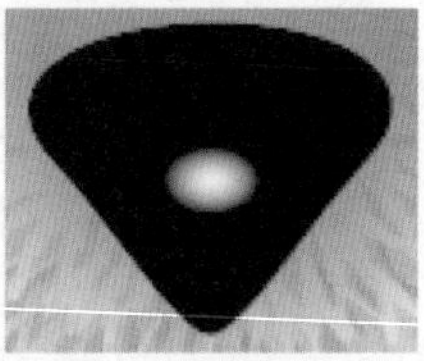

图8-44 下弧形变形效果

Step 03 选择“椭圆工具”，绘制一个正圆形。设置径向渐变填充由白色到浅黄色（CMYK:0、0、25、0），渐变滑块的位置如图8-45所示，渐变效果如图8-46所示。

图8-45 滑块位置

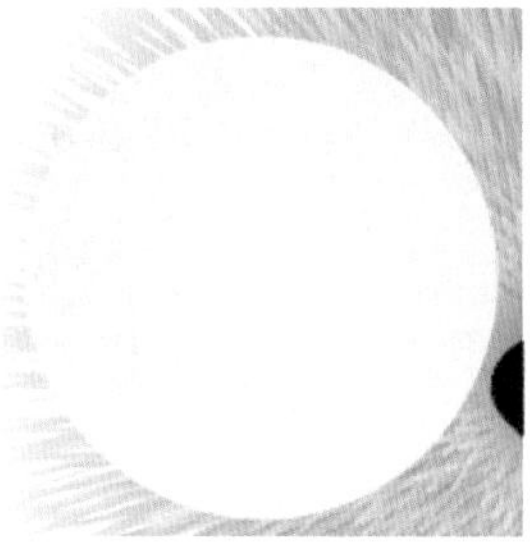

图8-46 渐变效果

Step 04 选中上一步中绘制的渐变图形，执行“效果→风格化→内发光”命令，参数设置如图8-47所示，效果如图8-48所示。

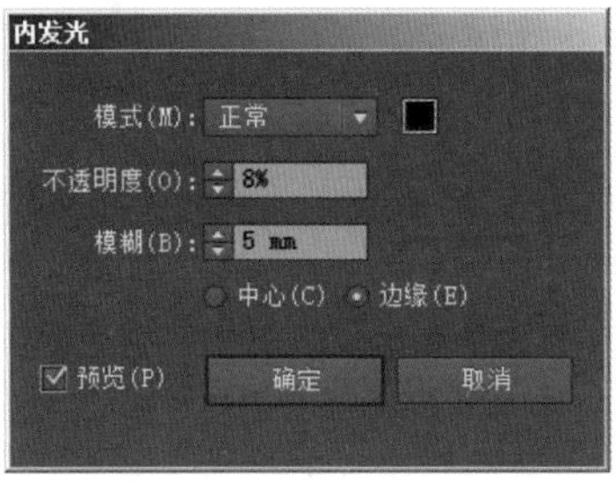

图8-47 “内发光”对话框

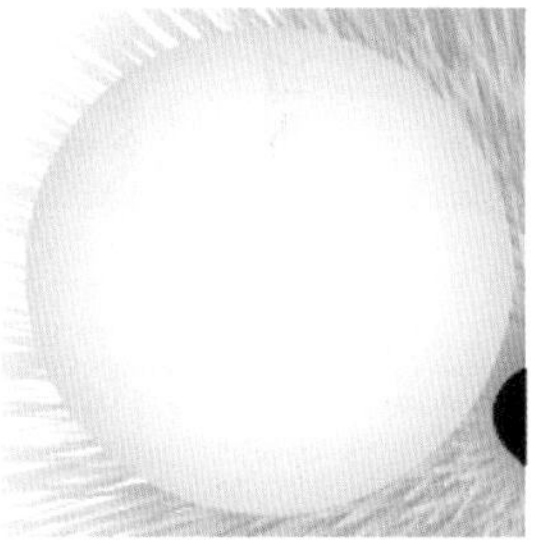

图8-48 “内发光”效果

Step 05 选中上一步中的图形，执行“效果→风格化→投影”命令，参数设置如图8-49所示，效果如图8-50所示。

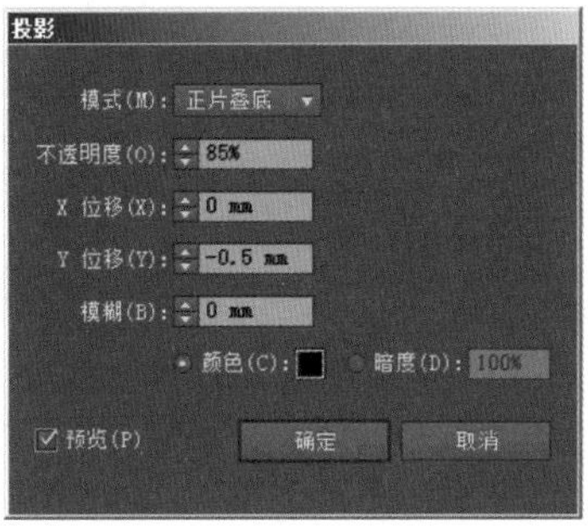

图8-49 “投影”对话框

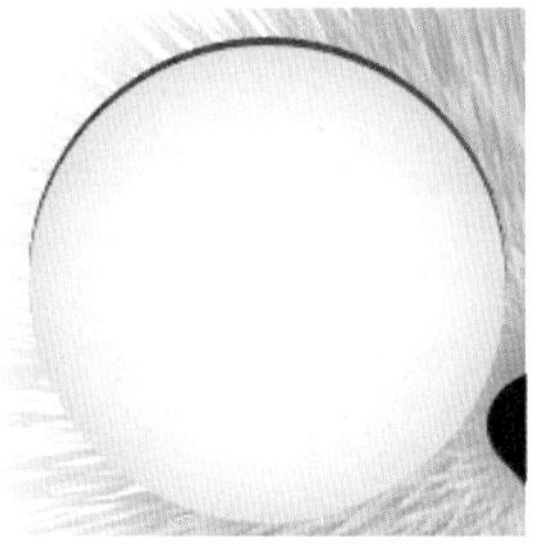

图8-50 “投影”效果

Step 06 重复Step05的操作，参数设置如图8-51所示，效果如图8-52所示。

Step 07 选择“椭圆工具”，设置绿色填充（CMYK: 50、0、100、30），绘制图8-53所示的圆形。

Step 08 继续选择“椭圆工具”，绘制一个正圆形。设置径向渐变填充由白色且不透明度100%到白色且不透明度50%，渐变滑块的位置如图8-54所示，渐变效果如图8-55所示。

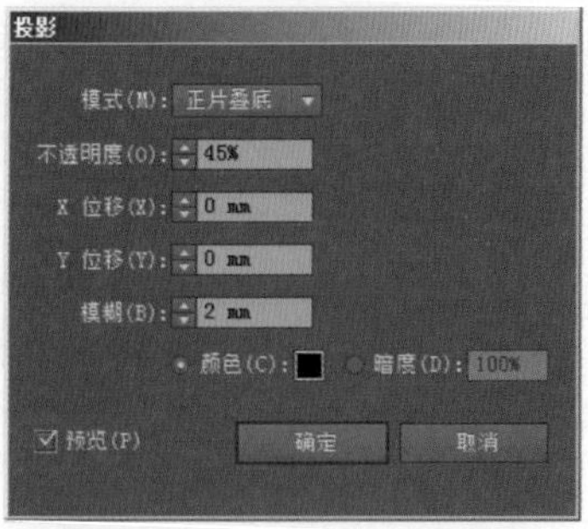

图8-51 “投影”对话框

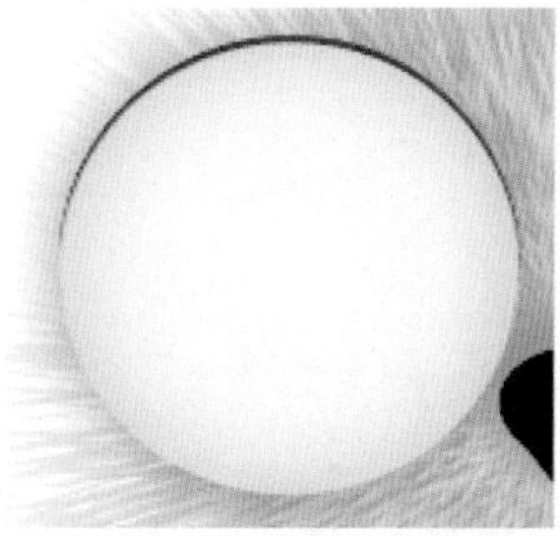

图8-52 “投影”效果

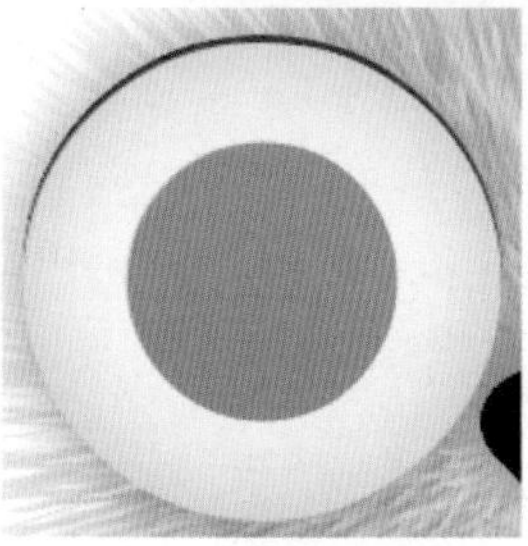

图8-53 绘制圆形

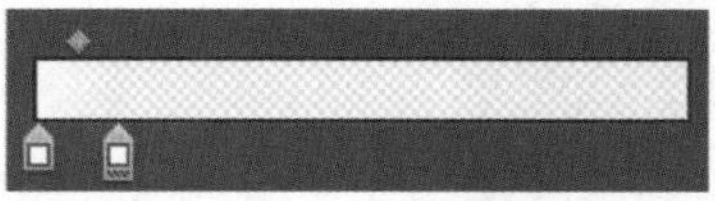

图8-54 滑块位置

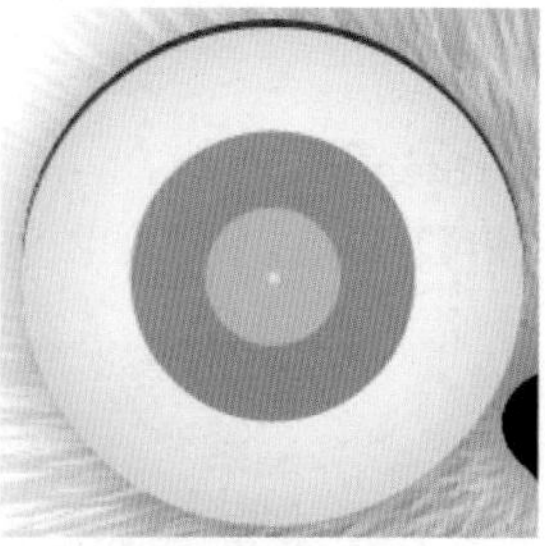

图8-55 渐变效果

Step 09 选中上一步中绘制的渐变图形，执行“效果→扭曲和变换→粗糙化”命令，弹出“粗糙化”对话框，参数设置如图8-56所示。图形边缘出现锯齿效果，如图8-57所示。

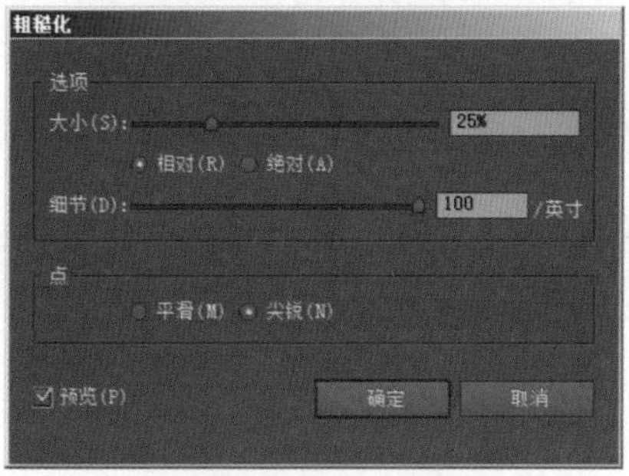

图8-56 “粗糙化”对话框

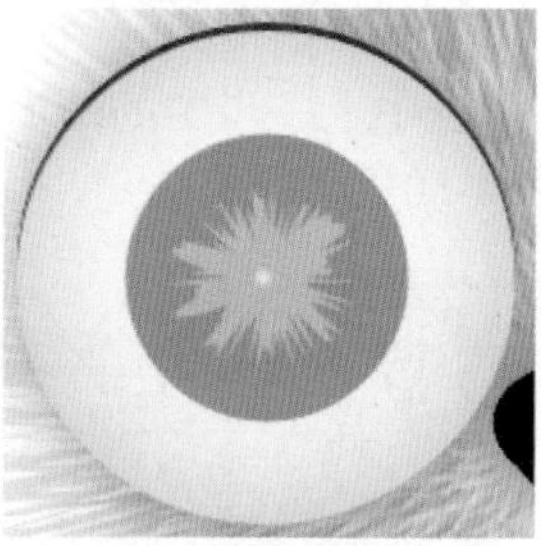

图8-57 “粗糙化”效果

Step 10 保持图形的选取状态，执行“效果→扭曲和变换→收缩和膨胀”命令，将“收缩和膨胀”参数设置为128%，并调整图形的不透明度为50%，效果如图8-58所示。

Step 11 选择“椭圆工具”，设置黑色填充（CMYK: 0、0、0、100），绘制图8-59所示的圆形。

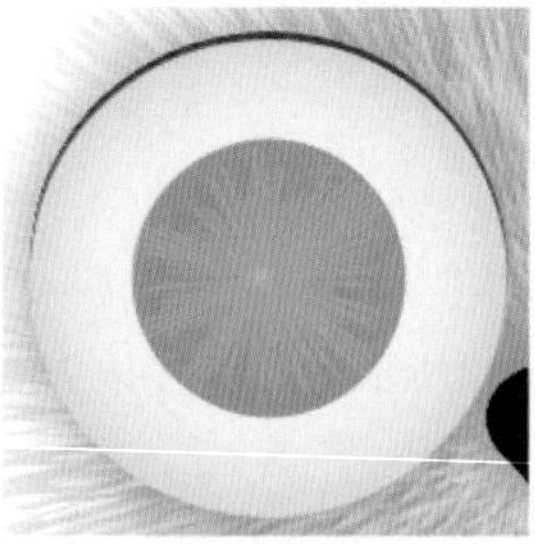

图8-58 “收缩和膨胀”效果

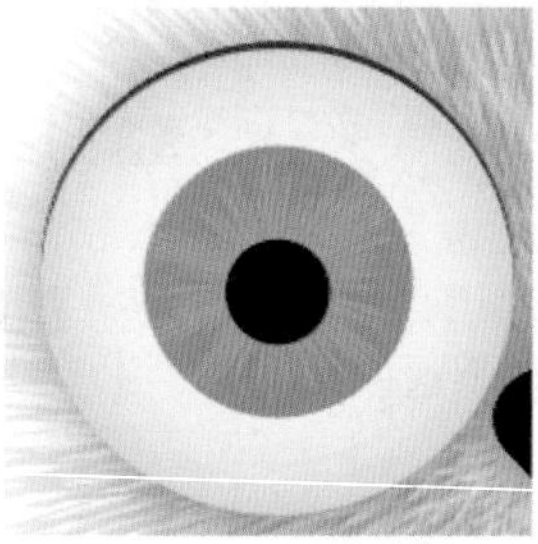

图8-59 绘制圆形

Step 12 继续选择“椭圆工具”，设置白色填充，绘制眼睛上的亮光效果，如图8-60所示。选中该图形，执行“效果→变形→下弧形”命令，弹出“变形选项”对话框，参数设置如图8-61所示，效果如图8-62所示。

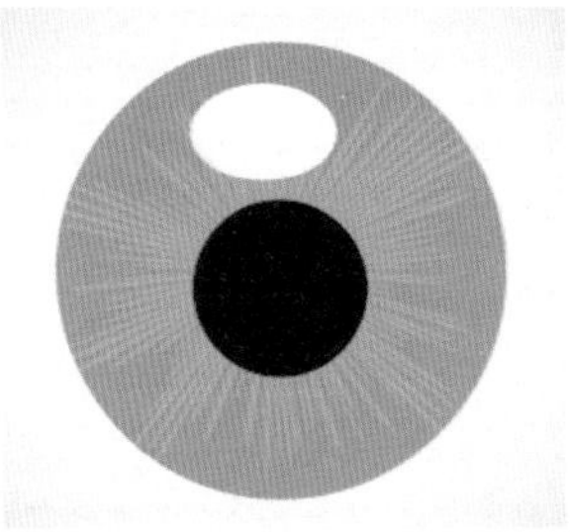

图8-60 绘制亮光

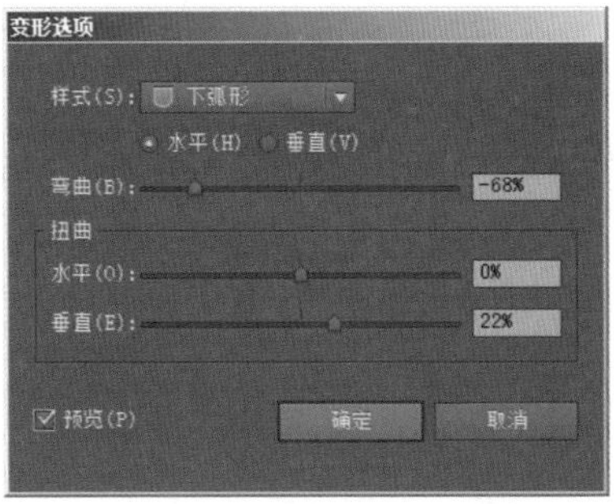

图8-61 “变形选项”对话框

Step 13 选中上一步中变形后的图形，执行“对象→扩展外观”命令，然后通过操作“定界框”，将图形旋转一定角度，如图8-63所示。复制该图形，调整大小和位置，如图8-64所示。

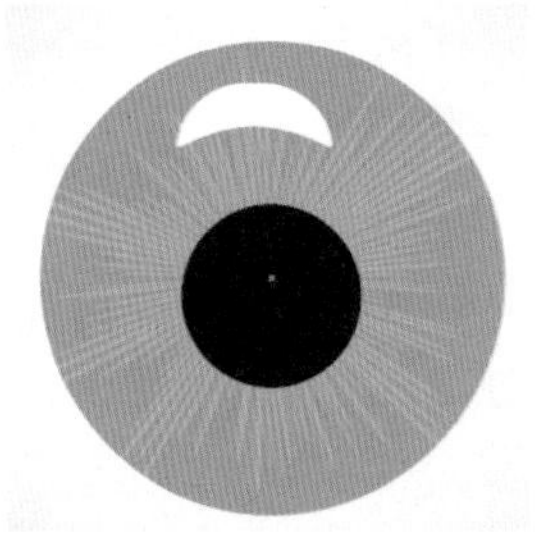

图8-62 下弧形变形效果

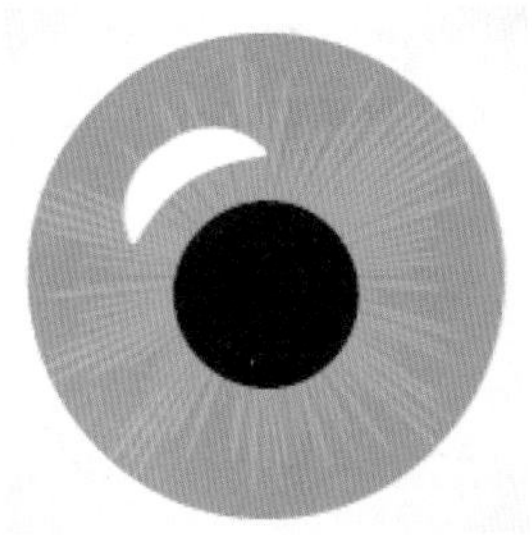

图8-63 旋转一定角度

Step 14 选中绘制好的眼睛，按【Ctrl+G】组合键编为一组，然后复制该眼睛到另一侧，如图8-65所示。

Step 15 选择“钢笔工具”，设置棕色填充（CMYK: 50、65、100、15），绘制眉毛，效果如图8-66所示。

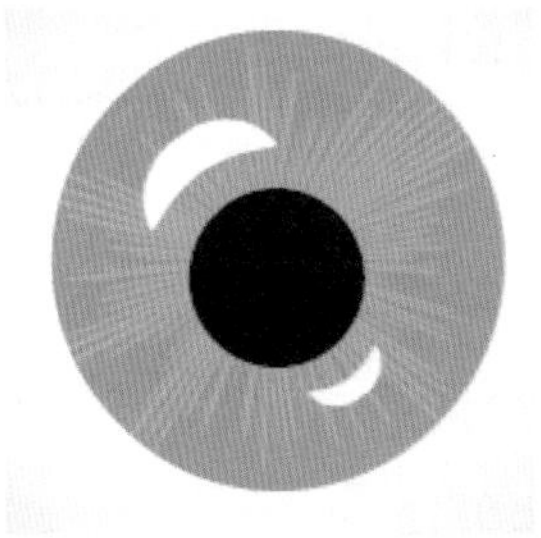

图8-64 复制图形

图8-65 复制眼睛

Step 16 选中上一步中绘制的眉毛，选择“镜像工具”，镜像并复制出另一侧的眉毛，移动到图8-67所示的位置。

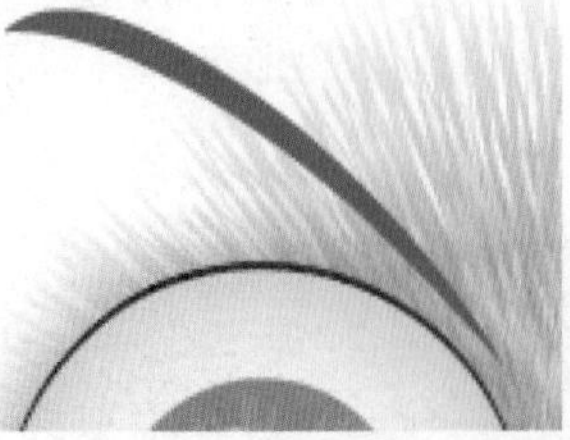

图8-66 眉毛

图8-67 镜像并复制眉毛

Step 17 至此“猫头鹰插画设计”绘制完成，按【Ctrl+S】组合键将文件保存在指定文件夹。

任务19 制作酷丁鱼易拉宝

任务描述

酷丁鱼是某教育集团旗下高端的少儿教育品牌，以“陪伴从心开始”为教育理念，致力于少儿教育新模式的探索，让教育回归本源。为了让更多的家长了解“酷丁鱼”这一品牌，为儿童教育发展增添新的助力，该集团的网络营销部门决定制作一款易拉宝，进行展示宣传。易拉宝的最终效果如图8-68所示。通过本任务的学习，读者可以掌握像素化、模糊等效果滤镜的操作技巧。

图8-68 酷丁鱼易拉宝效果图

任务分析

在进行任务分析时，可以从易拉宝背景、易拉宝主题元素以及易拉宝设计基本规范进行分析。

易拉宝背景：整体可以运用白色作为背景颜色，搭配彩虹、卡通的房屋、规则的几何图形作为背景效果。

（1）彩虹：运用“椭圆工具”“不透明蒙版”和“高斯模糊”来实现。

（2）红色的圆点背景：运用“钢笔工具”“渐变工具”和“彩色半调”来实现。

易拉宝主题元素：主题元素主要包括主题文字、图案和相应的内容介绍。

（1）主题文字：可以直接运用策划部提供的素材文字。

（2）图案：可以选择一些卡通风格的素材图片。

（3）内容介绍：内容介绍可以根据酷丁鱼的教学内容运用“文字工具”和“椭圆工具”来实现。

易拉宝设计规范：在制作易拉宝之前，首先需要了解易拉宝的设计规范。

（1）规格尺寸：易拉宝的尺寸通常分为80 cm×200 cm、85 cm×200 cm、90 cm×200 cm、

100 cm×200 cm、120 cm×200 cm。本任务采用80 cm×200 cm的尺寸，进行设计制作。

（2）文字大小：易拉宝、展架都是远观的，标题一定要大（取决于内容多少和设计思路），内文的字大小根据内容多少来决定，但尽量不要小于30pt。

（3）分辨率：易拉宝通用分辨率为72ppi，对画面质量要求高的，可以将分辨率调整至85ppi至150ppi之间，本次任务将采用150ppi的分辨率。

知识储备

1. 效果画廊

通过“效果画廊”对话框，可以同时应用多个滤镜，并且可以预览滤镜效果或删除不需要的滤镜。打开素材文件“叶子.ai”，执行“效果→效果画廊”命令，弹出图8-69所示的对话框。

图8-69 “滤镜”对话框

（1）添加效果：展开一个效果组，单击其中的一个效果即可添加该效果。同时对话框右侧的参数设置区内会显示选项，此时可调整效果参数。

（2）新建效果图层：单击“效果画廊”对话框右下角的按钮，可以创建一个效果图层，添加效果图层后，可以选取其他效果。

（3）删除效果图层：如果要删除一个效果图层，可以单击它，然后单击“删除效果图层”按钮。

2. 像素化

“像素化”滤镜通过将颜色值相近的像素集结成块来清晰地定义一个选区。执行“效果→像素化”命令，打开“像素化”效果组，其中包含了四种滤镜效果，对它们的介绍如下。

（1）彩色半调：模拟在图形的每个通道上使用放大的半调网格的效果。对于每个通道滤镜将图形划分为许多矩形，然后用圆形代替矩形，圆形的大小与矩形的亮度成正比。对于灰度图形，只能使用通道1；对于RGB图形，可以使用通道1、2和3，这3个通道分别对应于红色通道、绿色通道与蓝色通道；对于CMYK图形，可以使用所有四个通道，这四个通道分别对应于青色通道、洋红色通道、黄色通道以及黑色通道。

（2）晶格化：将颜色集结成块，形成多边形。

（3）点状化：将图形中的颜色分解为随机分布的网点，如同点状化绘画一样，并使用背景色作为网点之间的画布区域。

（4）铜版雕刻：将图形转换为黑白区域的随机图案或色彩图形中完全饱和颜色的随机图案。

分别应用四种滤镜后的效果如图8-70所示。

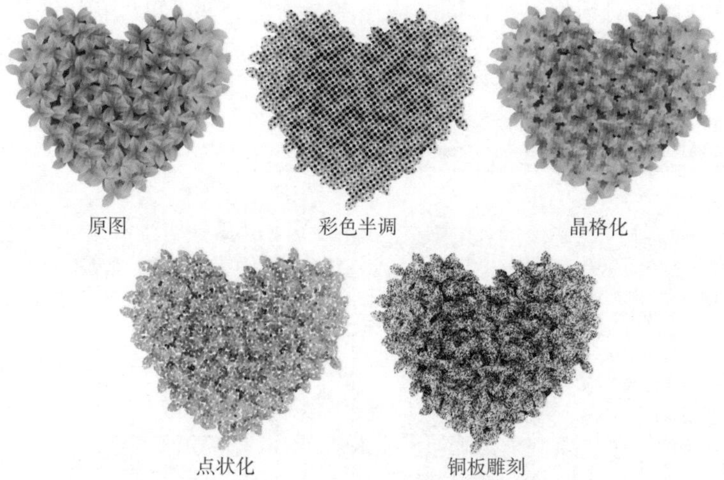

图8-70　效果展示

3. 扭曲

“扭曲”滤镜用于将对象进行几何扭曲及改变对象形状。执行“效果→扭曲”命令，打开“扭曲”效果组，其中包含了三种滤镜效果，对它们的介绍如下。

（1）扩散亮光：将透明的白色颗粒添加到图形上，并从选区的中心向外渐隐亮光。

（2）海洋波纹：将随机分隔的波纹添加到图形上，使图形看上去像在水中一样。

（3）玻璃：产生透过不同类型的玻璃观看图形的效果。

打开素材文件“纸杯蛋糕.ai”，分别应用这三种滤镜后的效果如图8-71所示。

图8-71　效果展示

4. 模糊

“模糊”滤镜一般用于平滑边缘过于清晰和对比度过于强烈的区域，通过降低对比度柔化图形边缘。执行“效果→模糊”命令，打开“模糊”效果组，其中包含三种滤镜效果，对它们的介绍如下。

（1）径向模糊：此滤镜可以将图形旋转成圆形，或使图形从中心向外辐射。打开素材文件“橘子.ai”，选中图形后，执行“效果→模糊→径向模糊”命令，弹出“径向模糊”对话框，参数设置如图8-72所示，效果如图8-73所示。

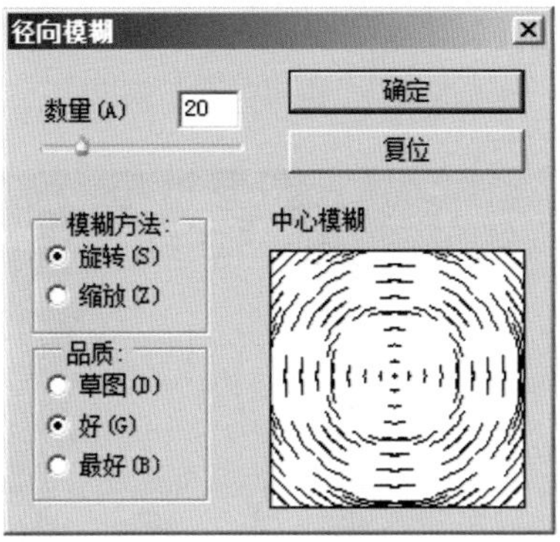

图8-72 “径向模糊”对话框

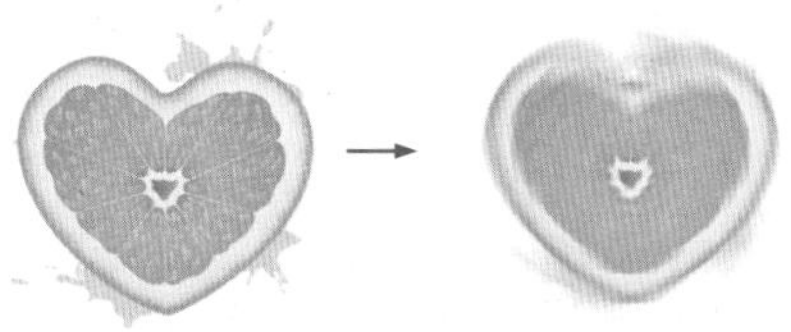

图8-73 “径向模糊”效果

（2）特殊模糊：此滤镜可以创建多种模糊效果，可以将图形中的褶皱模糊掉，或将重叠的边缘模糊掉。选中图形后，执行“效果→模糊→特殊模糊”命令，弹出“特殊模糊”对话框，参数设置如图8-74所示，效果如图8-75所示。

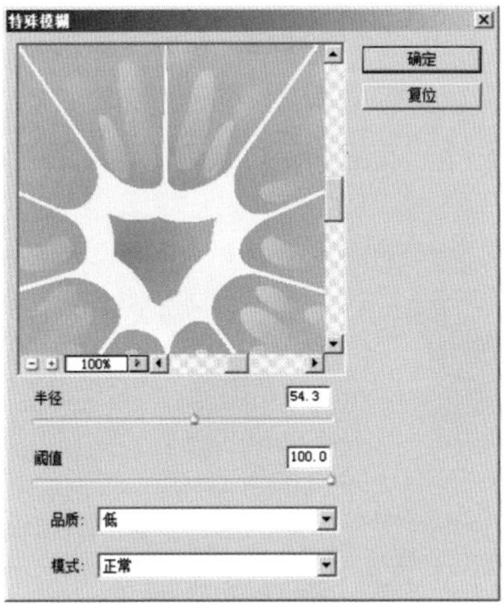

图8-74 “特殊模糊”对话框

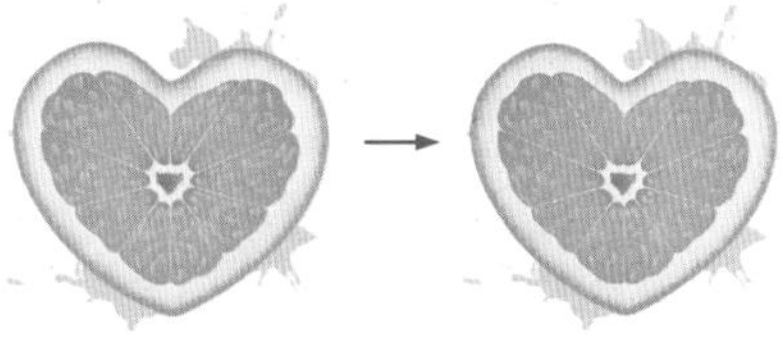

图8-75 “特殊模糊”效果

（3）高斯模糊：此滤镜可以快速模糊选区，产生一种朦胧的效果。选中图形后，执行“效果→模糊→高斯模糊”命令，弹出“高斯模糊”对话框，参数设置如图8-76所示，效果如图8-77所示。

5. 素描

“素描”滤镜可以模拟现实生活中的素描、速写等美术手法对图形进行处理。执行“效果→素描”命令，打开“素描”效果组，该滤镜组包括便利纸、半调图案、图章、基底凸现等14种滤镜效果，打开素材文件“日出.ai”，应用该滤镜组中的滤镜效果，部分效果展示如

图8-78所示。

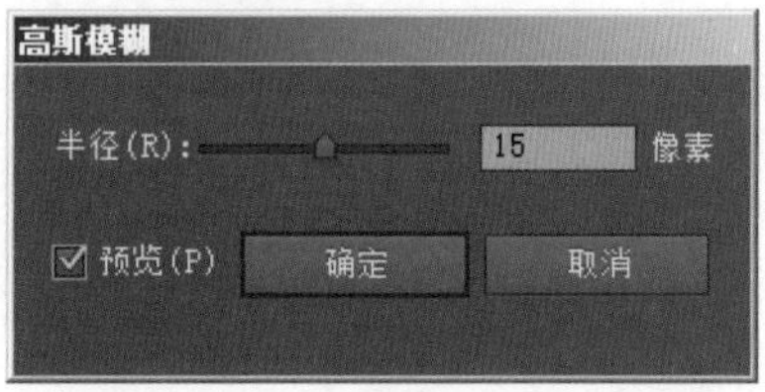

图8-76 “高斯模糊”对话框

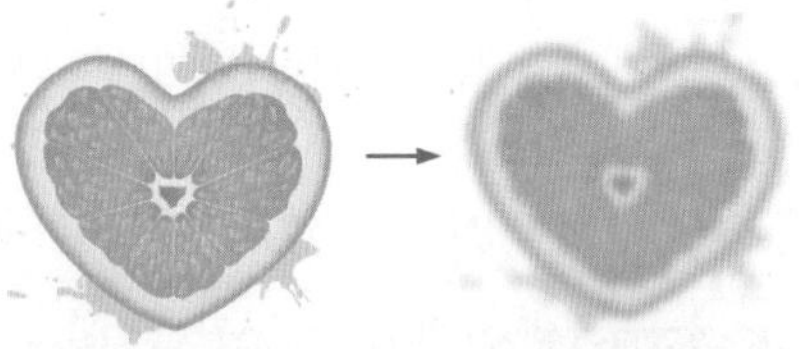

图8-77 “高斯模糊”效果

原图　　便利条　　半调图案　　图章

图8-78 “素描”滤镜效果展示

6. 纹理

“纹理”滤镜可以在图形中加入各种纹理效果，赋予图形一种深度或物质的外观。执行“效果→纹理”命令，打开“纹理”效果组，该滤镜组包括拼缀图、染色玻璃、纹理化、颗粒、马赛克拼贴、龟裂缝等6种滤镜效果，打开素材文件“花瓶.ai”，应用该滤镜组中的滤镜效果，部分效果展示如图8-79所示。

原图　　拼缀图　　染色玻璃　　纹理化

图8-79 效果展示

7. 艺术效果

“艺术效果”滤镜可以为照片添加绘画效果，为精美艺术品或商业项目制作绘画效果或特殊效果。执行“效果→艺术效果”命令，打开“艺术效果”效果组，该滤镜组包括塑料包装、壁画、干画笔、底纹效果等15种滤镜效果。打开素材文件“咖啡屋.ai”，应用该滤镜组中的滤镜效果，部分效果展示如图8-80所示。

图8-80　“艺术效果”滤镜展示

任务实现

1. 易拉宝背景

Step 01 打开Illustrator CS6软件，执行“文件→新建”命令（或按【Ctrl+N】组合键），在弹出的“新建文档”对话框中设置名称为“酷丁鱼易拉宝设计”，宽度为“800mm”，高度为“2000mm”，出血为“3mm”，并单击“高级”下拉按钮，将“栅格效果”参数设置为150ppi，具体参数设置如图8-81所示。单击“确定”按钮，完成文档的创建。

Step 02 运用“椭圆工具”分别绘制描边色为红色（CMYK: 0、75、50、0）、黄色（CMYK: 10、10、90、0）、绿色（CMYK: 70、0、100、0）、蓝色（CMYK: 75、35、0、0）、紫色（CMYK:75、80、0、0），无填充的正圆形，效果如图8-82所示。选中所有的描边图形，按【Ctrl+G】组合键进行编组。

Step 03 选择“矩形工具”，绘制图8-83所示的白色到黑色的线性渐变填充图形，并将其排列到描边图形的上方。

Step 04 选中渐变图形和描边图形，打开“透明度”面板，单击“制作蒙版”按钮，为描边圆形添加不透明度蒙版，蒙版效果如图8-84所示。

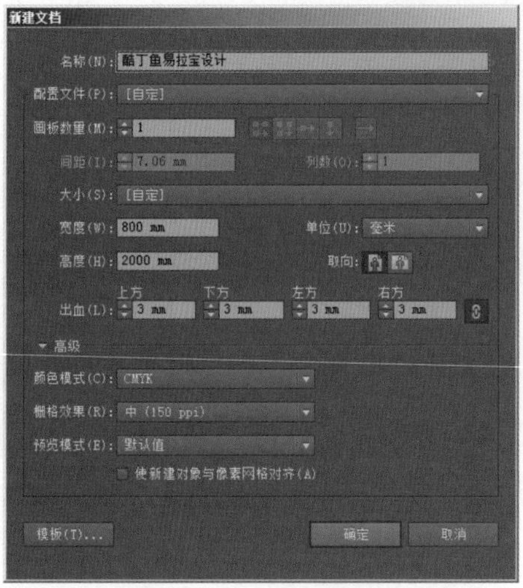

图8-81 参数设置

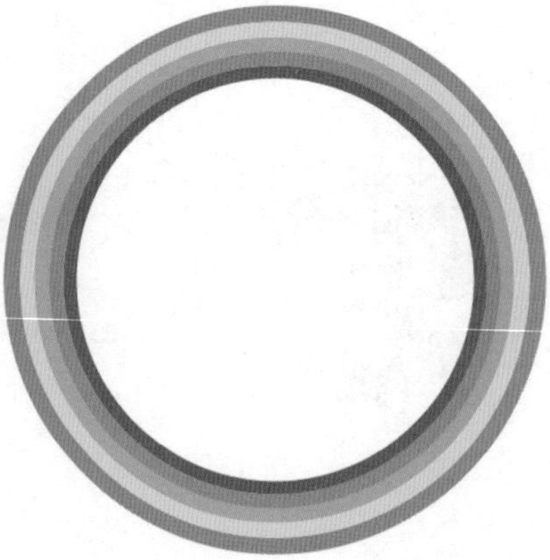

图8-82 描边图形

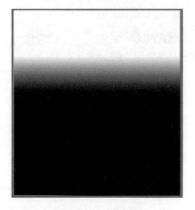

图8-83 渐变图形

图8-84 蒙版效果

Step 05 执行“效果→模糊→高斯模糊”命令，弹出“高斯模糊”对话框，设置模糊半径为50像素，效果如图8-85所示。

Step 06 执行“窗口→符号”命令（或按【Shift+Ctrl+F11】组合键），弹出“符号”面板，单击“符号库菜单”按钮，选择“庆祝”子菜单下的“气球1”和“气球2”符号，符号将添加到“符号”面板中。

Step 07 在“符号”面板中选中所需的符号，直接将其拖动到当前文档中，即可插入该符号，如图8-86所示。

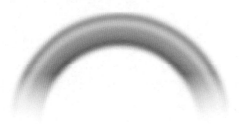

图8-85 模糊效果

图8-86 插入符号图形

Step 08 选择“钢笔工具”，绘制三角形，并填充白色到粉色（CMYK: 0、35、0、0）的线性渐变，如图8-87所示。

Step 09 执行“效果→像素化→彩色半调”命令，弹出“彩色半调”对话框，参数设置如图8-88所示。将图形不透明度调整为20%，效果如图8-89所示。

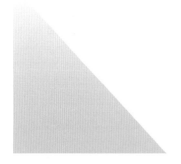

图8-87　渐变效果

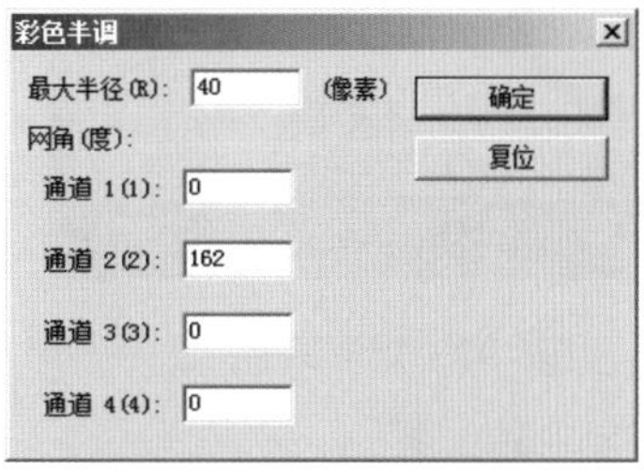

图8-88　“彩色半调”对话框

Step 10 复制上一步绘制好的图形，选择“镜像工具”，使图形沿垂直方向镜像，调整图形大小后，效果如图8-90所示。

图8-89　彩色半调效果

图8-90　垂直镜像图形

Step 11 选择“椭圆工具”，分别绘制描边色为橘红色（CMYK: 0、70、80、0）、橘黄色（CMYK: 5、45、85、0）、黄绿色（CMYK:2 0、0、100、0）的正圆形，描边粗细和大小如图8-91所示。

Step 12 继续选择“椭圆工具”，分别绘制填充色为黄绿色（CMYK:2 0、0、100、0）、蓝色（CMYK:7 0、15、0、0），无描边的正圆形，大小和位置如图8-92所示，并将其和上一步绘制的描边图形编为一组。

图8-91　绘制描边图形

图8-92　绘制填充图形

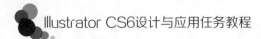

Step 13 选择“矩形工具”，绘制图8-93所示的矩形路径。

Step 14 选中矩形路径和Step11中的编组图形，执行“对象→剪切蒙版→建立”命令，效果如图8-94所示。

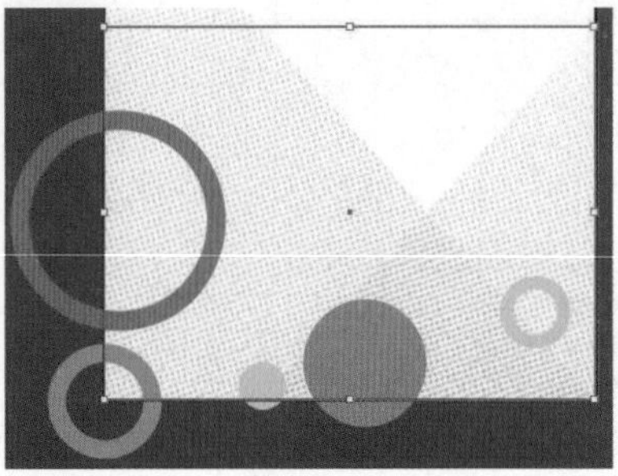

图8-93　矩形路径

图8-94　剪切蒙版效果

2. 易拉宝主题元素

Step 01 打开素材文件“易拉宝素材.ai”，如图8-95所示。将素材移入当前文档中，位置如图8-96所示。

Step 02 打开素材文件“文字素材.png”，将文字素材移入图8-97所示的位置。

图8-95　易拉宝素材

图8-96　移入素材

图8-97　文字素材

Step 03 选择“文字工具”，设置填充色为深红色（CMYK：50、100、80、25），字体为“微软雅黑”，输入图8-98所示的文字内容。

Step 04 选择“椭圆工具”，绘制深黄色（CMYK:30、30、75、0）描边的正圆形图形，并执行“效果→模糊→高斯模糊”命令，在弹出的“高斯模糊”对话框中，设置模糊半径为15像素，效果如图8-99所示。

Step 05 选择“文字工具”，设置填充色为深黄色（CMYK:30、30、75、0），字体为“微软雅黑”，输入图8-100所示的文字内容。

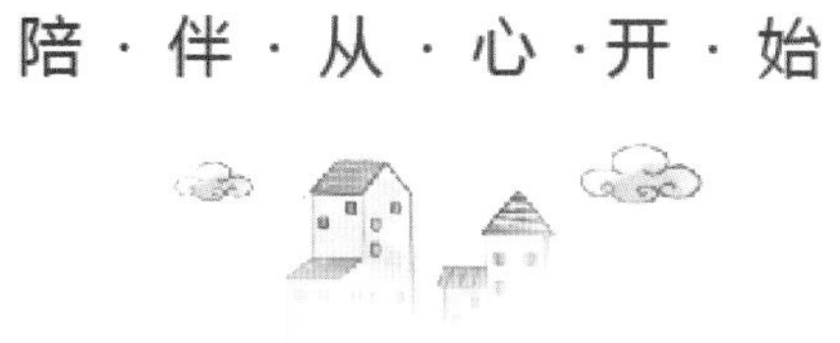

图8-98　输入文字内容

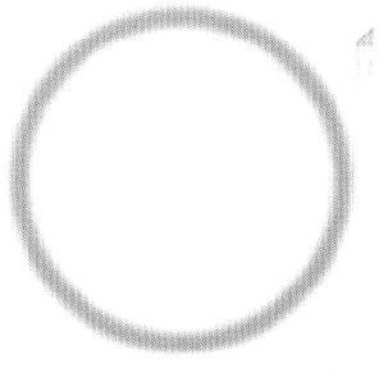

图8-99　描边圆形

图8-100　输入文字内容

Step 06 重复Step04和Step05的操作，分别设置描边色为绿色（CMYK:60、0、35、0）和蓝色（CMYK:65、30、15、0），绘制描边图形，并添加文字，如图8-101所示。

Step 07 选择“文字工具”，设置填充色为黑色（CMYK: 0、0、0、100），字体为“微软雅黑”，输入文字内容如图8-102所示。

图8-101　文字图形

图8-102　输入文字

Step 08 至此“酷丁鱼易拉宝设计”绘制完成，按【Ctrl+S】组合键将文件保存在指定文件夹。

巩固与练习

一、判断题

1．在Illustrator中，“变形”效果可作用的对象有路径、文本、外观、混合以及位图。（　　）

2．在Illustrator中，“效果→栅格化”命令用于将矢量对象转换为位图图像。（　　）

3．在Illustrator中，“风格化”滤镜组包含发光、直角、投影、涂抹、羽化等外观样式。（　　）

4．在Illustrator中，“模糊”滤镜组包括径向模糊和高斯模糊两种滤镜效果。（　　）

5．“扭曲和变换”效果组中的“扭拧”效果可以随机的向内或向外弯曲和扭曲路径段。（　　）

二、选择题

1．在Illustrator中，应用上一个效果的快捷键是（　　）。

A．【Ctrl+F】组合键　　B．【Ctrl+E】组合键

C．【Ctrl+Shift+E】组合键　　D．【Ctrl+Alt+Shift+E】组合键

2．下列选项中，（　　）属于Illustrator风格化效果。

A．内发光　　B．外发光　　C．圆角　　D．内阴影

3．下列选项的滤镜，属于“像素化”滤镜组的是（　　）。

A．彩色半调　　B．晶格化　　C．点状化　　D．铜版雕刻

4．下列选项的滤镜，属于“模糊”滤镜组的是（　　）。

A．径向模糊　　B．特殊模糊

C．高斯模糊　　D．动感模糊

5．下列选项的滤镜，属于“纹理”滤镜组的是（　　）。

A．马赛克拼贴　　B．龟裂缝　　C．颗粒　　D．染色玻璃